城 市 景 观 设 计

——理论、方法与实践

城市景观设计

——理论、方法与实践

Theory, Method and Practice of Urban Landscape Design

吴晓松 吴虑 著

中国建筑工业出版社

图书在版编目（CIP）数据

城市景观设计——理论、方法与实践/吴晓松，吴虑著．—北京：
中国建筑工业出版社，2009（2024.9重印）
ISBN 978-7-112-10739-1

Ⅰ.城… Ⅱ.①吴…②吴… Ⅲ.城市–景观–环境设计 Ⅳ.TU –856

中国版本图书馆CIP数据核字（2009）第014701号

责任编辑：戚琳琳
责任设计：郑秋菊
责任校对：安 东 关 健

城市景观设计
——理论、方法与实践
吴晓松 吴虑 著
＊
中国建筑工业出版社出版、发行（北京海淀三里河路9号）
各地新华书店、建筑书店经销
北京嘉泰利德公司制版
廊坊市海涛印刷有限公司印刷
＊
开本：850×1168 毫米 1/16 印张：19 $\frac{1}{2}$ 字数：608千字
2009年9月第一版 2024年9月第六次印刷
定价：52.00元
ISBN 978-7-112-10739-1
　　　　（31393）

内容摘要

本书从景观的基本概念研究入手，综合地理学、生态学、建筑学、心理学、色彩学、植物学及城市规划设计等学科知识，通过分析影响城市景观的自然和人文等要素，探讨观景人与景观的互动规律，阐述城市景观设计应遵循的原则、方法与步骤，以及景观的色彩与植物设计方法，通过解析典型的城市景观设计案例，对城市景观设计进行系统研究。

全书共分为基础篇、方法篇和实践篇三部分。基础篇包括三章内容。第一章论述了景观定义、不同学科的景观内涵、不同社会文化背景下的人对景观的认识，以及景观研究的重点；第二章阐述景观系统的构成要素、影响景观表象的要素及城市景观释义；第三章研究分析人与景观互动规律。首先分别探讨影响人认识景观的主观要素、客观要素及中介要素，进而总结出人与景观互动的一般规律。

方法篇包括四、五、六三个章节。第四章详细阐述了城市景观设计原则、方法与步骤。第五章论述城市景观设计中的色彩应用，探讨色彩原理及其对人的影响之后，提出城市景观色彩设计的主要方法。第六章论述城市景观设计中的植物景观设计，分别论述了植物特征与类型，以及城市植物的观赏，提出城市植物景观设计的主要方法。

实践篇包括哈尔滨东北亚城市的整体设计、哈尔滨 202 国道与世茂大道沿线的城市设计，以及苏州科技城平王湖景区景观规划设计方案三个案例。

全书结合大量图表对景观设计的方法予以直观的图形解析，希望能为城市景观设计提供理论指导。本书可供城市规划设计、研究和管理工作者以及大专院校相关专业学生学习参考之用。

自　序

　　宇宙间的万事万物皆为景观。狭义的景观谓之"风景"，广义的景观可谓"自然界和人类社会"。景观一方面有积极的、正面的和美好的表象，另一方面也有消极的、负面的，甚至丑陋的表象。景观主体有物质形态或非物质形态的，有独立的单体和叠加的或多元的复合体，它是一个开放的、远离平衡状态的复杂系统，受到生态、技术与文化的综合影响。观景的人存在个体或群体特性的差异，由于观景人的生理、心理、文化以及社会背景等条件的不同，他们在对景观的认知程度和效果上也千差万别。另外，景观与观景人之间并非简单的认知与被识别的关系，其过程相当复杂，且二者之间往往是通过中间介质产生互动，中介要素影响景观信息的交换传递，以及干扰影响观景人生理与心理状况。这样达到景观、媒介和观景人三者协调的互动关系。所以，一处优美的景观或一个优秀的景观设计作品，必须以三者关系协调统一为前提，无论它是人们精心设计的，抑或是自身演化形成的，都是达到了三者的和谐，而使观景人与之产生共鸣，从本书的图片中我们会感悟良多。本书中的图片除注明拍摄者外，均由吴晓松拍摄。

目　录

第二篇　城市景观设计方法

第一篇
城市景观设计的基础理论

德国哲学家斯宾格勒（Spengler）认为："'风景'是文化的基础，人是如此得依附它，如果没有它，生命、灵魂与思想全都无法想象。追求生活在一种至美的环境中是人类的理想。自然界为人类提供了土壤、空气、水和阳光，包括我们生存的整个环境，而人类利用庞大的知识宝库，试图在地球上创造一个天堂，城市就是人类改造自然的作品。"

城市环境的优劣直接影响我们人类的生活质量。如何为城市提出一个最佳的景观设计方案？如何去创造一个适宜人类居住的城市空间？这些是每座城市，每位建筑师、城市规划师与景观设计师都要面对的问题。所以，要解决这些问题，就需要我们首先去认识景观及城市景观。本书第一篇将论述景观与城市景观的基本概念，分析构成景观的各种自然要素和人文要素，揭示观景人与景观互动的基本规律，进而掌握城市景观设计的基础理论。

第一章　景观的基本概念及研究重点

我们都熟知"盲人摸象"的故事,故事的本意是警示人们不要片面地去看待某些事物。然而,关于景观的研究,这恰恰说明景观系统的复杂性。每个人由于受到自身素质的局限,他对所看到景观的反应,是其自身生活经验提炼与景观外貌的偶合。通常,有着不同生活经验的甲乙二人,对同一个景观会有完全不同的反应。如同每个盲人站在相对于大象的某个特定的位置,这必然会使他们只能识别到大象的局部。那么,较大象复杂得多的景观系统,需要我们各个领域的深入研究,去认识景观的基本概念、特征及其规律,为人类造福。

第一节　景观的定义

"景观"是一个含义广泛的术语,常被用于地理学、生态学、历史学、经济学、建筑与城市规划、园林学、艺术及日常生活等诸多领域。各类工具书对"景观"一词的定义描述也不尽相同。2005 年英文版《新大不列颠百科全书》(New Encyclopedia Britannica)中无"景观"(Landscape)一词,但在第七卷第 139 页出现词条"Landscape Architecture",其释义与 1999 年出版的《大不列颠百科全书》(国际中文版)中第九卷第 455 页的"园林建筑"词条内容一致。以下是几本重要工具书中关于"景观"的释义。

> 1994 年第一版《大美百科全书》　第十六卷　第 489 页描述的"LANDSCAPE"是风景画:
>
> 　　是一种艺术图像。主题是自然景象,以空间、空气及植物为刻画重点,可描写全景亦可描写局部一隅,可直接临摹实景,或凭记忆创作,后者有时亦借重临场速写之助。创作的成果能客观地记录一处真实地点,或以个人理想为依托任意创造,或集合数种不同的景象,或是遵循某一特定学派或画家的规范。画家的个人经验对其选择主题影响至巨。市景、海景可归为风景画的特殊类型,因其描绘焦点在户外景象。任务与风景画中仅居次要地位,或为戏剧效果的焦点。
>
> 　　风景画反映人们对自然的态度,及其于人类喜怒哀乐、生老病死上的影响。有些风景画描绘自然风疾雨厉的暴烈景象,强调人与自然界中的脆弱。传统的风景画则侧重人与自然协调的关系,强调大自然以其富饶供养人类,以其壮丽激发人类的温馨面。风景画能成为宗教人物的活动背景,也能如东方绘画中作为思考生命的媒介。

1999 年版的《中国百科大辞典》中对"景观"一词描述如下：

在地理学上，它曾被视为区域单位或指该区域的诸般特征，但常由于研究者的侧重不同而进一步划分为自然景观和文化（人为、人文）景观，在后者中还可分为建筑景观、园林景观等等。一些社会科学家更提出经济景观概念，这些区分都是从客观对象中抽象出一部分内容加以观察。尽管观点角度不同和所研究的侧面不同，"景观"一词都有这样两个含义：

1. 它强调由具体景象出发观察事物，虽然有部分学者也提到应把握景观中的抽象气氛，但这仍然要透过具体景象去体验。

2. 不管局限在哪一个侧面，它都强调整体观察，力求取得一个鸟瞰图。

在 1999 年版的《辞海》中，"景观"被归纳为两方面含义：

1. 风光景色。如：居屋周围景观甚佳。

2. 地理学名词。

（1）地理学的整体概念：兼容自然与人文景观。

（2）一般概念：泛指地表自然景色。

（3）特定区域概念：专指自然区划中起始的或基本的区域单位，是发生上相对一致和形态结构同一的区域，即自然地理区。

（4）类型概念：类型单位的通称，指相互隔离的地段，按其外部特征的相似性，归为同一类型单位。如荒漠景观、草原景观等。景观学中主要指特定区域的概念。

2004 年 8 月版《中国大百科全书》（地理学）中，陈传康在地理学方面对"景观"作了如下几种解释：

1. 某一区域的综合特征，包括自然、经济、人文诸方面。

2. 一般自然综合体。

3. 区域单位，相当于综合自然区划等级系统中最小一级的自然区。

4. 任何区域分类单位。

从受人类开发利用和建设角度看，景观可分为自然景观、园林景观、建筑景观、经济景观以及文化景观等；从时间角度可分为现代景观、历史景观。

第二节　景观在不同学科中的内涵

"景观"一词出现于 16 世纪末，当时是指可证明由个人或集团所拥有的一块土地。也具有地表可见景象的综合和某个限定性区域的双重含义。后来，受到荷兰画家把景观看作是风景画的影响，景观被赋予更现代的含义。在各学科对景观或其相关学科的研究中，景观被渐渐赋予更多更深层次的含义。不同专业和不同学科的侧重点不同，对景观内涵的理解也存在差异。本节分别从地理学、生态学、建筑学、城市规划与景观园林学等学科，阐述其对"景观"一词的释义。

一、地理学

从地理学角度阐述的景观定义，最早出现于 19 世纪末叶的德国，近代地理学的创始人之一洪堡（Alexander Von Humboldt）将"景观"的概念引入地理学中，认为景观是"一个地理区域的总体特征"。哈默尔顿（Hamerton）1885 年给出了"景观"的现代用法，即指特定地点所能看到的全部地表。而将"景观"作为一门学科，深入研究景观形成和演变的行为产生于 19 世纪后期至 20 世纪初期。地理学家帕萨格（Seigfried Passarge）于 1919～1920 年出版了三卷本《景观学基础》之后，又于 1921～1930 年出版了四卷本的《比较景观学》。在这两部著作中，他认为"景观"是相关要素的复合体，系统地提出了以全球为范围进行景观分类、分级的原理，并认为景观划分的最好标志是植被；同时，他还创造了"景观地理学"一词，提出了城市景观的概念。德国景观学派的创始人施吕特尔（O.Schluter）在《人类地理学的目的》一书中提出了文化景观形态学和景观研究是地理学的主题的观点，在《早期中欧聚落区域》（1958 年）一书中提出了自然景观与人文景观的区别，并最早把人类创造景观的活动提到了方法论原理上来。从自然与人文现象的综合外貌角度来理解景观，倡导景观研究作为地理学的中心问题，探索由原始景观变成人类文化景观的过程。

早在 1925 年，美国人文地理学家索尔（Carl Sauer）在《景观的形态》一书中就提起过关于人文景观的思想。他提出应重视不同文化对景观的影响，认为解释文化景观是人文地理学研究的核心。随着西方经典地理学、地质学及其他地球科学的产生，"景观"曾在一段时间内被看作是地形（landform）的同义语，并被用来描述地壳的地质、地理和地貌属性。

自 20 世纪 30 年代以后，前苏联的景观学研究成了景观学研究的新的中心，其代表人物为贝尔格。贝尔格于 1913 年提出，"景观"是地形形态一定、有规律重复的综合体或群体这一概念，并于 1931 年在《苏联景观地理地带》一书中进一步明确和补充了 1913 年所给出的景观定义，举例研究了景观与其组成成分之间的相互作用，并谈到了景观的发展与起源问题。由于最初的景观研究者们把景观看成是任何的地理单元，没有赋予其分级的意义，导致景观的研究出现了一些自相矛盾或难以理解的东西。为此，许多后继的研究者进行了进一步的研究，形成了前苏联景观研究的两大学派：类型学派和区域学派。类型学派的代表人物主要有 М·А·别尔乌辛等，他们把整个地球表面称作景观壳，而景观则被抽象为类似地貌、气候、土壤、植被等的一般概念，没有单元等级之分，例如森林景观、海洋景观、亚欧大陆景观等。区域学派的代表人物主要有格里哥里耶夫（А.А.Григорьев）、С·В·卡列斯尼克（С.В. КАЛЕСНИК）、Н·А·宋采夫（Н.А. Солн-цев）等，他们把景观视为有一定分类等级的单元，如区或区的一部分。Н·А·宋采夫在自己的著作中对景观进行了全新的、更为确切的定义：即景观是具有同类地质基础和相同的一般气候的、发生上一致的地域，这是由几个或许多部分——限区——组成。图 1-1a、图 1-1b、图 1-1c 及图 1-1d 展示的就是地理学中的景观。

图 1-1a（左上）
地理学中的景观（英国苏格兰尼斯湖区域，
吴忠摄于 2000 年 8 月）

图 1-1b（右上）
地理学中的景观（圣马力诺山上俯瞰，
2000 年 9 月）

图 1-1c（中）
地理学中的景观（广西德保县小山村，
2003 年 12 月）

图 1-1d（下）
地理学中的景观（黑龙江哈尔滨市郊鸟瞰，
2004 年 10 月）

图1—2a（上）
生态学中的景观
（英国韦林花园城
市绿带，2002年
10月）

图1—2b（下）
生态学中的景观
（四川九寨沟，
2005年10月）

二、生态学

生态学是一门研究生物与环境，以及生物与生物之间的相互关系的独立学科领域。生态学中的景观具有狭义和广义两方面的内涵。狭义景观是指由一组以类似方式重复出现的相互作用的生态系统组成的异质性地理单元[美国景观生态学家福尔曼（R.T.T.Forman）和法国地理学家戈德龙（M.Godron），1986]，其空间尺度在几十公里至几百公里范围内，这是宏观的景观；而广义景观则包括出现在从微观到宏观不同尺度上的，具有异质性或缀块性的空间单元（Wiens和Milne，1989；Wu和Levin，1994；Pickett和Cadenasso，1995）。

景观生态学（Landscape Ecology）是景观科学与生态学的结合，是研究景观单元的类型组成、空间配置及其与生态学过程相互作用的综合性学科。"景观生态"（ökologische bodenforschung）这一概念最早由德国区域地理学家卡尔·特罗尔（Carl Troll）在1939年提出。它用于表示控制一个地区中不同地域单位的自然—生物综合体的相互关系。卡尔·特罗尔把景观看作是人类生活环境中的"空间的总体和视觉所触及的一切整体"，把陆圈（geosphere）、生物圈（biosphere）和理性圈（noosphere）都看作是这个整体的有机组成部分。德国学者布赫瓦尔德（Buchwald）认为：所谓景观可以理解为地表某一空间的综合特征，包括景观的结构特征和表现为景观各因素相互作用关系的景观收支，人的视觉所触及的景象、景观的功能结构和景象的历史发展，景观生态的任务就是为了协调大工业社会的需求与自然所具有的潜在支付能力之间的矛盾。1995年，福尔曼进一步将景观定义为空间上镶嵌出现和紧密联系的生态系统的组合，在更大尺度的区域中景观是互不重复且对比性强的基本结构单元。这一概念涵盖了景观的地理学渊源和生态学思想，是景观与生态系统生态学观念的结合。

作为生态学概念，景观更强调非生物成分和生物成分的综合。荷兰科学家西卢瓦（WLO，Schroevers）认为：景观是一个关系系统（多个生态系统）的复合体，这些关系系统共同形成地球表面可识别的一部分，由生物、非生物和人类活动的相关作用来构成和维持。他强调人类活动在景观的形成、转化及维持等方面的作用；认为人类的作用具有积极或消极两方面的可能；人类对景观的影响既有文化方面，也有自然功能方面。图1—2a、图1—2b、图1—2c及图1—2d展示的是生态学中的景观。

三、建筑学、城市规划与景观园林学

建筑学上的景观，狭义地讲，包括城市的自然环境、文化古迹、建筑群体及城市各项设施等物象给人们的视觉感受；广义的还包括地方民族特色、文化艺术传统、人们的日常生活、公共活动及节日庆典、集会等所反映的文化、习俗、精神风貌等。

城市规划主要通过景观设计和园林设计来进行对景观的研究。城市规划将景观看作要素，认为城市景观要素是极其丰富的，包括城市自然环境、社会结构、历史文化、建筑、街道及城市绿地等多方面内容。城市景观和园林设计的主要目的就是研究如何利用并改造、组合这些要素，甚至创造新的要素，以营造美好的城市景观。

景观园林中认为景观即自然和人工的地表景色，意同风光、景色、风景。17世纪到18世纪，园林设计师开始使用"景观"一词，景观成为描述自然、人文以及两者共同构成的整体景象的总称，包括自然和人为作用的任何地表形态。图1-3a、图1-3b、图1-4a、图1-4b、图1-5a及图1-5b分别展示的是建筑学、城市规划与风景园林学中的景观。

图1-2c（上） 生态学中的景观（英国剑桥植物园，2005年12月）

图1-3a（中） 建筑学中的景观（西藏拉萨布达拉宫，2005年10月）

图1-3b（下） 建筑学中的景观（法国巴黎歌剧院，2000年10月）

图1-4a（上） 城市规划中的景观（法国巴黎香榭丽舍大街景观，2000年9月）

图1-4b（中） 城市规划中的景观（上海外滩景观，2007年11月）

图1-5a（下） 风景园林学中的景观（英国爱丁堡皇家公园，吴虑摄于2000年8月）

四、其他学科

在美学领域，"景观"一词的专用性比较强。16世纪末，在荷兰画家眼里，景观被视为绘画艺术的一个专门术语，泛指陆地上的自然景色（即风景画）。希伯来语《圣经·旧约》全书中首次出现了文字记录的景观（landscape）一词，用来描述耶路撒冷包括所罗门王的教堂、城堡和宫殿在内的优美风光。

历史学将景观视为一种年表。景观被视为历史上特殊场所下，自然的和人类活动历史的复杂文献，是丰富的、时间与空间的嵌合体。如景观中的居住模式、城市形态、建筑风格、小区详细情况与其他规划和设计的特征，都可编入景观历史年表。

经济学领域常用"经济景观"一词来表征社会集团或人之间的经济联系，即将经济联系视为景观。

文化学中的景观则更多的是一种文化现象，包括可见的与物质的，以及不可见的与非物质的。文化学之下还有几个分支，例如景观文化学将景观视为珍贵的保护对象，目的在于保护与利用作为自然与文化遗产的景观；旅游文化学则将景观看作一种旅游资源等等。

心理学中视景观为影响人类情绪、思维等心理状况的要素。从人这一观景主体角度出发来认识景观。这类心理学分支称为环境心理学，也称环境行为学。

随着各类学科的发展，景观的定义不断被抽象升华，甚至出现了思想景观、社会景观等名词。我国景观生态学者肖笃宁将景观在各门学科中的内涵综合起来，将景观定义为一个由不同土地单元镶嵌组成，且有明显视觉特征的地理实体。它处于生态系统之上，大地理区域之下的中间尺度，兼具经济价值、生态价值和美学价值。

综合上述不同学科中的景观概念，列表1-1如下：

图1—5b　风景园林学中的景观（苏州拙政园，吴忠摄于2008年6月）

景观概念及其研究对象一览表　　　　　　　　　　　　　　　　　　　　　　　　　　表1—1

景观概念		以景观为对象的研究	
作为地学概念	与"地形"、"地物"同义	作为地理学的研究对象	将景观视为地域要素的综合体，主要从空间结构和历史演化上研究
	与"文化"相联系		主要从"文化"或"人类发展"对景观的影响进行研究
作为生态系统的功能结构		是景观生态学及人类生态学的研究对象，从空间结构及其历史演替，以及景观的结构、功能和动态等方面进行研究	
作为建筑、规划、园林设计的概念		作为建筑学、城市规划及园林学研究对象，主要研究景观的空间布局和时间分布	
作为视觉美学意义上的概念		景观作为审美对象，注重研究景观特征的艺术性以及作为视觉的景色，以语言艺术研究景观，景观与"风景"同义	
历史学上的景观		将景观视为历史的层，并作为历史发展的参考	
经济学上的景观		主要研究景观的经济价值或用于表征某种经济联系	
文化学上的景观		物质与非物质的文化产物和文化现象	

第三节　不同社会文化背景下的人对景观的认知

世界上纷纭复杂的文化可分为中国文化，印度文化，阿拉伯伊斯兰文化以及自古希腊、罗马一直延续到今的欧美文化这四个体系。又可将其进一步整合为两大文化体系，即前三者构成东方文化体系，后者为西方文化体系。东西方文化体系有其共同点，也存在着源于不同思维方式的差异。东方人重视的是精神上的忠孝道义，西方人重视的是物质上的快捷便利；东方人喜欢看事物的整体即主综合，西方人则喜欢化整为零即主分析；东方人更加唯美些，西方人更加唯物些；东方"爱"得含蓄与西方"爱"得直率等等，都是东西方文化差异的鲜明对比的表现。

城市是人类聚居的场所，是人类文明的结晶，城市景观与当地的文化关系密不可分。城市的建筑、街道和各种景观风貌，都能反映当地的历史文化、民情信仰、风俗习惯等人类精神层次的要素。在东方和西方两种社会文化大背景下的人们，拥有各异的风俗习惯、审美观念以及文化，他们对景观的认识也有着较大的差异，形成各自不同的景观认知体系。图1-6说明了东西方存在认知方面的误差。

图1-6（上）
西方人心目中的中国亭（英国爱丁堡皇家公园，2002年10月）

图1-7a（下）
具东方特征的景观（北京天安门，1999年10月）

一、东方人景观认知体系

中国人对景观的追求可从山水画和园林艺术上反映出来。山水画、园林艺术特别讲究景观的意境和历史文化内涵，可见中国人对景观的追求不仅是重视自然，更注重景观反映的文化和哲理。

日本的景观体系受中国的影响，但其追求的景观风格较为单纯和凝练。日本人把平凡的自然景观的变幻投射到精心组织的园林景观中，使景观的艺术得以升华。对于景物深刻感悟，加上文化的情结，化平淡为神奇，提炼出自然景观，创造出自然的境界。如图1-7a、图1-7b及图1-7c显示出渗透了历史文化意境的东方景观特色。

图1-7b（上左）　具东方特征的景观（江西南昌滕王阁，2007年4月）

图1-7c（上右）　具东方特征的景观（江苏苏州怡园内木雕，吴虑摄于2004年9月）

图1-8a（下左）　具西方特征的景观（法国凡尔赛宫花园，2000年9月）

图1-8b（下右）　具西方特征的景观（爱尔兰布拉尼古堡，2000年10月）

二、西方人景观认知体系

欧洲景观设计精神，尤以德国体现得最为典型。德国的理性主义，思辩精神，严谨而有秩序，已经成为德意志民族精神中的一部分。因此德国的景观设计充满了理性主义的色彩，从第二次世界大战结束后的城市重建到20世纪末德国新柏林的建设始终保持着理性。在保护和合理利用自然资源的同时，他们更尊重生态环境，从宏观的角度去把握景观设计。

美国的景观则表现出美国人对自然的渴求，生活艺术和商业的组合、雅趣与现代活力的互补，均是美国景观设计的突出特点。图1-8a、图1-8b及图1-8c显示出渗透了历史文化意境的西方景观特色。

图1-8c 具西方特征的景观（意大利比萨主教堂天堂之门铜雕，2000年9月）

第四节 各学科对景观研究的重点

地球上大多数景观是自然过程与人类文化过程交互作用的产物，是长期适应与演化形成的不同类型。景观是地域的轴心、主干和主体，具有十分重要的科学、文化和示范价值。我们可以把景观看成地理综合体，即由自然景观和文化景观组成。但由于自然景观的人文化程度不断加深，因而任何学科中的"景观"一词几乎都根植于文化景观概念。

但是，无论从何种观点角度去研究景观，也无论景观本身风格如何，景观都具有两重含义：首先，它强调从具体景象出发观察事物，虽然有部分学者也提出应把握景观中的抽象气氛，但这仍要透过具体景象去体验；其次，不管局限于哪一侧面，它都强调整体观察，力求取得一个宏观效果，类似于鸟瞰图。现代的景观研究着重于景观的结构、功能和动态方面的研究，由此便得出景观的不同类型，即"景观型"的概念——指景观彼此分开但具有同一组成成分的组合，是处于同一种组成和状态中的各个自然地域综合体的总和。

虽然各学科对景观的研究上有一定的共同点，但是由于各学科具有各自不同的特点，从不同的科学角度考虑产生的景观定义，自然也有各自不同的侧重点。

一、地理学

施吕特尔（O.Schluter，1872～1952年）认为应从自然与人文现象的综合外貌角度来理解景观，倡导景观研究作为地理学的中心问题，探索由原始景观变成人类文化景观的过程。帕萨格（S.Passarge）则强调对景观分类要素的描述和解释，同时还提出了城市景观、空间景观等概念，力求完善景观形态与分类的解释。美国地理学家索尔（C.O.Sauer）把景观看作地表的基本单元，认为景观是由自然与文化要素两部分叠加而成。以他为代表的伯克利学派研究了大量景观变迁的实例，揭示了人在改变地球面貌中的作用。

前苏联的地理学家多偏重于自然景观的研究，认为自然景观即自然综合体是自然地理学的主要研究对象，景观的类型方向和区域方向并存。

前苏联地理学家波雷诺夫和彼列尔曼奠定了景观地球化学的基础，主要是研究景观中化学元素的迁移，形成了前苏联又一个景观学研究方向——景观地球化学研究方向。

综上所述，地理学对景观的研究侧重在三方面：一是注重对地理景观的文化因素的研究；二是对自然景观的研究；三是对地质景观的研究。

二、生态学

生态学主要从结构、功能和动态层面上研究景观。从景观结构层面，研究景观组成单元的类型、多样性及其空间关系；从景观功能层面，研究景观结构与生态学过程的相互作用，或景观结构单元之间的相互作用；从景观动态层面，研究景观结构单元的组成成分、多样性、形状和空间格局的变化，以及由此导致的能量、物质和生物在分布与运动方面的差异。

景观生态学研究地球圈水平、垂直向上及其时间维度上的异质性。景观生态学将生态学中结构与功能关系的研究，与地理学中人地相互作用过程的研究有机融合，形成了以不同时空尺度下的格局与过程、人类作用为主导的景观演化等概念为中心的理论框架，形成强调自然与人文因子相结合的景观规划与管理等实际应用领域。在生态学中，景观研究的侧重点在于对自然的保护，对人和自然的如何和谐共处的研究。

三、建筑学、城市规划与景观园林设计

建筑学与城市规划是从城市景观的功能、特征及空间布局层面对景观进行研究。它们研究城市在满足人们生活、工作、交通及游憩这些基本需求的同时，如何利用城市的街景立面、霓虹灯、园林绿化和小品等景观要素，为人们营造一个景观优美的城市环境，塑造城市的景观特征。城市景观属于一种利用自然之人工创造的，以建筑物为基质的特殊人类文明景观，具有高密度（空间拥挤）、高流量（人流、物流、能量流、信息流大）的特点。近来关于人居环境的研究渐成热点，其内容包括自然环境、人口（居民）、社会结构、建筑与城市以及交通、通讯网络等。建筑设计、城市规划、景观设计和生态学等的综合，形成景观建筑学，它的研究重点和追求目标，就是把自然引入城市，以及使建筑体现文化。

景观园林设计从天然的地形地貌开始，将原有的土地加以美化、改造或变动，侧重于聚居领域的开发整治，从大范围来看，是土地、水、大气、动植物等景观资源与环境的综合利用与再创造；从小范围来看，则是都市开放空间的规划设计。庭院或园林的景色，牵涉到布局形式、植物品种、树木花卉的色彩和香气、占地大小、气候条件及园林用途等。其创作是以模仿自然为主要标志，是对水、树木、草地等自然元素的组成方式和如何营造美好环境的研究。

明代著名的造园专家计成所著的《园冶》，是他积几十年建造园林的经验写作的园林学著作。在书中，计成阐述了自己造园的观点，详细地记述了如何相地、立基、铺地、掇山和选石等造园方法，并绘制了两百余幅造墙、铺地和门窗等图案加以图示。《园冶》为中国的园林建造提供了理论框架和范本。陈植的《园冶注释》对计成的《园冶》进行了注释说明。我国著名的古建筑、古园林专家、散文作家和画家，同济大学的陈从周教授的学术专著《说园》，对造园理论、立意、组景、动观、静观、叠山、理水、建筑和

栽植等方面进行了精辟的论述。

四、美学

美学中把景观作为审美对象，采用抽象的方式，以一些语言艺术为基础，譬如线条、形式、颜色、质地、旋律、比例、平衡、对称、协调、压力、统一及多样性等等来说明视觉形态。法国景观设计师西蒙德（Jacques Simond）认为景观的价值表现在于"景观所给予个人的美学意义上的主观满足"。因此美学对景观的追求不在于景观的功能，审美价值才是美学对景观的最高理想。

不同学科对景观的研究重点列表 1-2 如下：

不同学科对景观的研究重点一览表　　　　　　　　　　　表 1-2

学科	研究景观的目的	研究景观的重点
地理学	认识、研究地球表面的各种要素	植被、地形地貌、文化景观
生态学	协调社会需求与自然潜在支付能力之间的矛盾，实现景观利用最优化	景观的功能、格局、过程、等级
建筑学、城市规划与景观园林设计	创造良好的建筑空间，创造适宜的人居环境，创造可识别的城市环境 景观园林模仿自然，创造优美的园林	建筑室内外空间的美化，景观要素的布局，建筑、城市与自然的融合 大地景观资源与环境的综合利用和改造、园林艺术、园艺技巧
美学	追求景观价值，满足人们审美需要	景观的艺术语言、观赏价值的获得

第二章　景观的系统和构成要素

第一节　景观的系统

景观是由景观要素有机联系组成的复杂系统。景观系统同其他非线性系统一样，是一个开放的、远离平衡状态的系统，具有自我组织性、自我相似性、随机性和有序性等特征。景观系统可划分为空间构成和属性构成。

一、景观系统的空间构成

从空间构成来看，景观是由斑块（patch）、廊道（corridor）和衬质（matrix）镶嵌而成的，这三部分共同构成了景观的空间格局。斑块具有相对的均质性，是景观中的节点；廊道呈狭长带状，如河流、林带、公路和篱带；衬质又称为基质或模地，是景观中最广泛连通的部分。景观镶嵌的测定包括多样性、边缘、中心斑块和斑块总体格局测定等方面，包括多样度、优势度、相对均匀度、边缘数、分维数、斑块隔离度、易达性、斑块分散度及蔓延度等指标。

二、景观系统的属性构成

景观系统的属性构成可分为自然景观要素和人文景观要素。自然景观要素主要包括天体、大地、水体和生物等各种自然景观。人文景观要素涵盖了社会环境、历史地理、思想意识、政治制度、文化艺术、民俗风情等各方面。本章第二节将详细论述景观系统的属性构成。

第二节　景观系统的属性构成

一、自然景观要素

自然景观要素主要是指自然风景，如天体天象、气候气象、地形地貌、江河湖海和动植物等，它们构成城市与乡村的原生态景观并赋予它们最基本的特征。

（一）天象景观

天象泛指各种天文现象，在地球上常见的天象景观包括太阳出没、行星运动、日月变化、彗星、流星（雨）、日食、月食等等。这些现象构成了大自然绚丽多彩的天象景观。

1．日食、月食

日食是月球绕地球转到太阳和地球中间时，如果太阳、月球、地球三者正好排成或接近一条直线，月球挡住了射到地球上去的太阳光，月球身后的黑影正好落到地球上产生的天象景观。月食是当月球运行至地球的阴影部分时，在月球和地球之间的地区会因为太阳光被地球所遮闭而看到月球缺了一块的天象景观。

图2-1（上）
热带夏季椰林景观（海南海口秀英，2003年7月）

图2-2（中）
温带冬季冰雪景观（黑龙江海林雪乡，2006年2月）

图2-3（下）
雾中山水景观（广西桂林漓江，2002年11月）

2．彗星、流星（雨）

彗星是在扁长轨道（极少数在近圆轨道）上绕太阳运行的一种质量较小的，由冰和少量岩石组成的云雾状小天体。分布在星际空间的细小物体和尘粒叫做流星体，它们飞入地球大气层，跟大气摩擦发生了光和热，最后被燃尽成为一束光，这种现象叫流星；成群的流星就形成了流星雨。彗星和流星出现在地球上空的时候，可以形成独具魅力的天象景观。

3．极昼和极夜

在南北极圈以内的地区，会出现连续24小时的白昼和黑夜，它们分别被称为极昼和极夜。在南北两极，极昼和极夜各约半年；在南北纬80°，极昼和极夜各有三个多月；在南北纬度70°，极昼和极夜各约两个月。这种天象景观已成为一些高纬度地区国家或城市开发利用的景观资源。

4．日月合朔

"日月合朔"又叫"日月并升"、"日月合璧"，是指太阳和月亮在天球上处于同一经度，天文学上称此时日月的黄经差等于零。"日月合朔"短则5分钟，长则半小时，随观看的时间、地点和当时环境条件的不同，表现出不同的景观，一般有四种扑朔迷离景象：第一种是太阳初出海平面时，月亮随即跳出，并入日心；第二种是旭日升腾海面不久，月亮呈灰暗色围绕着太阳跳个不停，太阳被月亮遮住的部分光色暗淡，未被遮住的部分呈月牙状，闪烁着金黄色的光彩；第三种是太阳和月亮重叠为一体，同时升上海面，太阳外围呈现出血牙红或青蓝色光环；第四种是太阳在下，月亮在上，紧追不舍地跃上海面，成为一副美丽的太阳托月图。

我国观赏日月合朔的最佳地点是在杭州湾北岸浙江省海盐南北湖畔的云岫山鹰巢顶。浙江省平湖县乍浦镇九龙山的临海山顶、杭州市葛岭初阳台、苏州洞庭西山山顶、苏州西部天平山顶莲花洞等地也可以观赏到这一天象景观。

（二）气候气象景观

气候是常年的天气特征，表现为冷、热、干、湿。气象是包围地球的大气层经常产生的各种物理现象，表现为风、云、雨、霜、雾、雷、电等气象要素形成的景观，以及虹、霞、晕、华等大气光学现象形成的景观。气候和气象可直接影响或形成自然环境景观特征，如热带椰林景观与温带冬季的冰雪景观和云雾景观等。图2-1和图2-2展示的是热带夏季椰林与温带冬季冰雪的气候景观。图2-3展示的是气象景观。

1．气象要素景观

（1）风

风是空气的水平运动，它有不同的分类方法，如按照风携带物的大小分，可以分为尘卷风、沙（尘）暴、扬沙、沙尘；按照风力的强弱分，可以把风分为0-12级；除此之外，一些特殊的风还有其特殊的名字，如风向突然改变，风速急剧增大的天气现象称为飑，风速大于等于32米／秒的热带气旋称为飓。风对景观的影响大小程度主要体现在风力的大小上，从《不同等级风力对人与景观的影响一览表》中我们可以知道，在不同的风力作用下，陆地地物征象，以及风对景观的影响和风对人的影响存在差异。详见表2-1。

不同等级风力对人与景观的影响一览表　　　　　　表2-1

风力等级	陆地上面地物征象（风速：米／秒）	风对景观的影响	风对人的影响
0	静烟直上（0-0.2）	景观缺乏生气	闷，不利散热，影响观景心情
1	烟能表示风向，树叶略有摇动（0.3-1.5）	增添景观的生气，使景观成为一个动态的画面	身心舒畅，提高人的赏景热情
2	人面感觉有风，树叶有微响（1.6-3.3）		
3	树叶及小枝摇动不息，旗子展开（3.4-5.4）		
4	能吹起地面灰尘和纸张，树的小枝摇动（5.5-7.9）		
5	有叶的小树摇摆，内陆的水面有小波（8.0-10.7）		
6	大树枝摇动，电线呼呼有声，撑伞困难（10.8-13.8）	能卷起沙尘，形成沙尘、扬沙等景观	沙尘影响人的视线
7	大树摇动，树枝弯下来，迎风步行感觉困难不便（13.9-17.1）		
8	可折毁树枝，人向前感到阻力甚大（17.2-20.7）	台风景观	虽然景观独特，但恐惧感盖过了观景的心情
9	烟囱及平房屋顶受到损坏，小屋遭到破坏（20.8-24.4）		
10	树木可被吹倒，一般建筑物遭破坏（24.5-28.4）		
11	大树可被吹倒，一般建筑物遭到严重破坏（28.5-32.6）		
12	陆上少见，摧毁力极大（32.6以上）	飓风景观	

（2）云彩

天空中的云彩是由许多细小的水滴或冰晶组成的，有的是由小水滴或小冰晶混合在一起组成的。有时也包含一些较大的雨滴、冰及雪粒，云的底部不接触地面，并有一定厚度。云景外观千姿百态使天空变化莫测，我国古代就有"山无云不秀"的认识。图2-4、图2-5a、图2-5b、图2-5c及图2-6分别展现的是空中云彩景观、云景观及云雾景观。

气象学家从不同的角度对云进行了多种分类，本书依据瑞典气象学家贝吉隆（Bergeron）的发生与形态分类法，对各种云的属、外形特征、排列、透光及颜色进行列表描述。详见表2-2。

图2-4 空中望到的云彩景观（京穗航线，2003年10月）

图 2-5a（左上） 云景观（法国凡尔赛宫花园，2000 年 10 月）

图 2-5b（右上） 云景观（黑龙江佳木斯，战凌霄摄于 2005 年 8 月）

图 2-5c（左下） 云景观（哈尔滨，战凌霄摄于 2008 年 7 月）

图 2-6 （右下） 云雾景观（安徽黄山，1996 年 4 月）

云的发生－形态分类一览表[注1]　　　　　　表 2-2

分类	云	属	外形特征	排列	透光情况	颜色
层状云	水平范围很广，云底均匀，成层状，有时掩盖全天，云内较稳定，常降水	卷层云	白色丝缕状云幕	成层	透光	白色
		高层云	条纹丝缕状云幕	成层	日、月如隔毛玻璃或蔽光	灰色、浅色
		雨层云	暗、黑、低而均匀的降水云层	成层	处处不透光	暗灰色
		层云	低（像雾）而均匀的云幕	成层或散片	薄处可见日月轮廓	灰色
波状云	水平范围较广，云内乱流较强，云顶常有逆温层，成层或散片排列，但云体起伏明显	卷积云	细鳞片，小薄球，视宽度小于1°	成层或散片	透光	白色（无暗影）
		高积云	薄片、团块，视宽度1°～5°	成层或散片	透光或蔽光	白、灰白色
		层积云	松动大云块或滚轴状云条，视宽度大于5°	成层、散布	透光或蔽光	灰白、晴灰色
积状云	水平范围较小，云内不稳定，垂直发展的云块孤立、分散、个体分明	卷云	白色丝缕结构白云丝（片）	孤立分散	透光	白色光泽
		积云	底平，顶成圆拱形突出，个体分明的云块	分散	—	观测者、云和太阳相对位置而定
		积雨云	垂直发展旺盛的大云块，云顶丝缕结构模糊或明显，布满全天时云底混乱	孤立浓厚，大云块或满布全天	常蔽光	暗灰色

[注1] 表 2-2 资料来源：吴永莲，涂美珍. 气象学基础 [M]. 北京：北京师范大学出版社. 1987年第1版

（3）雷与闪电

人们常用电闪雷鸣来形容雷和电，但这种表达并不十分准确。因为在一次响雷中，包括产生雷声和形成雷鸣两个截然分开的过程。雷声是在形成闪电时，由于空气温度急剧上升，狭长通道里的空气剧烈的膨胀，引起急速的增压，形成纵波，类似于爆炸形成过程，发出的强烈振荡声；而雷鸣则是闪电通路中电流突然中断，引起剧烈减温，迅速减压，引起空气的振动而形成的，所以雷并不像电那样一闪而过，而是持续一段时间。

雷分为雷暴和远雷暴两类：雷暴表现为闪电兼有雷声，闪电与雷声的间隔不超过 10 秒钟。雷电紧凑，瞬息而至，声音震动天地，给人以强烈的心灵上的震撼；远雷暴则表现为闪电与雷声的时间间隔在 10 秒钟以上。闪电和雷鸣分开，给人以如千军万马奔腾而来的感受。

闪电的常见形状有线状（或枝状）闪电和片状闪电，球状闪电则是一种十分罕见的闪电形状。细分还有带状闪电、联珠状闪电和火箭状闪电等形状。闪电就在顷刻之间完成，让人来不及去观赏，只能去感受其瞬间的力拔千钧之气势。

（4）降水，近地面水汽的凝结、凝华或水滴的凝固

降水是气象现象的主要组成成分，也是景观设计重要的自然景观要素，形成以雨水为特色的景观。我国古代就有描写雨水景观的佳句，如苏东坡描绘西湖："水光潋滟晴方好，山色空蒙雨亦奇"，见图 2-7。

近地面水汽的凝结、凝华或水滴的凝固现象有冰针、雾、轻雾、霾、露、霜、雨凇、雾凇、雪、霰、冰粒、雹和结冰等现象。其中霜、雨凇和雾凇是"地表生长型"的固态降水，这些固态降水是水汽在地表凝华结晶或冻结而形成的。图 2-8 展示的是雾中景观。雪是天空中的水汽经凝华而来的固态降水的一种最广泛、最普遍和最主要的形式。毛泽东《沁园春·雪》中"北国风光，千里冰封，万里雪飘。……须晴日，看红妆素裹，分外妖娆"便是对冰雪景观的描绘。图 2-8 展示的是雾景观，图 2-9a 及图 2-9b 展示的是冰雪景观。

雾凇是空气中水汽直接凝华，或过冷却的雾滴直接冻结在物体上形成的乳白色冰晶物。前者呈毛茸茸的针状，后者呈表面起伏不平的粒状。在我国冬季观看雾凇景观最佳去处是吉林和哈尔滨的松花江畔，那里的雾凇俗称树挂或雪柳，它神异的景色犹如童话般的意境。它与桂林山水、长江三峡和云南石林并称中国四大自然奇观。图 2-10a 及图 2-10b 展示的是雾凇景观。

结冰是指露天水面在冬季冻结成冰的现象。冬季哈尔滨的冰雪文化景观是利用冰雪特征制作冰雕和雪塑，展开滑雪、滑冰、冬泳和雪橇等活动，以独特的"冰天雪地"景

图 2-7（上） 雨中的景观（广州中山大学，2006 年 6 月）
图 2-8（下） 雾景观（安徽黄山，1996 年 3 月）

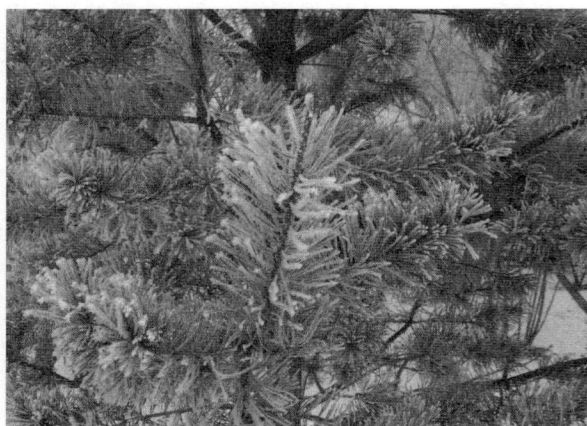

图 2-9a（左上）　冰雪景观（黑龙江海林雪乡，2006 年 2 月）

图 2-9b（右上）　冰雪景观（哈尔滨吉华滑雪场，吴虑摄于 2007 年 2 月）

图 2-10a（左中）　雾凇景观（哈尔滨太阳岛，2006 年 12 月）

图 2-10b（右中）　雾凇景观（哈尔滨太阳岛，2006 年 12 月）

图 2-11a（左下）　冰雕景观（哈尔滨冰灯游园会，1989 年 1 月）

图 2-11b（右下）　冰雕景观（哈尔滨冰雪大世界，吴虑摄于 2007 年 2 月）

观名誉海内外。图 2-11a、图 2-11b 展示的是冰雕景观，图 2-12a、图 2-12b 展示的是雪塑景观。

图 2-12a（左上） 雪塑景观（哈尔滨太阳岛雪博园，2006 年 12 月）
图 2-12b（右上） 雪塑景观（哈尔滨太阳岛雪博园，2006 年 12 月）
图 2-13a（左中） 冰城哈尔滨（黑龙江哈尔滨太阳岛，1990 年 1 月）
图 2-13b（右中） 冰城哈尔滨（黑龙江哈尔滨太阳岛，2004 年 1 月）
图 2-14 （下） 日光城拉萨（西藏拉萨布达拉宫，2005 年 10 月）

　　(5) 气象奇观与气象奇城

　　除了上述几种较常见的气象景观，有时在特殊的条件下，可形成难以置信的气象奇观。某种气象奇观重复发生在某城市就形成气象奇城。世界上许多城市在地域自然条件特别是气候条件影响下，成为带有浓厚气象色彩的风城或日光城。某些奇特的气象景观提升了城市的知名度，如大理的风花雪月之"四绝"——下关风、上关花、苍山雪与洱海月，即受气象条件影响的奇观。又如哈尔滨之冰城和拉萨之日光城，见图 2-13a、图 2-13b 及图 2-14。

　　2. 大气光学现象景观

　　大气光学现象景观包括曙暮光、日出与晚霞、月光、虹与霓、晕、华及蜃景等。

　　(1) 曙暮光

　　日出之前至日出为止，这段时间的光亮称为曙光；太阳降到地平线以下，而黑夜并没有降临，这段时间的光亮叫暮光。曙暮光的持续时间主要

图2-15（上）　暮光景观（黑龙江大庆市五环湖，2004年10月）

图2-16（中）　日出景观（山东青岛海滨，1988年10月）

图2-17（下）　日落景观（广西北海银滩，2002年11月）

随纬度和季节而变。一般在赤道上曙暮光持续时间最短，且一年中的变化很小。随着纬度增加，曙暮光持续时间随之延长。夏季这种现象更为明显。在高纬度夏至一段时间内，暮光的终了时间和曙光的开始时间将互相衔接起来，形成所谓的"极昼"，如我国的漠河地区就会出现极昼现象。图2-15展示的是暮光景观。

（2）日出与晚霞

日出与晚霞是最常见的大气光学景观，在许多风景名胜区都成了珍贵的旅游资源。在泰山、黄山观赏云海日出，阳光散射成多种色彩，衬映出遥远天穹中日出的景致。在海边观日出，能观赏到红日从海平线上冉冉升起，红日色彩也渐渐变幻，金光万道，光彩夺目。当日落西山时，近地平线处的红光照射云层，群峰与烟云披上多彩的霞光，形成霞海奇观。图2-16与图2-17分别展示的是日出和日落时的景观。

（3）月光

月有盈亏。无论是中秋的圆月或是弯弯残月，都被文人雅士赋予生命，用诗歌辞赋表达一种意境，抒发一种情怀。作为文学艺术素材之一的月亮，同时也被充分地运用到造园中。这种景观除了可以欣赏月色迷人的自然美景外，还反映着造园者寄情于山水日月的情感。

（4）虹与霓

夏季降雨前后，在太阳相对向的一面，出现的颜色排列为内紫外红的颜色圆弧状光带，称为虹。有时，在虹的外围，可以看到与虹的颜色排列相反的彩带，称为霓或副虹。虹和霓都是由于太阳光投射到较大雨滴中经过折射和反射形成的。所不同的是，虹是光线经过两次折射和一次反射形成的，而霓是光线经过两次折射和两次反射所形成。由此不难想象，霓虹景观主要受雨滴的影响。

（5）晕

晕是出现在由冰晶组成的卷层云上，常在日月的周围有一光环或光弧（俗称风圈），这个现象统称为晕。晕是日月光线通过卷层云受到冰晶两次折射的结果，其色彩的排列为内红外紫，月晕多为白色。

（6）华

当日月被薄云遮蔽时，靠近日月的周围，有

时会出现一个或几个彩色排列与晕相反，内紫外红、视半径比晕小的光环，称日华或月华。华是日光或月光通过云中那些直径比可见光的波长还短的小水滴或冰晶时发生衍射作用而形成的，通常有高积云时出现华的机会最多。

（7）蜃景

蜃景是由于光线在到达我们眼睛之前，经过不同密度的气层发生折射而形成的，即"海市蜃楼"现象。在此情况下，观测者面前往往会呈现地物的幻景。根据地物与幻景的位置关系，可以把蜃景分为上现蜃景和下现蜃景两种。上现蜃景是由于近地面有强烈的逆温存在，下面温度低，上面温度高，因而下面空气密度大，上面空气密度小，大气的密度随高度递减很快。这种情况通常出现在海边，中国山东的蓬莱仙境的"海市蜃楼"现象就是一种上现蜃景。下现蜃景主要发生在沙漠、干旱草原烈日当空的旷野。下现蜃景空气密度的分布与上现蜃景相反：即低层密度小，高层密度大，下暖上冷。由于下现蜃景是在大气层极不稳定情况下发生的，常不能维持很久，忽隐忽现。

3．气候景观

气候是地球上某一地区多年时段大气的一般状态，是该时段各种天气过程的综合表现。由于太阳辐射在地球表面分布的差异，以及纬度位置、海陆分布、大气环流、地形、洋流等因素影响下，在地球上一定范围内分布形成各气候区，在植被、动物、色彩等方面的差异，形成独具特色的气候景观。图2-1与图2-2已展示了热带植物与温带冬季冰雪的气候景观。

根据世界气候类型可将气候景观划分为：低纬度气候景观、中纬度气候景观、高纬度气候景观和高地气候景观等四个大类。以及进一步划分为：赤道多雨气候景观、热带海洋性气候景观、热带干湿季气候景观、热带季风气候景观、热带干旱与半干旱气候景观、副热带干旱与半干旱气候景观、副热带季风气候景观、副热带湿润气候景观、副热带夏干气候（地中海气候）景观、温带海洋性气候景观、温带季风气候景观、温带大陆性湿润气候景观、温带干旱与半干旱气候景观、副极地大陆性气候景观、极地苔原气候（长寒气候）景观、极地冰原气候景观和高地气候景观等17个种类。从《气候景观分类、分布与特征一览表》中，我们可认识各类气候景观所分布的地区以及各类景观的特征。详见附表2-1。

（三）地质景观

地质景观即地球组成、构成、历史、发展和演化的综合特征和外在表现。

1．岩性构造景观

岩石性质的差异是形成景观千姿百态的重要因素之一。不同岩性的岩石存在不同的性状、节理、抗蚀强度、矿物成分、粒度、结构、溶蚀速率等物理、化学性能，在内、外力的综合作用条件下，演化成多样的地貌景观。根据岩石构成性质的差异，地质景观可分为：

（1）花岗岩

花岗岩是酸性的深层火成岩。岩性比较均一，受风化作用后，易产生球状剥落现象，有垂直节理，易形成石林、孤峰、悬崖峭壁等奇险景观。我国很多著名山地景观区域都是由花岗岩形成。如黄山、华山、九华山、衡山等。图2-18展示的是安徽黄山的花岗岩景观。

（2）流纹岩

流纹岩属于火山喷出岩。这种岩石由于喷出时矿物质来不及结晶就冷却了，于是形

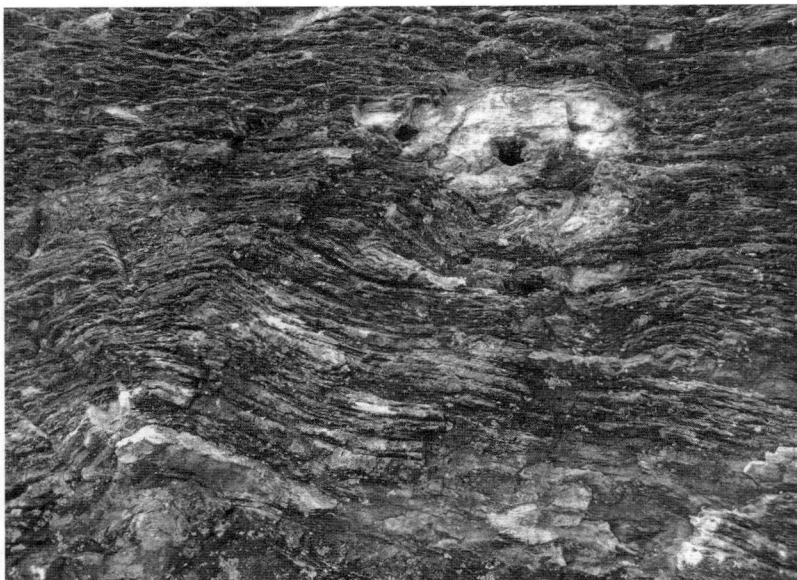

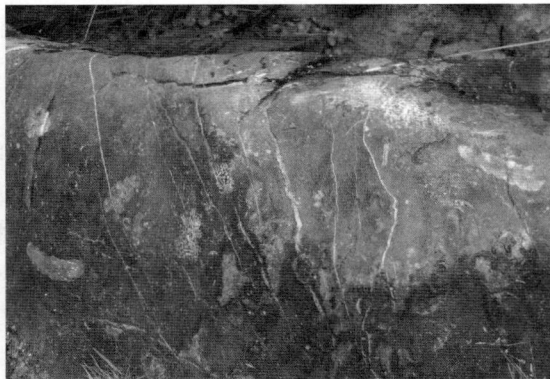

图 2-18（左上）　花岗岩景观（安徽黄山风景区，1996 年 3 月）

图 2-19（右上）　球泡流纹岩景观（浙江雁荡山风景区，2005 年 5 月）

图 2-20（左下）　玄武岩景观（黑龙江镜泊湖风景区，1996 年 7 月）

图 2-21（右下）　变质岩景观（四川九寨沟风景区生物碎屑岩，2005 年 10 月）

成多流纹状结构，经风吹雨蚀、日晒、冷冻等流水侵蚀和风化作用，形成许多奇峰异洞。它在中国东南沿海各省有广泛分布。图 2-19 展示的是雁荡山的球泡流纹岩景观。

（3）玄武岩

玄武岩是火山喷发出的岩浆冷却后凝固而成的一种致密状或泡沫状结构的岩石。在地质学岩石分类中，属于岩浆岩（也叫火成岩）。色泽上一般是黑色或灰黑色，常具气孔状、杏仁状构造和斑状结构。如图 2-20 展示的就是黑龙江镜泊湖的玄武岩景观。

（4）变质岩

变质岩是在变质作用下形成的。岩石经变质后由于结晶、变形及破碎作用，以及变质分异和交代作用等影响，其化学成分、矿物成分及结构构造等与原岩有明显差异。变质越深，差别越大。它与火成岩和沉积岩有一定联系，其种类繁多，复杂多样。我国云南大理县的大理石是出产数量多，应用较广的一种变质岩。图 2-21 展示的是变质岩的生物碎屑岩景观。

（5）砂岩

砂岩是沉积在地势低洼盆地中的碎屑物，经过强烈氧化形成。由于富集红色的氧化铁，岩体呈现红色。红色砂砾岩经流水切割等外因力作用，形成具有较高观赏价值的丹霞地貌。这种地貌以广东韶关的丹霞山最为典型。见图 2-22a 和图 2-22b。

（6）石灰岩

石灰岩是一种在海、湖盆地中生成的灰白色或灰色的碳酸盐岩石。这种石灰岩抗物理风化强，易被二氧化碳的水溶蚀，属于可溶性岩类。石灰岩在一定的物质、气候和水文条件下，经地表水或地下水的溶蚀和冲蚀作用，产生独特的岩溶景观地貌，亦称喀斯特地貌，如广西桂林的山水景观。见图 2-23。

2. 化石景观

化石是自然界的文字，它记录了各历史时期的地质事件。地质历史时期的生物死亡后被迅速掩埋，经过充填、交替、蒸馏等石化作用形成化石。如四川自贡市的恐龙化石景观。图 2-24 与图 2-25 分别展示的是异龙头骨化石和鱼化石。

3. 地层景观

地层是地壳发展过程中形成的各种成层岩石的总称。某一地质时代所形成的一类层状岩石，称为那一时代的地层。地球表面 90% 以上的区域都被地层覆盖，由地层构成的美丽的景观随处可见。

4. 地震灾变遗迹景观

地球内部缓慢积累的能量突然释放引起的地球表层的震动叫地震。在地应力的长期作用下，地壳的不同部位受到挤压、拉伸、旋扭等力的作用，逐渐积累了能量，在某些脆弱部位，岩层就容易突然破裂，引起断裂、错动，从而使由于地应力的关系而积累起来的能量得到迅速释放，于是就引发了地震。河北唐山在地震后保留部分遗址建设地震遗址公园。

5. 土壤景观

土壤的性质也会造成景观上的差异。其中对景观影响最大的就是土壤的颜色。由于不同地带的温、湿度以及土壤中所含化学成分的差异，形成色彩各异的土壤景观。通常热带和亚热带土壤因为含有较多的氧化铁（赤铁矿，Fe_2O_3）而明显地呈现出红色。高度水化后的氧化铁（$Fe_2O_3 \cdot 3H_2O$）则偏黄色，较干的地方或山地的下部则出现红色的土壤。而温带或寒冷地区的土壤中，由于含有大量的有机质，表层多呈暗黑色。由此形成我国南方红壤与北方黑土的土壤景观差异。

由上至下

图 2-22a　砂岩景观（广东韶关丹霞山风景区，2006 年 8 月）

图 2-22b　砂岩景观（广东韶关丹霞山风景区，2006 年 8 月）

图 2-23　石灰岩景观（广西桂林七星岩公园驼峰山，2002 年 11 月）

图 2-24　异龙头骨化石景观（英国剑桥塞奇威克博物馆陈列，2005 年 12 月）

图 2-25　鱼化石景观（英国剑桥塞奇威克博物馆陈列，2005 年 12 月）

图 2—26a（左上）
山地景观（广西德保，2003 年 10 月）

图 2—26b（右上）
山地景观（浙江雁荡山风景区，2005 年 5 月）

图 2—26c（左下）
山地景观（山东泰安泰山风景区天外村广场，2007 年 10 月）

图 2—26d（右下）
山地景观（江西井冈山主峰五指峰，2008 年 6 月）

（四）地貌景观

1．山岳峡谷景观

（1）山地

山地是具有尖锐的山顶、急陡的山坡（>25°）和低缓的山麓的高地，无论是高度或起伏变化都很大，高度在海拔 500 米以上至 8000 多米。山地包括褶皱山地、断块山地、褶皱－断块山地和火山等。按高度又可分为极高山、高山、中山和低山等。如我国的五岳（东岳泰山、西岳华山、北岳恒山、中岳嵩山和南岳衡山）及佛教四大名山（五台山、普陀山、峨眉山和九华山）都是以山地景观为主的风景旅游区。图 2—26a、图 2—26b、图 2—26c 和图 2—26d 展示的是山地景观。

（2）丘陵

丘陵是在地壳轻度上升的情况下，谷地受到强烈的侵蚀破坏而成。丘陵相对高度和坡度（7°～25°）较小，面积小，分布零散，走向不明显，风化层较厚。按相对高度划分为高丘陵（相对高度 100～200 米）和低丘陵（相对高度小于 100 米）。从沿海平原到高原地区，丘陵分布范围很广。图 2—27a 和图 2—27b 展示的是丘陵景观。

（3）平原

平原形成于地壳稳定或轻微下沉的地区，高度小，一般为 0 ～ 200 米，个别达到 600 米（如成都平原）或 0 米以下（如吐鲁番盆地）。地面平坦、缓倾、轻微起伏或凹状，坡度在 2°～ 7°之间。如平坦的华北大平原、倾斜的祁连山北麓平原、波状起伏的东北平原及凹状的吐鲁番平原等。图 2-28 展示的是松嫩平原景观。

（4）台地

台地是高出当地平原的高地。其中相对高度小于 100 米的称为低台地，大于 100 米的称为高台地。台地地势平坦，但大多数经外力切剖后呈波状起伏的丘陵状，丘顶高度大致相同，故又称为"齐顶丘陵"。有些台地是玄武岩喷溢时堆积而成的，如广东雷州半岛和海南岛北部的玄武岩台地等。图 2-29 展示的是台地景观。

（5）高原

指海拔 500 米以上，面积较大，地面起伏和缓，四周被陡坡围绕的高地。它是准平原受地壳强烈抬升而成。由于各地高原的发育史和切割度不同，地面的起伏差异很大。高原的成因不同，形成各异的景观形态。如青藏高原、云贵高原和黄土高原等。图 2-30 展示的是高原景观。

（6）峡谷

峡谷，是指狭而深的谷地，横剖面常呈"V"字形。两坡陡峭，雄奇；水流其间，壮丽，

图 2-27a（左上）
丘陵景观（内蒙古扎兰屯，2007 年 7 月）

图 2-27b（右上）
丘陵景观（黑龙江省宁安，吴虑摄于 2007 年 8 月）

图 2-28（左下）
平原景观（黑龙江巴彦，2001 年 8 月）

图 2-29（右下）
台地景观（英国苏格兰南部台地，2002 年 10 月）

27

图 2-30（左上）　高原景观（云南丽江，2002 年 12 月）

图 2-31a（右上）　峡谷景观（云南昆明九乡，2002 年 12 月）

图 2-31b（左中）　峡谷景观（广东广州莲花山古采石坑，吴虑摄于 2008 年 2 月）

图 2-32a（右中）　火山景观（黑龙江五大连池风景区，1989 年 8 月）

图 2-32b（下）　火山景观（吉林长白山天池，2005 年 7 月）

山峻水秀，构成峡谷景观。我国的长江三峡是峡谷景观资源。图 2-31a 和图 2-31b 展示的是人工采石形成的峡谷。

2. 火山景观

地下岩浆和从中分离出来的气体，沿地壳中裂缝经常地或周期性地喷出地表的现象，叫做火山喷发。根据火山活动情况、火山喷发状况和火山锥的类型可划分多种类型。漏斗状的火山口常蓄水成湖。我国吉林长白山的天池就是火山口湖。我国的黑龙江五大连池火山群是由熔岩流、喷气锥、矿泉以及碧水组成神奇的火山景观，而五大连池是火山堰塞湖。图 2-32a 和图 2-32b 展示的是火山景观的火山口湖。

3. 岩溶景观

岩溶是指地下水和地表水对可溶性岩石的破坏和改造作用及其形成的水文现象和地貌现象。地表岩溶景观包括溶沟、石芽、落水洞、漏斗、溶蚀洼地、岩溶盆地、干谷、盲谷、峰丛、峰林和孤峰等。地下岩溶景观有溶洞，溶洞内常充满水，形成地下河、地下湖和地下瀑布。洞穴堆积物形态多样，有石钟乳、石笋、石柱、石幕和石灰华等。如云南石林、广西桂林山水和广东肇庆七星岩等都是典型的岩溶地貌景观。图 2-33 和图 2-34 分别展示的是岩溶的石林和钙华景观。

4. 海岸与岛礁景观

陆地和海洋间的分界线，即海洋水体与大陆交互作用的地带，称为海岸带。由于海水对岩石、矿物的溶蚀，海浪对海岸基岩的冲蚀，沙砾物质在海浪作用下的搬运与沉积，在海岸上塑造了一系列极具观赏性的海蚀与堆积地貌，诸如海蚀穴、海蚀崖、海蚀拱桥、海蚀柱、海滩以及岛礁等。

岛礁是海洋中的岛屿，是四面环海与大陆不相连的小块陆地。这种被海水阻隔着的封闭环境，形成独具特色的岛礁景观。图 2-35、图 2-36a、图 2-36b、图 2-37a、图 2-37b 及图 2-37c 分别展示的是海岸的岛屿、崖和海滩景观。

图 2-33（左上）　　　石林景观（云南昆明，2002 年 12 月）

图 2-34（右上）　　　钙华景观（黄龙风景区，2005 年 10 月）

图 2-35（左中一）　　岛屿景观（意大利萨澳纳，2000 年 9 月）

图 2-36a（右中一）　崖景观（英国多佛白崖，2000 年 5 月）

图 2-36b（左中二）　崖景观（爱尔兰莫赫悬崖，2000 年 10 月）

图 2-37a（右中二）　海滩景观（英国布莱顿海滨，2000 年 6 月）

图 2-37b（左下）　　海滩景观（法国尼斯海滩，2000 年 9 月）

图 2-37c（右下）　　海滩景观（海南三亚，2006 年 3 月）

图 2—38a（左上）
水体的瀑布景观
（黑龙江镜泊湖风
景区吊水楼瀑布，
1996 年 8 月）

图 2—38b（右上）
水体的瀑布景观
（四川黄龙风景区
飞瀑流辉，2005
年 10 月）

图 2—38c（左下）
水体的瀑布景观
（贵州黄果树瀑
布，2006 年 12 月）

图 2—38d（右下）
水体的瀑布景观
（贵州天星桥风景
区银练坠潭瀑布，
2006 年 12 月）

5．干旱区景观

干旱区气候极端干燥，蒸发量极大，降水稀少（一般年降雨量在 250 毫米以下），地面植被稀疏。干旱区的松散沉积地面及裸露的基岩地面，在风力的强烈作用下，形成风蚀蘑菇石和风蚀柱、雅丹（风蚀垄槽）、沙垄、沙漠和黄土景观。

6．冰川景观

在高纬度及高山地区，年平均温度在零度以下，大气降水多为固体状态，形成多年不化的积雪。积雪融化与冻结反复交替进行，形成粒雪。粒雪重结晶，形成冰川冰。冰川冰在压力和重力的影响下发生运动，就成为冰川。冰川缓慢地流动过程中，携带基岩碎块对沿途床底和两侧基岩进行磨锉，从而形成冰斗、角峰、悬谷和羊背石等一系列的冰蚀地貌景观。冰川融化，又会形成冰碛物景观。

附表 2—2《著名地质地貌及水体景观一览表》列举了国内外重要地质地貌与水体的景观。

（五）水体景观

自然界中的水包括江、河、湖、海、冰川、积雪、水库和池塘等，也包括地下水和大气中的水汽。地壳表面上的海洋、湖泊、沼泽和河流里的水，占地球表面积最大，它是自然景观中最活跃的自然要素之一。水体景观要素主要包括河流景观、湿地景观、湖泊景观、瀑布景观、泉水景观和海洋与潮汐景观等，它是景观要素中最为灵动、富有生气且最具价值的景观资源。图 2—38a、图 2—38b、图 2—38c 及图 2—38d 展示的是水体的瀑布景观；图 2—39、图 2—40a、图 2—40b 展示的是水体的江河景观；图 2—41a 和图 2—41b 展示的

是水体的湿地景观；图 2–42a、图 2–42b、图 2–42c、图 2–42d 及图 2–42e 展示的是水体的湖泊景观；图 2–43a、图 2–43b 及图 2–43c 展示的是水体的海洋景观；图 2–44 和图 2–45 展示的是水体的冰雪和积雪景观；图 2–46 展示的是水体的泉景观。

　　世界分布有众多的泉景观，我国著名的"天下七泉"主要分布在江苏、浙江、江西和安徽，详见附表 2–3《中国著名七泉一览表》。

图 2–39（左上）　水体的江水景观（广西桂林漓江，2002 年 11 月）
图 2–40a（右上）　水体的河水景观（黑龙江海林，吴虑摄于 2003 年 8 月）
图 2–40b（左中）　水体的河水景观（英国剑桥剑河，2005 年 12 月）
图 2–41a（右中）　水体的湿地景观（黑龙江宝清，吴虑摄于 2005 年 7 月）
图 2–41b（左下）　水体的湿地景观（黑龙江宝清，吴虑摄于 2005 年 7 月）
图 2–42a（右下）　水体的湖泊景观（云南洱海，2002 年 12 月）

31

图 2-42b（左上）　水体的湖泊景观（吉林松花湖，2005 年 7 月）

图 2-42c（右上）　水体的湖泊景观（黑龙江兴凯湖，吴虑摄于 2005 年 7 月）

图 2-42d（左中）　水体的湖泊景观（浙江雁荡山大龙湫，2005 年 5 月）

图 2-42e（右中）　水体的湖泊景观（四川九寨公主海，2005 年 10 月）

图 2-43a（左下）　水体的海洋景观（法国夏纳，2000 年 9 月）

图 2-43b（右下）　水体的海洋景观（美国夏威夷海滨，2005 年 5 月）

（六）生物景观

生物景观包括自然生物景观和人工生物景观。而自然生物景观又分为植物景观，动物景观，以及为保护生态系统、拯救濒于灭绝的物种或保护自然历史遗产而划定的有法律保证、得到长期保护的自然保护区。

1. 自然生物景观

（1）植物

植物的许多器官可作为人们观赏的对象。例如，植物之花的色彩、姿态、香味引人驻足；植物之叶随季节变换色彩，迎风吹拂发出"沙沙"响声；植物之果实的形态、美味与色彩诱人食欲等等。总的来说，植物的形、色、味和声能满足人们复杂的观景心理，令观景人赏心悦目。图2-47、图2-48、图2-49及图2-50分别展示的是植物的花、果、叶、干及枝的景观。

（2）动物

根据动物所具有的美学价值的特征，可划分为观赏动物、迁徙动物和珍稀动物三种。观赏动物的体态、色彩、运动和发声等方面的特征能引起人们美感，具有观赏价值，如开屏的孔雀等。迁徙动物大规模的集体远征是某一物种的动物在某一时段内形成的极具特色的景观，如冬季南迁的候鸟大雁等。珍稀动物指野生动物中具有较高社会价值，且现存数量极为稀少的珍贵稀有动物，它具有极高的科学考察和观赏价值，如我国的大熊猫和华南虎等。图2-51a、图2-51b及图2-51c展示的是动物景观。

图2-43c（左上）
水体的海洋景观（海南三亚，2007年3月）

图2-44（右上）
水体的冰雪景观（黑龙江海林雪乡，2006年2月）

图2-45（左下）
水体的积雪景观（黑龙江哈尔滨松北，2006年12月）

图2-46（右下）
水体的泉景观（英国剑桥，2005年12月）

图2-47（左上） 植物的花卉景观（吉林长白山，2005年7月）

图2-48（右上） 植物的果实景观（英国哈罗新城，2002年9月）

图2-49（左中） 植物的叶和干景观（英国剑桥，2005年12月）

图2-50（右中） 植物的枝景观（广东珠海淇澳岛，2006年12月）

图2-51a（左下） 动物景观（黑龙江海林农场，吴虑摄于2003年7月）

图2-51b（右下） 动物景观（哈尔滨鹿园，战凌霄摄于2006年7月）

图 2—51c（左上）动物景观（广州宝墨园，2004 年 11 月）

图 2—52（右上）自然保护区与风景名胜区景观（四川九寨沟长海，2005 年 10 月）

图 2—53a（左中）人工驯养的动物景观（哈尔滨鹿园，战凌霄摄于 2006 年 8 月）

图 2—53b（右中）人工驯养的动物景观（哈尔滨动物园，吴忠摄于 2006 年 8 月）

图 2—53c（左下）人工驯养的动物景观（广州，2006 年 9 月）

图 2—53d（右下）人工驯养的动物景观（肇庆七星岩公园，2006 年 10 月）

（3）自然保护区与风景名胜区

自然保护区内有珍贵的动植物景观，也属于自然景观要素，尤其是以保护自然景观为主要目的的自然保护区，如以保护大熊猫为主的四川卧龙自然保护区。截止到 2007 年 8 月，我国共设立 303 处国家级自然保护区。详见附表 2—4。

风景名胜区资源是以自然资源为主的、独特的、不可替代的景观资源，是通过几亿年大自然鬼斧神工所形成的自然遗产，而且是世代不断增值的遗产。国务院分别于 1982 年、1988 年、1994 年、2002 年和 2004 年先后公布了五批国家级风景名胜区。详见附表 2—5。图 2—52 展示的是自然保护区与风景名胜区景观。

2．人工生物景观

人工生物景观是由人类生产生活中驯养繁衍的生物景观。主要有人工饲养、繁育的动物聚居场所的动物园，供研究、科普、欣赏和游憩的植物园，以及作物种植和动物养殖等农业活动且自然环境优美的田园风光。它们都是重要的景观资源。图 2—53a、图 2—53b、图 2—53c 及图 2—53d 展示的动物均为人工驯养的。

二、人文景观要素

人文景观也称文化景观，是人类生产生活实践中有意识地利用自然条件所创造的景观。人文因素是文化景观形成的内在机制。人文景观亦受到自然要素的地带性规律的影响。人文景观要素由物质景观要素和非物质景观要素构成。

实际上，人文景观要素是一个复杂的综合体。物质景观要素受非物质景观要素影响，是非物质景观要素的物质表现。两者常常是相互联系、相辅相成的。因此，本书仅根据景观要素的主要表现形式来描述物质景观要素和非物质景观要素。详见图2-54。

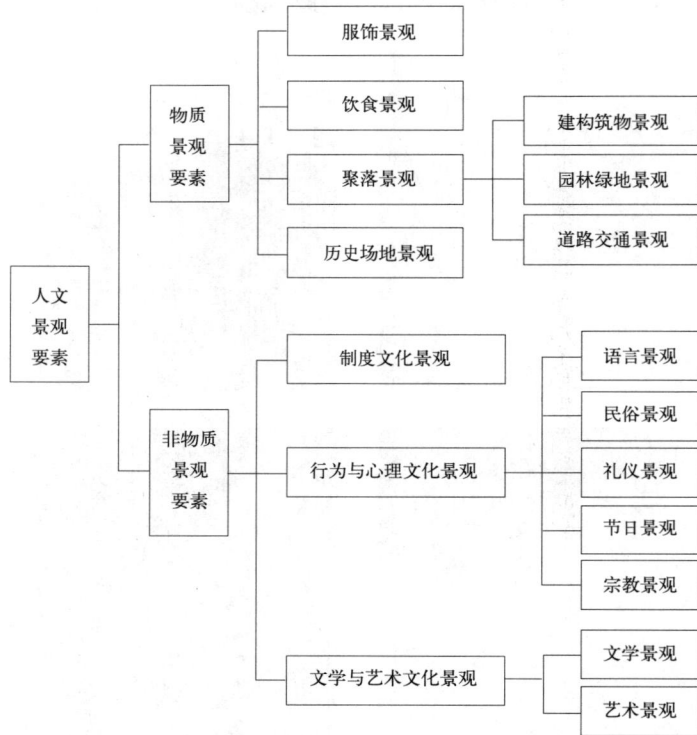

图2-54　人文景观要素构成示意图

（一）物质景观要素

物质景观要素是指人类为生产生活的需要所创造的物质产品所体现的实体景观要素，它们通常具有形态和色彩等特征，是人文景观中"有形"的要素。物质景观要素分为服饰景观、饮食景观、聚落景观和历史场地景观等四类。其中聚落景观包括建构筑物景观、园林绿地景观和道路交通景观等。

1.服饰景观

服饰是指衣着和装饰。服饰景观是有形的物质景观的重要组成要素，它是反映景观的地域性和时代性的重要标志之一。服饰的演化与人类社会的发展，以及生产生活的演化是一致的。即某种服饰景观与其社会物质景观相适应的。

服饰包括服装、帽、鞋、袜、手套及其他装饰品，内容繁多，类型复杂。根据缪勒－莱尔(Muller-Lyer)的从社会学角度分类法，服饰可分为时装与定装两大类(见图2-55)。其中，定装又可分为区域服饰和制服两类，它们各自又可再分三类。图2-56展示的是

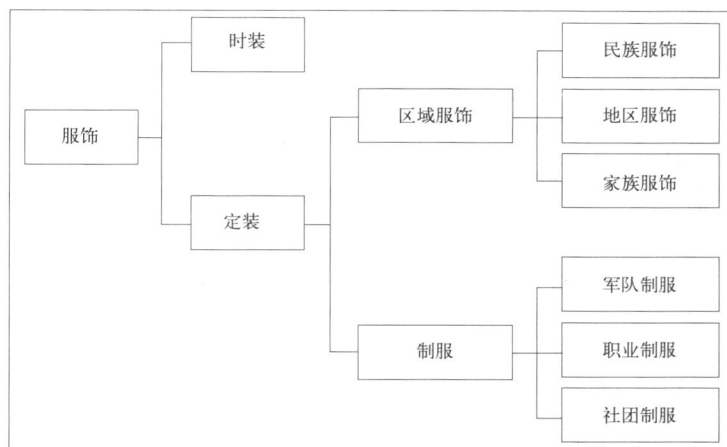

图 2-55（上）
服饰的缪勒－莱尔(Muller-Lyer)分类法

图 2-56（左中）　服饰的裙子景观（伦敦维多利亚阿尔伯特博物馆，2006 年 1 月）

图 2-57a（右中）
服饰的鞋景观（荷兰阿姆斯特丹，2000 年 9 月）

图 2-57b（左下）
服饰的鞋景观（英国伦敦耐克城，2002 年 9 月）

图 2-58a（右下）
服饰的服装景观（香港中环，2005 年 2 月）

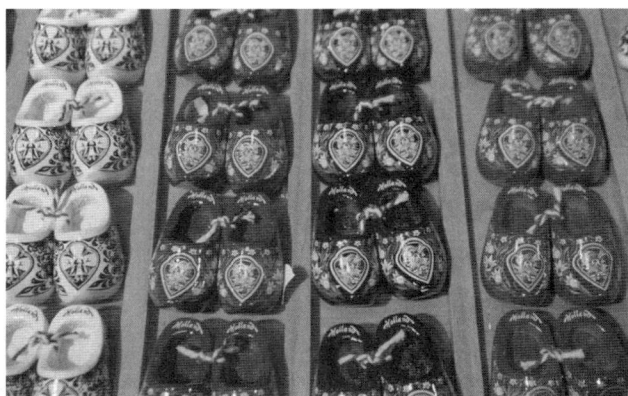

宫廷女用开叉裙。图 2-57a 展示的是作为工艺纪念品的荷兰木鞋。图 2-57b 展示的是耐克鞋展台。

　　服饰的面料、色彩和式样等体现社会和文化内涵方面的差异，组合形成不同的服饰景观。服饰景观的差异首先体现在面料上。服饰的面料有棉、麻、皮、毛、丝和人造纤维等，不同的面料形成了具有不同质感特点的服饰景观。图 2-58a、图 2-58b 及图 2-58c 展示的是各种风格服饰的服装景观。

　　服饰的色彩搭配和变化，更加丰富了服饰景观。在不同的地区和民俗影响下，使得人们对服饰的色彩产生各自的偏好和禁忌。各色服饰随着人而流动，形成"流动的景观"。

图 2-58b（左上）
服饰的服装景观
（苏州观前街，吴
忠摄于 2006 年 6
月）

图 2-58c（右上）
服饰的服装景观
（海南三亚的海岛
服，2007 年 3 月）

图 2-59a（左下）
服饰的饰品景观
（广西德保，2003
年 12 月）

图 2-59b（右下）
服饰的饰品景观
（四川九寨沟民俗
村，2005 年 10 月）

民族服饰和宗教服饰形成具有特殊意义的服饰景观，融入各自的民族与宗教风俗和文化。图 2-59a 和图 2-59b 展示的是服饰的饰品景观。

2. 饮食景观

饮食就是饮品和食品。俗话说"民以食为天"，饮食文化是人类物质文化的重要组成要素。饮食景观具体表现在食材、烹饪方法、食物的色香味形、饮食器皿及饮食店面装饰等物质层面，以及饮食活动中的精神层面。其中饮食活动的精神层面包括在非物质景观要素范畴内，在此不作详细说明。

饮食的烹饪方法有多种，不同地区有不同的偏好。饮食的色、香、味、形，是最直接反映饮食景观的四大要素。我国有著名的八大菜系，其各自特征见附表 2-6《中国著名的八大菜系一览表》。

饮食器皿与店面装饰是人类社会发展中形成的文化景观，它们是地域饮食文化景观最直观的反映。各国传统的饮食店面，受其饮食习惯、建筑和装修风格的影响存在差异，是形成地域重要景观标志要素，它丰富了城市景观。图 2-60a、图 2-60b、图 2-60c、图 2-60d 展示的是饮食店面装饰景观；图 2-61a 和图 2-61b 展示的是饮食店吧台装饰景观；图 2-62a 和图 2-62b 展示的是饮食菜肴景观；图 2-63a、图 2-63b 展示的是饮食小吃景观；图 2-64a、图 2-64b、图 2-64c、图 2-64d、图 2-64e 及图 2-64f 展示的是饮食西点景观。

图 2-60a（左上）　饮食的店面装饰（英国伦敦，2005 年 12 月）

图 2-60b（右上）　饮食的店面装饰（英国伦敦，2005 年 12 月）

图 2-60c（左下）　饮食的店面装饰（英国伦敦，2005 年 12 月）

图 2-60d（右下）　饮食的店面装饰（苏州，吴虑摄于 2006 年 6 月）

图 2-61a（左上）　饮食店吧台景观（爱尔兰酒吧吧台，2000 年 10 月）

图 2-61b（右上）　饮食店吧台景观（英国莱奇沃思饭店吧台，2002 年 10 月）

图 2-62a（左中）　饮食的菜肴景观（广州中华广场，2004 年 11 月）

图 2-62b（右中）　饮食的菜肴景观（贵州贵阳丝娃娃，2006 年 12 月）

图 2-63a（左下）　饮食小吃景观（哈尔滨糖葫芦，吴虑摄于 2007 年 2 月）

图 2-63b（右下）　饮食小吃景观（哈尔滨糖葫芦，吴虑摄于 2007 年 2 月）

图 2-64a（左上） 饮食的点心景观（西式点心，吴虑摄于 2007 年 12 月）

图 2-64b（右上） 饮食的点心景观（西式点心，吴虑摄于 2007 年 12 月）

图 2-64c（左中） 饮食的点心景观（西式点心，吴虑摄于 2007 年 12 月）

图 2-64d（右中） 饮食的点心景观（西式点心，吴虑摄于 2007 年 12 月）

图 2-64e（左下） 饮食的点心景观（西式点心，吴虑摄于 2007 年 12 月）

图 2-64f（右下） 饮食的点心景观（西式点心，吴虑摄于 2007 年 12 月）

图 2-65（上）　聚落的乡村景观（广西德保小山村，2003 年 10 月）

图 2-66a（中）　聚落的城市景观（香港太平山鸟瞰，2003 年 11 月）

图 2-66b（下）　聚落的城市景观（海南三亚鸟瞰，2006 年 3 月）

3．聚落景观

人类的居住地以及在居住地间通行的街道和相关生产生活设施形成的景观，即居住景观与交通景观，共同构成了聚落景观。聚落是人文地理学中的概念，它是人类生产、居住、休息和社会交往的空间场所。聚落景观包括房屋建筑，道路、广场、公园、运动场等活动场地，供居民生活使用的池塘、河沟、井泉，以及聚落内部的空闲地、蔬菜地、果园、林地等。地理学中将聚落景观分为乡村景观和城市景观两大类。而本书从城市景观设计层面，按照建（构）筑物（群）景观、园林绿地景观以及广场与道路交通景观三个方面论述聚落景观。图 2-65、图 2-66a 及图 2-66b 展示的是聚落景观的乡村与城市景观。

1）建（构）筑物（群）景观

建（构）筑物（群）是指人工建筑而成，由建筑材料、建筑构配件和设备组成的整体物，包括建筑物和构筑物两大类。其中，建筑物一般是指人们进行生产、生活或其他活动的房屋或场所。构筑物是指除房屋以外的建筑物，人们一般不直接在内进行生产和生活活动的建筑，如烟囱、水塔、水井、桥梁、隧道、水坝、挡土墙等。

建筑物是城市景观体系中最活跃、最富有表达力且最重要的景观要素，可以成为城市背景或作为标志物，亦是人文景观要素中最重要的组成部分。一座（群）景观特征突出的建筑物可以影响一个城市乃至世界范围。如英国伦敦议会大厦的大本钟、中国北京故宫建筑群、天坛祈年殿、新建的国家大剧院、新建的鸟巢和水立方奥运场馆、中国哈尔滨圣索菲亚教堂、中国上海外滩建筑群、中国广州的中山纪念堂、中信广场大厦和琶洲会展中心等。图 2-67a、图 2-67b、图 2-67c、图 2-67d 及图 2-67e 展示的是建筑景观。

按照建造时间长短，建筑物可分为现代建筑和古代建筑；按照影响力，建筑物可以分为一般建筑和标志性建筑等等；按

照使用功能建筑物又可以分为居住建筑、公共建筑（包括行政建筑、教育建筑、体育建筑、卫生建筑、商业建筑等）、农业建筑、工业建筑和宗教建筑等类型。以下简述较为重要的建筑景观类型：

（1）居住建筑景观

居住建筑是人类居住休息的场所，构成了任何一个聚落人文景观的基本内容。随着生产力的发展，人类居住方式由巢居向穴居，再由穴居向地面屋居发展演变，建筑材料从草、木、石、黏土砖向钢筋混凝土不断进步。到现代，各种形式的住宅林立，构成人文景观要素中最基本的居住建筑景观。图2-68a、图2-68b、图2-68c、图2-68d、图2-68e、图2-68f、图2-68g、图2-68h及图2-68i展示的为各式居住建筑景观。

现代居住建筑有豪华别墅、公寓、商品套房与集体宿舍等多种形式。由于受科学技术发展与工业化大生产的影响，现代普通住宅形式越来越趋于相似。而历史上形成并延续传承下来的各地传统民居，是居住建筑景观中最具表现力的景观要素。它体现了地域特色，

图2-67a（左上）　建筑景观（广州中山纪念堂，1996年10月）

图2-67b（右上）　建筑景观（北京天坛，1997年1月）

图2-67c（左中）　建筑景观（北京天安门，1999年10月）

图2-67d（右中）　建筑景观（意大利，2000年9月）

图2-67e（下）　建筑景观（哈尔滨圣索菲亚教堂，2004年8月）

43

图 2-68a（左上） 居住建筑景观（江苏苏州乡村，1996 年 4 月）

图 2-68b（右上） 居住建筑景观（江西赣州客家民居，2008 年 6 月）

图 2-68c（左中） 居住建筑景观（英国小镇古屋，2000 年 9 月）

图 2-68d（右中） 居住建筑景观（英国伦敦白金汉宫，2005 年 12 月）

图 2-68e（左下） 居住建筑景观（广西德保山坑村，2004 年 1 月）

图 2-68f（右下） 居住建筑景观（广东广州凤凰城，2004 年 9 月）

是与当地地形、气候和发展历史密切相关的，从民居建筑形式与类型就能够分辨出当地的地理与文化特征。见附表 2-7《中国各地主要传统民居一览表》。

（2）公共建筑景观

公共建筑种类多样，包括行政办公建筑（如写字楼、政府部门办公楼等），银行、商场、餐厅、旅馆及理发馆等生活服务与商业建筑，学校、科学院、研究所、实验室、科学馆、气象站等教育科研建筑，大会堂、影剧院、音乐厅、图书馆、文化馆、展览馆、博物馆和美术馆等文化娱乐建筑，还包括运动场、体育馆和游泳馆等体育建筑，医院和疗养院等卫生建筑，邮电、通信和广播用房等通信建筑，火车站、汽车站、停车场和码头房屋等交通运输建筑，殡仪馆、火葬场等特殊建筑。公共建筑是为聚落（尤其是城市）的正常运作服务的功能建筑。

行政建筑一般比较庄重，象征着权利和威严。政府有时会保留历代传承下来的行政建筑作为悠久历史的见证，如中国北京天安门、美国华盛顿白宫等。政府有时还通过建造较为现代化的建筑，或者重建一些古希腊和古罗马的大型圆柱形建筑物，赋予城市一种特殊的文化环境。图 2-69a、图 2-69b 及图 2-69c 展示的是公共建筑中的行政办公建筑景观；图 2-70a、图 2-70b 及图 2-70c 展示的是公共建筑中教学建筑景观。

商业建筑标志着现代化的商业时代和金融时代，美国许多城市的摩天大楼就是这种建筑类型的代表。娱乐建筑包括影剧院、游乐场、展览馆及文化活动中心等，一些设计新颖独特的娱乐建筑甚至能成为一个地区乃至一座城市的象征。图 2-71a、图 2-71b、图 2-71c、图 2-71d、图 2-71e、图 2-71f 及图 2-71g 展示的是博览、交通及商业等公共建筑。

（3）农业、工业建筑景观

农业和工业建筑是承担乡村或城市中的产品生产加工职能的建筑类型。农业建筑一般包括从事农作物栽培、园艺作物的生

图 2-68g（上）　居住建筑景观（内蒙古呼和浩特缘园小区，2004 年 9 月）

图 2-68h（中）　居住建筑景观（天津滨海新区，2004 年 7 月）

图 2-68i（下）　居住建筑景观（广东广州雅居乐，2006 年 9 月）

图 2—69a（左上）　行政办公建筑景观（哈尔滨市政府，战凌霄摄于 2004 年 10 月）

图 2—69b（右上）　行政办公建筑景观（大庆市政府，2004 年 10 月）

图 2—69c（左中）　行政办公建筑景观（东莞市政府，吴虑摄于 2007 年 1 月）

图 2—70a（右中）　教学建筑景观（英国剑桥三一学院，2005 年 12 月）

图 2—70b（左下）　教学建筑景观（广州大学城华南理工大学，2006 年 9 月）

图 2—70c（右下）　教学建筑景观（广东中山大学珠海校区，2008 年 1 月）

图 2-71a（左上） 公共建筑景观（北京展览馆，1997 年 1 月）

图 2-71b（右上） 公共建筑景观（广州火车站，1996 年 10 月）

图 2-71c（左中一） 公共建筑景观（英国伦敦格林尼治天文台，2000 年 5 月）

图 2-71d（右中一） 公共建筑景观（意大利米兰市场，2000 年 9 月）

图 2-71e（左中二） 公共建筑景观（英国伦敦大不列颠博物馆，2002 年 10 月）

图 2-71f（右中二） 公共建筑景观（海南博鳌亚洲论坛会议中心，2006 年 3 月）

图 2-71g（下） 公共建筑景观（江西省展览中心，2007 年 4 月）

产、林木的培育、畜禽饲养、副业(野生植物、野兽驯养及农民家庭手工业生产)、水生动植物养殖等建构筑物;工业建筑一般包括承担自然资源开采、农副产品的加工与再加工、采掘品的加工与再加工以及工业品的修理、翻新(机器设备修理和交通运输工具修理)等功能的建构筑物。图2-72展示的是工业建筑景观。

(4)宗教建筑景观

世界上的民众有许多不同的宗教信仰,宗教建筑即是指人们从事宗教活动的建构筑物。

基督教、伊斯兰教和佛教是世界三大宗教。基督教建筑景观主要以教堂、修道院、祭坛等式样为主。伊斯兰教建筑景观表现以清真寺、宫殿、旅舍、府邸和住宅以及陵墓形式为主。佛教建筑景观主要是寺庙、佛塔等,是供奉佛像、存入佛经、举行佛事活动和供僧众们生活、居住的场所。图2-73a、图2-73b、图2-73c、图2-73d、图2-73e、图2-73f及图2-73g展示的为宗教建筑景观。

(5)构筑物景观

构筑物功能性和工程性强,受地域文化影响相对较少,但某些构筑物,如桥梁、纪念碑(塔)等构筑物具有较强的标志性作用,往往是城市重要标志性景观。如英国伦敦泰晤士河旁的摩天轮、法国巴黎的埃菲尔铁塔、意大利的比萨斜塔、美国纽约的自由女神像、中国上海的东方明珠塔、中国哈尔滨的防洪纪念塔等都成为城市乃至国家的重要标志性景观。图2-74、图2-75、图2-76及图2-77展示的是构筑物的塔、轮与坊等景观。

由上至下

图2-72　工业建筑景观(黑龙江宁安,吴虑摄于2007年8月)

图2-73a　宗教建筑景观(意大利米兰大教堂,2000年9月)

图2-73b　宗教建筑景观(梵蒂冈圣彼得教堂,2000年9月)

图2-73c　宗教建筑景观(意大利威尼斯圣马可教堂,2000年9月)

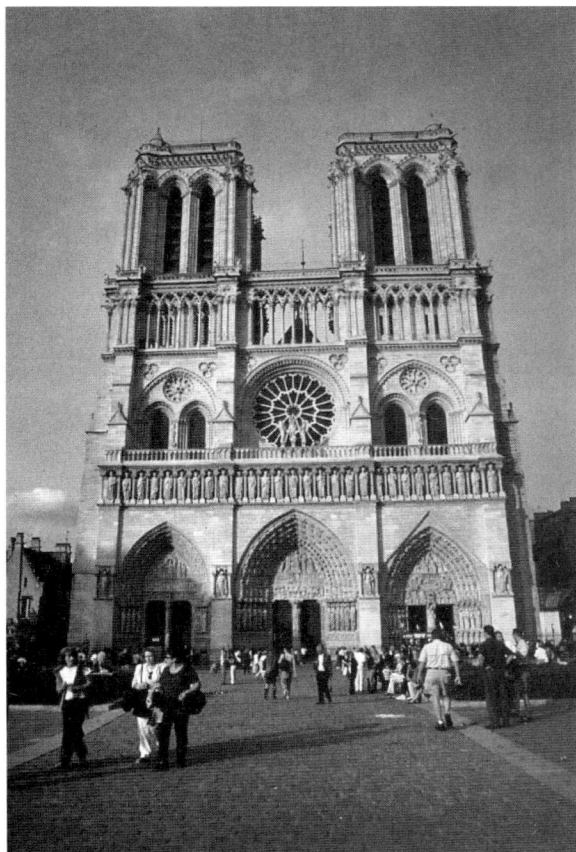

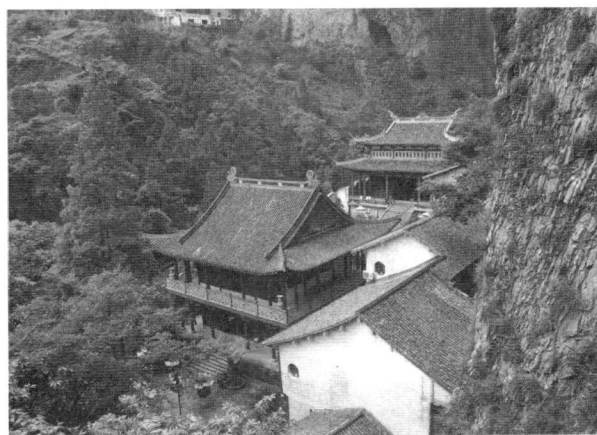

图 2-73d（左）　　　宗教建筑景观（法国巴黎圣母院，2000 年 10 月）

图 2-73e（右上）　　宗教建筑景观（云南昆明，2002 年 12 月）

图 2-73f（右下）　　宗教建筑景观（浙江雁荡山风景区，2005 年 5 月）

由左至右

图 2-73g　宗教建筑景观（浙江普陀山普济寺，吴虑摄于 2008 年 6 月）

图 2-74　构筑物景观塔景观（意大利比萨斜塔，2000 年 9 月）

图 2-75　构筑物景观铁塔景观（法国巴黎埃菲尔铁塔，2000 年 9 月）

图 2-76（左上）　构筑物景观摩天轮景观（英国伦敦眼，2000 年 6 月）

图 2-77（右上）　构筑物景观牌坊景观（广州中山大学北门牌坊，2003 年 4 月）

图 2-78a（左中）　桥梁景观（广州北京路人行天桥，1997 年 10 月）

图 2-78b（右中）　桥梁景观（北京颐和园，1997 年 1 月）

图 2-78c（左下）　桥梁景观（意大利佛罗伦萨韦基奥桥，2000 年 9 月）

图 2-78d（右下）　桥梁景观（浙江雁荡山风景区，2005 年 5 月）

　　①桥梁景观：桥梁是指为道路跨越天然或人工障碍物而修建的构筑物。它在具有交通联系功能的同时，还作为城市中的一个景观节点。如英国伦敦泰晤士河的塔桥、意大利佛罗伦萨韦基奥桥、中国上海的外白渡桥、中国南京的长江大桥、中国杭州的钱塘江大桥和中国广州的海珠桥等。图 2-78a、图 2-78b、图 2-78c、图 2-78d、图 2-78e、图 2-78f、图 2-78g、图 2-78h 及图 2-78i 展示的是各种类型的桥梁景观。

图 2-78e（左上）桥梁景观（浙江雁荡山风景区，2005 年 5 月）

图 2-78f（右上）桥梁景观（英国剑桥数学桥，2005 年 12 月）

图 2-78g（左中）桥梁景观（辽宁丹东鸭绿江大桥，2007 年 6 月）

图 2-78h（右中）桥梁景观（内蒙古扎兰屯公园吊桥，2007 年 7 月）

图 2-78i（下）桥梁景观（苏州网狮园小桥，吴虑摄于 2007 年 6 月）

② 纪念塔（碑）景观：为纪念某些重大的历史事件或某些重要的历史人物而建设的纪念性构筑物，可形成城市中具有纪念意义的重要景观。包括凯旋门、纪念碑、纪念塔、纪念像和纪念牌等，如中国北京的人民英雄纪念碑、中国重庆的解放纪念碑等。图2-79a、图2-79b、图2-79c、图2-79d、图2-79e、图2-79f及图2-79g展示的是纪念碑景观；图2-80a及图2-80b展示的是纪念塔景观；图2-81a、图2-81b、图2-81c、图2-81d、图2-81e及图2-81f展示的是纪念塑像景观；图2-82展示的是纪念牌景观。

图2-79a（左上）纪念碑景观（北京人民英雄纪念碑，1999年10月）

图2-79c（右上）纪念碑景观（法国巴黎凯旋门，2000年9月）

图2-79e（左下）纪念碑景观（拉萨和平解放纪念碑，2005年10月）

图2-79f（右下）纪念碑景观（江西南昌八一南昌起义纪念碑，2007年4月）

由左至右

图2-79b 纪念碑景观（英国伦敦格林尼治子午线标志，2000年6月）

图2-79d 纪念碑景观（法国巴黎协和广场方尖碑与摩天轮，2000年9月）

图2-79g 纪念碑景观（爱尔兰，2000年10月）

由上至下，由左至右

图 2-80a　纪念塔景观（比利时布鲁塞尔原子塔——1954 年布鲁塞尔世博会比利时馆，2000 年 9 月）

图 2-80b　纪念塔景观（哈尔滨防洪纪念塔，2004 年 10 月）

图 2-81a　纪念塑像景观（德国波恩贝多芬像，2000 年 9 月）

图 2-81b　纪念塑像景观（云南昆明毛泽东像，2002 年 10 月）

图 2-81c　纪念塑像景观（广州五羊仙雕塑，2006 年 6 月）

图 2-81d　纪念塑像景观（海南三亚鹿回头雕像，2006 年 3 月）

图 2-81e　纪念塑像景观（澳门盛世莲花塑像，2003 年 11 月）

图 2-81f　纪念塑像景观（香港紫荆花塑像，2007 年 12 月）

图 2-82　纪念牌景观（北京香港回归祖国倒计时纪念牌，1997 年 1 月）

2）园林绿地景观

园林绿地景观包括园林景观和公园绿地景观。

（1）园林景观

园林，是在一定的地域运用工程技术和艺术手段、通过改造地形（筑山、叠石、理水），种植树木花草，营造建筑和布置园路等途径创作而成的美丽自然环境和游憩境域。我国早在汉代便建造了上林苑，园林建造有悠久的历史。我国古典园林源于自然，高于自然，追求天然之趣，讲究建筑美与自然美的统一，崇尚自然，讲究诗画情趣，意境深邃。正如陈从周先生所说"中国园林是一首活的诗，一幅活的画，是一件活的艺术品"[1]。例如苏州园林多为文人墨客和造园匠建造的自然山水式园林。图2-83a、图2-83b、图2-83c及图2-83d展示的是中国园林。

在我国造园史中有众多优美的园林。包括专供帝王休息享乐的皇家园林和供皇家的宗室外戚、王公官吏、富商大贾等休闲的私家园林。按所处地理位置之别，可将园林分为地域宽广、建筑富丽堂皇、风格粗犷的北方类型；园林地域范围小、景致较细腻精美的江南类型，以及终年常绿，又多河川，热带风光，建筑物较高而宽敞的岭南类型。

由上至下

图 2-84a   园林景观（英国丘吉尔庄园，2000 年 9 月）

图 2-84b   园林景观（英国爱丁堡皇家公园，2002 年 10 月）

图 2-84c   园林景观（北京颐和园万寿山，1997 年 12 月）

皇家园林的典型代表有北京的颐和园和河北承德的避暑山庄等；私家园林的典型代表有苏州的拙政园、留园和上海的豫园等。北方园林的代表以北京的园林为代表；南方园林以苏州园林最为经典；岭南园林有代表性的则有广东顺德清晖园、佛山梁园、东莞可园和番禺余荫山房等四大园林。

国外也有悠久的造园历史。早在 3000 多年前，古巴比伦人便建造了空中花园。西方国家造园的热潮源自 15 世纪，当时罗马建造了大量的贵族富绅的庄园。15 世纪末，法国侵入意大利后，引入造园艺术，于 16 世纪后相继建造了枫丹白露宫、卢森堡宫园、凡尔赛宫。其中后者是西方古典园林的最高成就，并进一步地影响了西欧其他国家的园林建造。黑格尔说："最彻底地运用建筑原则于园林艺术的是法国的园子，它们照例接近高大的宫殿，树木是栽成有规律的行列，形成林荫大道，修剪得很整齐，围墙也是用修剪整齐的篱笆造成的。这样就把大自然改造成为一座露天的广厦"。西方古典园林设计，在情趣和构图上，完全遵循古典建筑设计原则。园林设计把建筑设计的手法和原则从室内搬到室外，两者除组合要素不同外，并没有很大的差别。"西方人对自然作战，东方人以自身适应自然，并以自然适应自身。"世界著名古典园林的分布与建设年代见附表 2-8。图 2-84a、图 2-84b、图 2-84c、图 2-84d 及图 2-84e 展示的是各式园林景观。

图 2-84d（左下） 园林景观（西藏拉萨罗布林卡，2005 年 10 月）

图 2-84e（右下） 园林景观（西藏拉萨罗布林卡，2005 年 10 月）

（2）公园绿地景观

公园绿地是城市中向公众开放的、以游憩为主要功能，有一定的游憩设施和服务设施，同时兼有健全生态、美化景观、防灾减灾等综合作用的绿化用地。它是城市建设用地、城市绿地系统和城市市政公用设施的重要组成部分，是居民游憩、运动和交往的公共空间。

公园可分为城市综合公园、专类公园（植物园、动物园等）和花园三类，其中城市公园又包括国家、城市、居住区等几个等级。例如美国黄石公园、北京西山国家森林公园等都属于国家级公园。公园绿地分 5 大类、11 小类。即综合公园，含全市性公园、区域性公园；社区公园，包括居住区公园、小区游园；专类公园，含有儿童公园、动物园、植物园、历史名园、风景名胜公园、游乐公园等；另外还有带状公园和街旁绿地。[4]

公园绿地是构成城市景观的重要要素。很多著名的公园绿地景观特征所影响的范围更广。如英国伦敦的海德公园和格林公园、中国广州的越秀公园、中国杭州的西湖风景区、中国哈尔滨的太阳岛风景区等。如图 2-85a 和图 2-85b。

3）广场与道路交通景观

（1）广场景观

广场是指面积广阔的场地，特指城市中的广阔场地。它包括城市道路枢纽的交通集散型以及游憩、纪念和集会型两类广场。可形象比喻为城市的门户、起居室或客厅。广场通常是大量人流、车流集散的场所，是城市中人们交通活动或政治、经济、文化等社会活动的空间。广场景观体现了城市建筑、文化、人群与活动的显著特征，是城市中极为重要的景观要素之一，甚至可成为某城市乃至国家的标志性景观（地标）。如中国北京的天安门广场、中国上海的人民广场、中国广州的海珠广场、俄罗斯莫斯科的红场、法国巴黎的协和广场和意大利威尼斯的圣马可广场和佛罗伦萨米开朗琪罗广场等。图 2-86a、图 2-86b、图 2-86c、图 2-86d、图 2-86e 及图 2-86f 展示的是各地的广场景观。

（2）道路交通景观

道路交通景观通常包括交通廊道（道路、航线及轨道）、交通工具、交通枢纽及交通标志等景观。道路是人们通行的通道，道路两侧的建、构筑物和植物围合形成带状的景观廊道。亦是区域与城市中极为重要的景观要素之一，甚至可成为某区域或城市的标志性景观。如高速公路、公路及乡间路等，再有如英国伦敦的牛津街、法国巴黎的香榭

图 2-85a（左）
公园绿地景观(哈尔滨太阳岛公园，2004 年 10 月)

图 2-85b（右）
公园绿地景观(哈尔滨太阳岛公园，战凌霄摄于 2006 年 8 月)

图 2-86a（左上）　广场景观（北京天安门广场，1999 年 10 月）

图 2-86b（右上）　广场景观（威尼斯圣马可广场，2000 年 9 月）

图 2-86c（左中）　广场景观（莫斯科红场，2004 年 3 月）

图 2-86d（右中）　广场景观（东莞行政广场，2006 年 10 月）

图 2-86e（左下）　广场景观（东莞行政广场，2006 年 11 月）

图 2-86f（右下）　广场景观（大庆市政府广场，2007 年 7 月）

丽舍大街、中国北京的长安街及王府井大街、中国上海的南京路、中国广州的北京路及上下九路和中国哈尔滨的中央大街等。图 2-87a、图 2-87b、图 2-87c、图 2-87d 及图 2-87e 展示的是区域道路景观；图 2-88a、图 2-88b、图 2-88c、图 2-88d、图 2-88e、图 2-88f 及图 2-88g 展示的是城市道路景观。

交通航线包括航空航线和水路航线。目前，对于航空航线的观赏景观利用较少，只有个别城市开展了利用飞行器（小型飞机、直升飞机、热气球及滑翔伞等）空中观光游览活动。而水路航线交通及游览项目较多，有水上交通巴士及水上观光游览（滨江游览或滨江夜游）。独特的水路航线景观即滨江（河）两侧或海滨一侧的建、构筑物、堤岸和植物围合或呈带状的滨江（河）景观廊道或呈半开敞的海滨景观界面，它们是构成城市中极为重要的景观要素之一，甚至可成为某城市独特的标志性景观。如伦敦的泰晤士河水道、巴黎的塞纳河水道、阿姆斯特丹水道、威尼斯水道、哈尔滨的松花江水道、上海的黄浦江水道、广州的珠江水道、珠海海域和香港的维多利亚湾等，都相应开展了滨水观光游览和夜间观光游览项目，充分展示了滨水城市独特的景观特征。图 2-89a、图 2-89b、图 2-89c 及图 2-89d 展示的是水路交通景观。

由上至下，由左至右

图 2-87a 区域道路交通景观（广西德保，2003 年 12 月）

图 2-87b 区域道路交通景观（黑龙江宝清乡间道路，吴虑摄于 2005 年 8 月）

图 2-87c 区域道路交通景观（广东徐闻，2006 年 3 月）

图 2-87d 区域道路交通景观（内蒙古，2007 年 7 月）

图 2-87e 区域道路交通景观（黑龙江哈牡高速公路平山段，吴虑摄于 2007 年 8 月）

图 2—88a（左上）　城市道路交通景观（广州上下九步行街，1996 年 10 月）

图 2—88b（右上）　城市道路交通景观（荷兰阿姆斯特丹，2000 年 9 月）

图 2—88c（左中）　城市道路交通景观（中国香港街景，2003 年 11 月）

图 2—88d（右中）　城市道路交通景观（哈尔滨中央大街，战凌霄摄于 2004 年 7 月）

图 2—88e（左下）　城市道路交通景观（四川成都锦里古街，2005 年 10 月）

图 2—88f（中下）　城市道路交通景观（英国伦敦街景，2005 年 12 月）

图 2—88g（右下）　城市道路交通景观（深圳笋岗路与人民路交叉口，2008 年 5 月）

图2-89a（左上）　水路交通景观（江苏周庄水道，1996年4月）

图2-89b（右上）　水路交通景观（荷兰阿姆斯特丹水道，2000年9月）

图2-89c（左下）　水路交通景观（意大利威尼斯水道，2000年9月）

图2-89d（右下）　水路交通景观（意大利威尼斯水道，2000年9月）

　　轨道交通包括了地铁、轻轨、有轨电车、磁悬浮列车、缆车和索道等。地面轨道通常结合道路两侧的建、构筑物和植物围合形成带状的景观廊道；空中的缆车或索道通常在风景旅游区或相对高差较大区域运行。它们是城市中动态观光游览的载体。图2-90a、图2-90b及图2-90c展示的是轨道交通工具景观；图2-91展示的是索道交通工具景观。

　　交通工具通常包括畜力车、人力车（黄包车及轿子）、自行车、电动车、摩托车、汽车、有轨电车、磁悬浮列车、火车、船只、缆车、索道和飞行器等。它们在承担动态观景载体的同时，亦是构成城市中动态的景观要素。如行进在英国伦敦牛津街上的红色双层巴士、时而穿梭于法国巴黎塞纳河上空的轻轨、穿行于意大利威尼斯狭窄水巷呈新月状的"贡朵拉"船、荷兰阿姆斯特丹水道的游船、荷兰阿姆斯特丹城市中的有轨电车等。它们已成为城市景观中的一个重要组成部分，甚至成为城市中重要的标志性景观之一。图2-92a、图2-92b、图2-92c、图2-92d、图2-92e、图2-92f、图2-93a、图2-93b、图2-93c、图2-93d及图2-94分别展示的是陆路、水路和空中交通工具景观。

图 2-90a（左上） 轨道交通工具景观（香港双层有轨电车，2003 年 11 月）

图 2-90b（右上） 轨道交通工具景观（香港双层有轨电车，2007 年 12 月）

图 2-90c（左中） 轨道交通工具景观（上海磁悬浮列车，2004 年 9 月）

图 2-91（右中） 索道交通工具景观（香港海洋公园缆车，2004 年 12 月）

图 2-92a（左下） 陆路交通工具景观（英国伦敦牛津街双层巴士，吴虑摄于 2000 年 7 月）

图 2-92b（右下） 陆路交通工具景观（摩纳哥游览车，2000 年 9 月）

图 2-92c（左上）　陆路交通工具景观（海南陵水运输车，2006 年 3 月）

图 2-92d（右上）　陆路交通工具景观（英国伦敦出租车，2006 年 1 月）

图 2-92e（左下）　陆路交通工具景观（海南通什载客三轮车，2003 年 4 月）

图 2-92f（右下）　陆路交通工具景观（哈尔滨太阳岛公园情侣自行车，吴虑摄于 2006 年 8 月）

图 2—93a（左上）　水路交通工具景观（海南三亚渔船，1992 年 3 月）

图 2—93b（右上）　水路交通工具景观（荷兰阿姆斯特丹有轨电车与水上巴士，2000 年 9 月）

图 2—93c（左中）　水路交通工具景观（英国牛津，2002 年 9 月）

图 2—93d（右中）　水路交通工具景观（香港维多利亚湾的天星轮，2007 年 12 月）

图 2—94（下）　　　空中交通工具景观（广州花都机场，2008 年 1 月）

图 2-95a（左上）
交通标志景观（广
东深圳华强北路，
2003 年 11 月）

图 2-95b（右上）
交通标志景观（英
国剑桥，2006 年
1 月）

图 2-96a（左下）
人类遗址景观（河
南殷墟，2006 年
8 月）

图 2-96b（右下）
人类遗址景观（河
南殷墟，2006 年
8 月）

2004 年 5 月 1 日起施行的《中华人民共和国道路交通安全法》第二十五条规定：交通信号包括交通信号灯、交通标志、交通标线和交通警察的指挥。而交通标志只是交通信号的组成部分，它包括指示标志、警告标志、禁令标志、指路标志、旅游区标志、道路施工安全标志和辅助标志等七种，它具有指示、警告、禁令和指路的同时，还是城市中一种特殊类型的标识性景观。图 2-95a 和图 2-95b 展示的是交通标志景观。

4. 历史场地景观

在人类社会历史发展过程中，随着时间的推移，不同历史时期的物质及非物质景观有或多或少的遗留，形成历史遗迹景观，它是人文景观要素中较特殊的一部分。我们可以直接考察残留下的历史遗迹，对了解人类历史发展中的民族历史、文化形成过程及其规律有着重要的历史价值和意义。

1）古人类遗址

遗址是指人类活动的遗迹。古人类遗址是反映古代人生产生活情形的考古发现地或古代美丽神话传说的发生地。这类遗迹往往有动人的故事或美丽的传说，且有极强的民众认同性，成为重要景观节点或景观区域。如北京周口店古人类遗址、西安半坡村、河南殷墟和浙江河姆渡等。图 2-96a 及图 2-96b 展示的是河南殷墟人类遗址，图 2-96c 及图 2-96d 展示的是浙江余姚河姆渡的人类遗址景观。世界主要古人类遗址分布与年代见附表 2-9。

2）古代城市遗迹

　　经历了千百年的演变，一些古代城市因战争或自然灾害而毁灭消失，遗留下的多为残垣断壁。如庞培城、高昌古城、楼兰古城等；一些城市发展、形态演变，形成了多少遗存古城痕迹，新旧要素叠加的现代城市。如北京、西安、南京等；一些偏远地区古城形态基本保留原有的形态，如云南丽江古城。城市遗迹是城市景观要素中极其宝贵的历史资源。图2-97a及图2-97b展示的是云南丽江古城遗址景观。世界主要古城遗址与建设年代见附表2-10。

3）古建筑遗址及古陵墓

　　遗留下的古建筑物多为残垣断壁，具有重要的文化、建筑和景观价值。古建筑物按其用途可划分为住宅（包括民居、府第和宫殿）、公共建筑、生产性建筑、市政建筑、园林建筑等，还包括雕塑等建筑小品。一些建筑至今仍保留着原来的用途，而一些建筑的用途则发生了变化。古建筑及遗址代表了城市的历史与文化，是城市景观要素中的瑰宝。图2-98a、图2-98b、图2-98c、图2-98d、图2-98e及图2-98f展示的是古建筑景观；图2-99a、图2-99b、图2-99c及图2-99d展示的是古建筑遗址景观。

图2-96c（左上）
人类遗址景观（浙江余姚河姆渡，2007年6月）

图2-96d（右上）
人类遗址景观（浙江余姚河姆渡，2007年6月）

图2-97a（左下）
古城景观（云南丽江古城，2002年12月）

图2-97b（右下）
古城景观（云南丽江古城，2002年12月）

图 2-98a（左上）　古建筑景观（北京故宫太和殿，吴虑摄于 1997 年 1 月）

图 2-98b（右上）　古建筑景观（北京八达岭长城，吴虑摄于 1997 年 1 月）

图 2-98c（左中）　古建筑景观（英国多佛古堡，2000 年 5 月）

图 2-98d（右中）　古建筑景观 （法国凡尔赛宫，2000 年 9 月）

图 2-98e（左下）　古建筑景观（山东曲阜城圣人杰牌坊，2007 年 10 月）

图 2-98f（右下）　古建筑景观（山东邹城孟庙孟府櫺星门，2007 年 10 月）

　　陵墓是古代建筑的一个重要类型，它是融建筑、雕刻、绘画和自然环境于一体的综合性文化艺术景观。历代的皇家陵寝都十分重视选择陵穴，选择位于优美的自然环境中，且"背山、面水、朝阳、近水"的风水宝地，以图皇权永固。古陵墓集文化景观和自然景观于一体，构成独特的陵墓景观。如北京的明十三陵、南京的明孝陵等。图 2-100 展示的是北京的明十三陵的陵墓景观。世界主要古建筑遗址及古陵墓分布与建设年代同见附表 2-10。

　　4）古战场遗址及起义地遗址

　　古战场是战争废墟堆积而成的特殊地域，一般处于险峻的据守地形，并留下一些战争遗址。在这里后人对古人的凭吊和回味惊心动魄场景，是特殊战场遗址景观资源。如赤壁、官渡等战场遗址。

　　起义地是指进步和革命的公开武装行动发生地。历史上重大的起义留下很多作为历史见证的遗迹，已成为爱国教育基地，是重要的城市景观组成要素之一。如南昌八一起义纪念碑，江泽民同志为其题写了"军旗升起的地方"。见图 2-101。世界重要战役遗址及起义地遗址分布与发生年代见附表 2-11。

　　5）重要会议会址

　　重大的会议通常是历史重大转折点，作出具有划时代意义的决策。会址也就成为具有特殊意义的景观。如上海的中共一大会址、遵义会议会址及西柏坡中国共产党七届二中全会会址等。图 2-102a 及图 2-102b 展示的是河北西柏坡的中国共产党七届二中全会会址。世界重要会议遗址分布与时间同见附表 2-11。

图 2-99a（左上）古建筑遗址景观（北京圆明园西洋楼遗址，吴虑摄于 1997 年 1 月）

图 2-99b（右上）古建筑遗址景观（意大利罗马斗兽场遗址，2000 年 9 月）

图 2-99c（左下）古建筑遗址景观（爱尔兰布拉尼古堡，2000 年 10 月）

图 2-99d（右下）古建筑遗址景观（澳门大三巴牌坊，2003 年 11 月）

图 2-100（左上）　古陵墓景观（北京十三陵，1997 年 1 月）

图 2-101（右上）　起义地遗址景观（江西南昌，2007 年 4 月）

图 2-102a（左下）　重要会址景观（河北西柏坡中国共产党七届二中全会会址，2006 年 8 月）

图 2-102b（右下）　重要会址景观（河北西柏坡中国共产党七届二中全会会址，2006 年 8 月）

6）名人出生地及故居

历史名人诞生或居住过的居所，它是特殊而重要的景观资源。"名人效应"提升了地域或城市的知名度。这些原本平凡的小村庄或小镇在"名人效应"的作用下，成为重要的景观观光地。如马克思出生在德国西南部的特利尔小城，毛泽东出生于湖南省湘潭县韶山冲，孙中山出生于广东省香山县（今中山市）翠亨村等。见图 2-103a、图 2-103b、图 2-103c、图 2-103d、图 2-103e、图 2-103f、图 2-103g、图 2-103h 及图 2-103i。列为全国重点文物保护单位的名人故居分布情况见附表 2-12。

对页图，由上至下，由左至右

图 2-103a　名人故居（英国莎士比亚郡莎士比亚故居，吴虑摄于 2000 年 6 月）

图 2-103b　名人故居（英国莎士比亚郡安妮小屋，吴虑摄于 2000 年 6 月）

图 2-103c　名人故居（英国但丁故居，2000 年 9 月）

图 2-103d　名人故居（德国波恩贝多芬故居，2000 年 9 月）

图 2-103e　名人故居（德国特利尔马克思故居，2000 年 9 月）

图 2-103f　名人故居（黑龙江呼兰萧红故居，吴虑摄于 2002 年 10 月）

图 2-103g　名人故居（湖南韶山冲毛泽东故居，2006 年 6 月）

图 2-103h　名人故居（湖南花明楼刘少奇故居，2006 年 6 月）

图 2-103i　名人故居（英国剑桥三一学院牛顿工作过的地方，2006 年 1 月）

7）中国古都、历史文化名城、名镇与名村

我国历史悠久，疆域广阔，由于历史上变迁，在我国不同区域分布大量的中国古代都城。详见附表2-13。

中国国务院于1982年2月8日至1994年1月4日间共分三批批准国家历史文化名城99个。截止于2007年9月又批准8个。共计107个国家级历史文化名城。各历史文化名城城市概况见附表2-14。

建设部、国家文物局于2003年10月8日至2005年11月13日间分两批批准历史文化名镇44个。历史文化名镇名录与所在位置见附表2-15。与此同时亦分两批批准历史文化名村36个。历史文化名村名录与所在位置见附表2-16。图2-104a与图2-104b展示的是古城景观。

（二）非物质景观要素

非物质景观要素是人类历史上创造并传承下来的非物质文化。是人类生产生活过程中所形成的关系（体现为制度）、思维和精神所体现的非实体景观要素，是一种"无形"的景观要素。它包括民间文学、表演艺术、传统节日、传统仪式和生产生活知识等重要组成部分。根据文化结构划分，非物质景观要素包括制度文化景观、行为与心理文化景观、文学与艺术文化景观。但其固定方式并不是绝对的空间位置和构成要素，而是稳定的内涵意义。非物质文化是人类历史活动的产物，它如实地反映人类各时期的生活、生产和思想行为。受自然条件的影响，形成不同地域风格的非物质景观。

1. 制度文化景观

制度文化是反映个人与他人、个体与群体之间的关系，表现为各种制度，如社会政治、经济、教育、军事等方面的制度以及实施这些制度的机构。体现这些制度的景观，即为制度文化景观。复杂的制度文化影响物质景观，丰富了城市景观的内涵。

图2-105a、图2-105b及图2-105c展示的是具政治与军事职能的城堡景观。

图2-104a（上）　古城景观（北京故宫建筑群，1997年1月）

图2-104b（中）　古城景观（英国小镇，2000年9月）

图2-105a（下）　城堡景观（圣马力诺蒂坦山顶古堡，2000年9月）

图 2-105b（左上）
城堡景观（英国
威尔士加的夫城
堡，2002 年 9 月）

图 2-105c（右上）
城堡景观（英国
伦敦城堡，2006
年 1 月）

图 2-106a（左下）
语言文字景观（云
南大理东巴文字，
2002 年 10 月）

图 2-106b（右下）
语言文字景观（河
南殷墟甲骨文展
板，2006 年 8 月）

2. 行为与心理文化景观

行为文化是指以语言、礼俗、仪容及动作等表现出的行为模式，是心理文化的直接显示。因此，行为文化与心理文化相结合，在形式上，显现为语言景观、民俗景观、礼仪景观、节日庆典景观和宗教文化景观等。

1）语言景观

语言是指用习惯的记号、姿势、符号，特别是口头声音交流思想和感情的工具，是人类思维的外壳。不同地区、不同民族的语言和文字存在的差异，形成不同的语言景观。图 2-106a 及图 2-106b 展示的是具语言功能的文字景观。

2）民俗景观

民俗即民族的风俗习惯，是一个民族在物质文化、精神文化、家庭婚姻等社会生活各方面的传统，是各族人民历代传承下来的风尚和习俗。民俗具有社会性、稳定性和传播性的特点，它体现在居住、服饰、饮食、生产、交通、工艺、家庭、村落、社会结构、职业、岁时、婚丧嫁娶、宗教信仰、禁忌、道德礼仪、口头文学、心理特征和审美情趣等方面。图 2-107a 与图 2-107b 展示的是具有民俗特征的景观。

图 2-107a（左上） 民俗景观（香港街道广告牌匾，2000 年 9 月）

图 2-107b（右上） 民俗景观（贵州夜郎部落，2006 年 12 月）

图 2-108（左下） 仪式活动景观（英国皇家卫队换岗仪式，2000 年 6 月）

图 2-109a（右下） 节日庆典景观（广州国庆节街道扮装，吴虑摄于 1997 年 10 月）

世界主要民族集中分布地区、民族语言与风俗习惯见附表 2-17。

3）礼仪景观

礼仪是指人们在社会交往中由于受历史传统、风俗习惯、宗教信仰及时代潮流等因素影响而形成，为人们所认同、所遵守，是以建立和谐关系为目的的各种符合交往要求的行为准则和规范的总和。它涉及穿着、交往、沟通、情商、修养等内容，在不同地域存在差异。图 2-108 展示的是英国皇家卫队换岗仪式活动的景观。

4）节日庆典景观

节日是民俗景观最有意义的日期。节日庆典是人们表现欢乐以及对未来美好憧憬的仪式。通常庆典地点、庆典活动显示独特的景观造型和特殊的人文景观，它包括自然节日、生产节日、生活节日、宗教节日、文化节日、政治节日和社会节日等。另外，还有重大的赛事活动等。图 2-109a、图 2-109b、图 2-109c、图 2-109d 及图 2-109e 展示的是节日庆典景观，图 2-110 展示的是重大赛事活动景观。国际重要节日名称、时间与概况

图 2-109b（左上） 节日庆典景观（哈尔滨圣索菲亚教堂前国庆节扮装，1999 年 9 月）

图 2-109c（右上） 节日庆典景观（伦敦中国城中秋节扮装，2000 年 10 月）

图 2-109d（左中） 节日庆典景观（中山大学八十华诞庆典与扮装，2004 年 11 月）

图 2-109e（右中） 节日庆典景观（东莞市政府广场国庆节扮装，2006 年 10 月）

图 2-110（下） 重大活动景观（奥运圣火广州传递活动，2008 年 5 月）

见附表 2-18。中国重要民间节日时间与概况见附表 2-19。

5）宗教文化景观

宗教文化景观亦是非物质的，它集中体现在绘画、诗歌、音乐、雕塑等方面，包括宗教节日、宗教禁忌、宗教习俗、宗教仪规和宗教组织等。宗教的产生和发展与自然条件有密切的联系。不同的自然地理条件影响到宗教习俗、宗教禁忌及宗教思想，使得各地域及各种宗教文化景观形成风格各异的景观特征。图 2-111a、图 2-111b、图 2-111c、图 2-111d 展示的是与宗教相关的彩绘景观与活动景观。

图 2-111a（左上）
宗教文化景观（英国罗切斯特大教堂，2000 年 7 月）

图 2-111b（右上）
宗教文化景观（云南寺庙内墙彩绘，2002 年 10 月）

图 2-111c（左下）
宗教文化景观（上海龙华寺，2003 年 4 月）

图 2-111d（右下）
宗教文化景观（香港天后古庙内景图，2003 年 11 月）

3. 文学与艺术文化景观

文学作品包括诗词歌赋、小说、散文、民间传说和神话等；而艺术文化包括音乐、舞蹈、戏剧、绘画、雕塑以及各种民间传统手工艺等。文学与艺术文化是形式和内涵极其丰富的景观要素。

1）文学景观

诗人、作家常常以诗词歌赋、小说和散文等形式描写或吟诵名山大川、大江大河等自然景观，从而提升了它们的知名度。巴金先生于1930年代的散文《鸟的天堂》使广东新会以南10公里处的天马村的知名度俱增。并于2002年依托一棵大榕树规划扩建成为占地40多公顷的集岭南水乡自然生态特色与历史文化特色的自然文化景点，居目前新会侨乡新八景之首。图2-112展示一株天堂榕树的局部。

民间文学、传说和神话故事等形式的记述同样能够为某一地域提升其景观的文化特征。如江浙地区的《白蛇传》为西湖、雷峰塔等景观增添了不少意境。

2）艺术景观

艺术包含音乐舞蹈、戏剧戏曲、电影电视、曲艺杂技、美术书法、手工和摄影等方面。音乐与舞蹈是人类重要文化艺术形式，所以世界上有些城市因音乐而闻名于世。如音乐之都维也纳就是因音乐而闻名。音乐与舞蹈还具有浓厚的民族与地域特色。如巴西的狂欢节以及我国少数民族拥有多姿多彩的音乐与舞蹈艺术中的广西壮族的山歌和海南黎族的竹竿舞等等。图2-113a及图2-113b展示的是民族艺术活动的景观。我国各地地方戏剧、民间音乐及舞蹈分布情况见附表2-20、附表2-21。

图2-112（上）
文学景观（广东新会小鸟天堂大榕树，2003年4月）

图2-113a（左下）
民族艺术景观（伦敦嘉年华会，2000年10月）

图2-113b（右下）
民族艺术景观（爱尔兰高韦小镇酒吧内的民族器乐表演活动，2000年10月）

图 2—114a（左上）　民间艺术景观（贵州蜡染，2006 年 12 月）

图 2—114b（右上）　民间艺术景观（安徽屯溪砖雕，1996 年 3 月）

图 2—114c（左中）　民间艺术景观（苏州网师园砖雕，吴虑摄于 2008 年 6 月）

图 2—114d（右中）　民间艺术景观（哈尔滨街头艺人绘画，2004 年 10 月）

图 2—115（下）　书法艺术景观（广东肇庆七星岩公园内的郭沫若题词，2006 年 10 月）

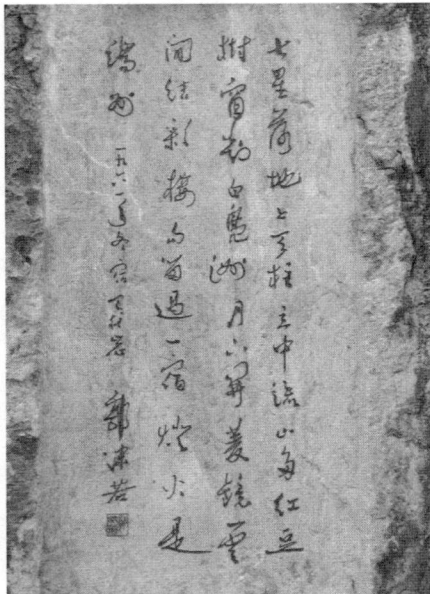

西方国家多盛行油画艺术与宗教建筑上的壁画及玻璃彩画，东方国家特别是中国则盛行水墨画及书法艺术。另外，各国均有本国独特的手工艺技术。如瑞士的钟表制造技术、伊朗的地毯制作、景德镇的陶瓷艺术、天津的"泥人张"、云贵桂交界的少数民族地区的蜡染艺术和壮族地区的绣球等等。图 2—114a、图 2—114b、图 2—114c 及图 2—114d 展示的是民间艺术景观，图 2—115 展示的是书法艺术景观。

人文景观要素的产生、发展与人类的生产生活以及地域的自然条件及生产力水平息息相关。无论是人文景观物质或非物质形态，都具有很强的地域性、民族性和时代性特征。所以充分认识和利用地域人文景观要素，是我们营造地域独特的、高品质及丰富内涵景观的重要基础。

第三节 影响景观表象的要素

一、影响景观表象的空间要素

影响景观表象的空间要素即自然环境各要素在地表近于带状延伸分布，沿一定方向渐变的规律性。这种规律性在学术界有两种分法，本书采用众多学者认为较为科学的分法，即包括地带性和非地带性，其中非地带性又包括干湿地带性和垂直地带性。

（一）地带性

地带性是指自然地理现象在地球上的分布具有沿着纬线方向（东西延伸）南北更替的条带状规律性，即纬度地带性。地球的形态、自转及黄赤交角导致太阳辐射能在地表分布不均匀，即从赤道向两极呈带状递减，使气温、降水、蒸发、风向、风化作用、成土过程以及土壤和植被等一系列自然地理要素有规律地变化。在热量分带的基础上，各自然要素表现出明显的纬向地带性。对应于一定的热量带、气候、水文、风化壳和土壤、生物群落，乃至外力所形成的地貌都具有与该热量带热力特征相对应的性质，于是在景观上也产生了沿纬度的地域分化。

其中对景观影响最大的是地貌纬度地带性。首先，地貌的纬度地带性是与气候带相适应的，不同气候带内有不同的水热组合，导致对地貌塑造起主要作用的地貌外力的性质、强度和组合状况发生变化，最终形成不同的地貌类型及组合。例如，高纬寒冷气候下，冰川作用是主要的外动力，地貌形态尖锐；中纬度的温湿气候下，流水作用是主要的外动力，地貌剖面轮廓和缓；低纬湿热气候下，流水作用和风化作用同样强烈，地貌多为平面。地貌的纬度地带性分异，造成了不同纬度景观上的巨大差别。

其次，植物的纬度地带性也对景观造成一定的影响。不同地带具有显著不同的植被外貌和典型植被类型，例如不同纬度地区由于气候温度的不同形成热带雨林、亚热带常绿阔叶林、温带常绿阔叶林、寒带针叶林等截然不同的植被景观。又如，低纬地区全年高温多雨，植被以热带雨林、疏林草原为主；中纬地区植被以常绿阔叶林、灌木林、针阔混交林为主；高纬地区低温少雨，植被以针叶林、苔原、冰原为主，呈现纬度地带性分异，形成不同的植被景观。图 2-116 与图 2-117 分别展示低纬度与高纬度地区的景观特征。

图 2-116（左）低纬度地区景观（海南文昌，1993年 6 月）

图 2-117（右）高纬度地区景观（黑龙江海林雪乡，2006 年 2 月）

（二）非地带性

非地带性包括干湿地带性和垂直地带性。

1．干湿地带性

干湿地带性指在热量背景相同或近似的各纬度区域内，以年降水量由沿海向大陆腹地方向递减，引发的自然景观及各组成要素的变化。具体原因主要是由于海洋和大陆两大体系对太阳辐射的反应不同，从而导致大陆东西两岸与内陆水热条件及其组合的不同。在本质上，这种差异可以归结到干湿程度的差异，通过干湿差异而影响其他因素分异。一般来说，大陆降水由沿海向内陆递减，气候也就由湿润到干旱递变。

从全球范围看，世界海陆基本上是东西相间排列的。在同一热量带内，大陆东西两岸及内陆水分条件不同，自然地理景观便发生明显的经向地带性分化，因此干湿地带性又称为经向地带性。表现为自然地理要素或自然综合体大致沿经线方向延伸，按经度由海洋向陆地发生有规律的东西向分化，相对应的地域景观也就随着经度的变化而产生有规律的变化。这种变化在中纬度地区表现最为明显。中纬度沿海地区多为森林地带，随着向内陆深入，相应于气候的东西分异，自然景观也发生了东西向的分异，表现出如森林——森林草原——草原——（荒漠草原）半荒漠——荒漠等不同景观的规律性更替。

2．垂直地带性

"人间三月芳菲尽，山寺桃花始盛开"可以说是对垂直地带性的典型写照。所谓垂直地带性，是指自然地理要素和自然综合体大致沿等高线方向的延伸。它是山地特有的地域分异现象，随地势高度变化，不同高度层带水热组合特征各异，导致其他自然地理要素发生相应变化，按垂直方向发生有规律的分异，形成地貌、植被、土壤等垂直的自然景观带。

在垂直地带性上比较明显的表现有垂直地带谱。垂直地带谱是山地垂直带的更替方式，它反映了自然综合体在山地的空间分布格局。从本质上讲，垂直地带谱是由于山地在短距离内高度的巨大变化而形成的垂直地带性现象，是地域结构的一种特殊形式。垂直地带谱具有几条重要的景观界限（或带），即基带、树线、雪线和顶带。

①基带——垂直地带谱的起始带（山地下部第一带）称为基带。在整个垂直地带谱中，基带景观是唯一与所处的水平地带景观一致的部分。基带的景观类型决定了整个带谱可能出现的景观结构。

②树线——森林上限，是垂直地带谱中一条重要的生态界线，常称为树线。这条界线以下发育着以乔木为主的郁闭的森林带；而界线以上则是无林带，发育着灌丛或草甸，常形成垫状植物带。

③雪线——垂直地带谱中另一条重要界线是雪线。雪线是永久冰雪带的下界。

④顶带——是完整的山地垂直地带谱中最高的垂直地带。它是垂直地带谱完整程度的标志。一个完整的带谱，顶带应是永久冰雪带。

二、影响景观表象的时间要素

（一）节律

自然地理环境随时间的推移不断向前发展着，在这一发展的过程中，我们看到许多重复发生的过程和现象，比如昼夜的交替、季节的轮换、冰川的进退、海陆的升降，以及生物的生死、物种的盛衰等等。我们把自然地理过程随时间重复出现的变化规律称为自然地理环境的节律性。节律性又可分为周期性节律、旋回性节律和阶段性节律三种类型。

1．周期性节律

周期性节律是自然地理过程按一定的时间间隔重复的变化规律。它发生在地球自转和公转及地表光、热、水的周期性变化基础上，发生在一定地区的昼夜交替和季节轮换。通常周期性节律有日节律、潮汐节律、月节律和年节律之分。日节律以 24 小时为周期的节律，通称昼夜节律。如生物细胞分裂、高等动植物组织中多种成分的浓度、活性的 24 小时周期涨落、光合作用速率变化等；潮汐节律一般是生活在沿海潮线附近的动植物，其活动规律与潮汐时相一致；为期约 29.5 天，主要反映在动物动情和生殖周期上的月节律；动物的冬眠、夏蛰、洄游，植物的发芽、开花、结实等现象均有明显的年周期节律。

生物的节律现象直接和地球、太阳及月球间相对位置的周期变化对应的。它呈现出周期性生活节律，调节着生物的行为和生理的变化，亦对景观都会产生很明显的节律性的影响。

2．旋回性节律

旋回性节律是以不等长的时间间隔为重复周期的自然演化规律。是更为复杂的自然节律。在自然界中，地质旋回和气候旋回是旋回性节律。岩层的沉积层序非常鲜明地反映了地质旋回的节律性，而气候的变迁也呈现出气候旋回性节律，它们对景观产生的影响并不明显。

3．阶段性节律

生物自身特性所形成的节律具有阶段性的特点。这是指生物类群在周期性或旋回性变化的背景上，以一定阶段为周期表现出的突变性的重复。按节律的性质可分为生物生长节律和生物进化节律两类。

（二）时间节律

时间节律在影响景观表象的同时，还影响到人的观景认知状态。从人体生物节律性的角度考虑，通常人们在经一夜睡眠的充分休息后，每天上午是人在一天之中精力最为充沛的时间。午餐之后，出现常言所说"饭饱神虚"的状态；白天较夜晚精力充沛；还有所谓一年四季的"春困、秋乏、夏打盹、睡不醒的十冬腊"的说法。据分析，生物的内在节奏常与环境周期变化相对应，几乎都发生在固定的一段时间里，呈现了同种周期性生活节律，调节着生物的行为和生理的变化。影响生物体节律的因素有很多，温度、光线、酶的化学活性、神经系统的调控、激素等都与之相关。

1．时辰

南朝宋诗人谢灵运在《拟魏太子邺中集诗序》中有云："天下良辰、美景、赏心、乐事，四者难并。"良辰"位居"四美"之首，在"美景"之前。可见，选择最佳的时辰是欣赏美景的首要因素。

在同一地域的不同时辰，太阳或月亮光线投射角度不同，从而产生各异的景观效果。上下午阳光对景物的照射及景物阴影方向不同，再加上气候因素的变化，一般上午多雾，下午多风，这样在上下午不相同的时辰，景物呈现的风姿自然会有差异。而在夜晚月亮光线投射角度及景物阴影方向的变化也会产生不同的景观效果。图 2—118a、图 2—118b 与图 2—118c 分别展示了建筑物在上午、黄昏到夜晚的景观效果。

图 2—118a 不同时辰景观特征（伦敦议会大厦景观，2000 年 4 月）

图2-118b（左）
不同时辰景观特征（伦敦议会大厦黄昏景观，2005年12月）

图2-118c（右）
不同时辰景观特征（伦敦议会大厦夜晚景观，2005年12月）

时辰与景观相关表　　　　　　　　　　　　　　　　表2-3

	十二时辰	现代时段	最佳观赏景观类型	观景人受生物节律性的影响
夜半	子	23～1时	天文景观	人的最佳休息时间，缺乏观景的兴趣；客观上也限制了对非发光性景观的欣赏
鸡鸣	丑	1～3时		
平旦	寅	3～5时	朝霞景观	
日出	卯	5～7时	以水为主的景观	精力充沛，观景热情高涨
食时	辰	7～9时		
隅中	巳	9～11时		
日中	午	11～13时	以植物为主的景观	午饭时间，不利观景
日昳	未	13～15时		精力恢复，观景热情回升
晡时	申	15～17时	以山为主的景观	
日入	酉	17～19时		
黄昏	戌	19～21时	晚霞景观	饭后休闲，宜看一些让心情轻松的景观，以利休息
人定	亥	21～23时	天文景观	

景观因自身的特征不同而有各自最佳的观赏时间，不同时辰的最佳景观类型与影响观景人生物节律状况见表2-3。

2．昼夜

人们感觉最明显的自然节律是昼夜的循环更替。地球绕地轴自转形成昼夜交替，使地表大部分地区在每天24小时中都经历一段光明和一段黑暗的时间，以及相应的一段加热和一段冷却的时间。自然地理环境的各种成分对此作出了积极的反应，许多自然地理过程及其现象都随着昼夜更替反复出现。如我们熟知的气候要素的日变化是指一日之内某地气温、气压、云量以及风等存在着一定的日变化。光的性质也存在日变化，晨昏长波光占优势，中午短波光相对增加。地表水体的温度在白天升高，在夜间降低。冰川补给的河流白天融冰量大，河流水位上涨；晚间融冰量小，河流水位下降。岩石的机械风化在白天

图 2—119a（左上） 昼夜景观特征（伦敦塔桥白天景观，
2000 年 6 月）

（右）由上至下

图 2—119b 昼夜景观特征（伦敦塔桥夜晚景观，
1999 年 12 月）

图 2—120a 昼夜景观特征（伦敦道克兰千年穹顶白
天景观，2000 年 1 月）

图 2—120b 昼夜景观特征（伦敦道克兰千年穹顶夜
晚景观，2000 年 1 月）

图 2—120c 昼夜景观特征（伦敦道克兰千年穹顶夜
晚景观，2000 年 3 月）

为热胀，在夜间为冷缩。无论在海水或淡水水体中，每天都可以见到浮游生物在白天潜入水下，而晚上浮出水面。昼行性动物"日出而作，日落而息"，夜行性动物则相反。如蝶类大多在白天活动、蛾类多在夜晚活动和猫头鹰白天在树丛休息等都是受昼夜节律变化的影响。图 2—119a、图 2—119b，图 2—120a、图 2—120b、图 2—120c，图 2—121a，图 2—121b 及图 2—122a、图 2—122b 分别展示昼夜景观差异。

3．季节

如果说昼夜节律是地球自转对自然地理环境产生的效应，则季节节律就是地球公转的效应。由于公转，地球产生了季节更替，使许多自然地理过程和现象随之而出现以季节（年）为周期的节律变化。如气候的夏热冬冷，夏雨冬雪；季风进退；冰川运动夏快冬慢；河流水情，冬封春解或夏洪冬枯；岩石热季膨胀，冷季收缩；植物季相变化，春华秋实；动物季节移栖和冬眠（动）夏动（眠）等等。如候鸟在春秋季节的迁徙和南北极动物按季节换毛等是受季节节律变化的影响。

图 2—121a（左上）　昼夜景观特征（伦敦阿尔伯特厅白天景观，2000 年 3 月）

图 2—121b（右上）　昼夜景观特征（伦敦阿尔伯特厅夜晚景观，2000 年 1 月）

图 2—122a（左下）　昼夜景观特征（香港白天景观，2003 年 1 月）

图 2—122b（右下）　昼夜景观特征（香港夜晚景观，2004 年 12 月）

图 2—123a（下）　不同季节景观（春季的中山大学，2006 年 3 月）

在《黄帝内经》第二篇的《四气调神大论》中"春三月，此谓发陈，天地俱生，万物以荣"、"夏三月，此谓蕃秀，天地气交，万物华实"、"秋三月，此谓容平，天气以急，地气以明"及"冬三月，此谓闭藏，水冰地坼，无扰乎阳"描述了四季大自然的内在规律。季节变化是影响风景的主要周期变化。春天，嫩叶新生，青葱翠绿；夏天，绿色更深，遮荫更多，植物到了成熟期；秋天，颜色丰富，植物开始落叶；冬天，雪覆盖了所有物体的变面并且改变了风景。图 2—123a、图 2—123b、图 2—123c 及图 2—123d 分别展示一年四季景观特征的差异。

周期性节律在不同区域具有不同的性质和特点。一般地说，季节节律的显著程度是随纬度的增加而增加的。

中国的二十四节气正是四季的生动写照，它生动地刻画了一年四季的变化。二十四节气是根据太阳从黄经零度起，沿黄经每运行 15° 所经历的时日称为"一个节气"。每

图 2-123b（左） 不同季节景观（夏季的哈尔滨松花江畔，2002 年 7 月）

图 2-123c（中） 不同季节景观（秋季的黑龙江宝清，2006 年 10 月）

图 2-123d（右） 不同季节景观（冬季的哈尔滨松花江畔，1989 年 2 月）

年运行 360°，共经历 24 个节气，每月两个。其中每月第一个节气为"节气"，每月的第二个节气为"中气"。"节气" 和"中气"交替出现，各历时 15 天，现在人们已经把"节气"和"中气"统称为"节气"。各节气在不同地理位置有不同的自然景观特征，二十四节气是影响自然景观特征的重要因素，如表 2-4 所示。

二十四节气及其景观特征一览表　　　　　表 2-4

月份	日期	节气	中气	景观特征
1 月	5 日	小寒		气候开始寒冷
	20 日		大寒	一年中最冷的时候
2 月	4 日	立春		立是开始的意思，立春就是春季的开始
	18 日		雨水	降雨开始，雨量渐增
3 月	5 日	惊蛰		蛰是藏的意思。惊蛰是指春雷乍动，惊醒了蛰伏在土中冬眠的动物。气温回升较快，渐有春雷萌动
	20 日		春分	分是平分的意思，春分表示昼夜平分
4 月	5 日	清明		天气晴朗，空气清新，逐渐转暖，草木繁茂
	20 日		谷雨	雨生百谷。雨量充足而及时，谷类作物能茁壮成长
5 月	5 日	立夏		夏季的开始
	21 日		小满	麦类等夏熟作物籽粒开始饱满，但还未成熟
6 月	5 日	芒种		麦类等有芒作物成熟，夏种开始
	21 日		夏至	夏天的极致，表示炎热的夏天来临
7 月	7 日	小暑		暑是炎热的意思。小暑就是气候开始炎热
	23 日		大暑	一年中最热的时候
8 月	7 日	立秋		秋季的开始
	23 日		处暑	处是终止、躲藏的意思。处暑是表示炎热的暑天结束
9 月	7 日	白露		天气转凉，露凝而白
	23 日		秋分	昼夜平分
10 月	8 日	寒露		露水已寒，将要结冰
	23 日		霜降	天气渐冷，开始有霜
11 月	7 日	立冬		冬季的开始
	22 日		小雪	开始下雪
12 月	7 日	大雪		降雪量增多，地面可能积雪
	22 日		冬至	冬天的极致，表示寒冷的冬天来临

第四节　城市景观

城市是自然界中人类较高密度的聚集地，是人类社会政治、经济活动的载体，是人类最伟大的创造。人类密集而复杂活动的痕迹形成为城市景观，它是景观系统中重要的组成部分。

我们生活在城市中，天天感受着城市景观对我们自身的影响。无论是你喜欢还是不喜欢，你总是通过视觉、听觉、嗅觉去感受它，凭自己的意识去对景观信息再加工，成为你个人的景观印象。通常大多数人对同一景观的印象是相似的。然而，不同人群的矛盾亦存在，这是由景观本身的模糊，以及人与人之间的各种差异造成的。

一、城市景观定义

城市景观是指具有一定人口规模的聚落的自然景观要素与人文景观要素的总和。它是由城市范围内的自然生态系统与人工的建（构）筑物、道路及其构成的空间景象，是物质空间与社会文化互动，以及多种复杂因素互动所显现出的表象。它具有丰富的内涵。

二、城市景观的特性

城市景观受到其构成要素及各要素之间复杂关系的影响，使得城市景观具有以下几方面的特性：

（一）人工性与复合性

城市景观区别于自然景观的最大特征就是人为建造，城市的建构筑物和街道等景观均是人工建造的产物，甚至城市中的公园、山体、河流也无不存在人造的痕迹。

城市的存在自然离不开一定的自然条件。因此，城市景观实际上是自然要素和人文要素复合的产物，她是显现多种复杂的要素交织作用的载体。

（二）地域性与文化性

任何城市都有其特定的自然地理环境和历史文化背景。地域性包括城市景观个体之间彼此的不同，以及地域族群之间的个性两个方面。二者反映在景观上，表现为城市的景观元素及其结构的差异，进而，反映在城市与城市之间的整体景观特征的差异。城市文化性指的是城市景观具有某种独特的文化特征。由于民族风俗与地域环境等因素的综合作用，在长期的建设实践中形成的特有的建筑形式与风格，人们对空间景观的认识存在很大差异，形成了每个城市各自特有的景观特征。正是城市景观的地域与文化特性，造就了千姿百态的城市景观。

（三）功能性与结构性

城市景观的功能性是城市功能的具体外在的表现。城市景观不仅是为"观"，根本的在于反映城市的功能。1933 年，国际现代建筑协会拟订的《雅典宪章》中提出了城市的居住、工作、游憩和交通四大功能。围绕这四大功能产生了丰富的城市景观，如居住有各种住宅建筑景观，工作有商业、工业和农业景观等，游憩有园林和广场景观等，交通又有街道和车辆景观等。城市景观的结构性在于城市具有一定的结构。城市道路网结构，城市肌理等，都反映了城市的景观结构。

（四）秩序性与层次性

秩序性是感知城市景观有序性效果的特性之一。首先，自然景观是有秩序的客观存在，反映了自然界的规律；第二，任何城市都有其自身的发展过程，它经历了一代又一代人的建设与改造。不同时代有不同的城市风貌，城市景观随着城市的发展而渐变。但不同时期的建设多少会留下痕迹，即城市的历史发展沉淀，它反映出城市有秩序的发展轨迹；第三，在城市建设中，人们总是想要体现某种思想、意识形态，根据一定的法则去建造城市。如体现王权、封建分封制或自由民主等思想，都会呈现出相应的秩序性，使得城市景观具有一定的秩序性。

城市景观的层次性指各景观具有不同的等级。最普遍的是被划分为宏观（重要景观）、中观（次要景观）和微观（一般景观）等三个层次。例如，就城市中的建筑景观而言，在宏观上表现为建筑的布局形式，在中观上表现为建筑的外型，而在微观上表现为建筑细部构件的式样等；就城市而言，作为城市标志的地标是城市重要景观，一般都位于城市的核心区域，它是公众共同瞻仰的视觉形象，同时由于其精神内涵而成为公众心目中共有的特定形象，它的影响范围辐射整个城市乃至更大的区域；城市中的次要景观影响的辐射范围在城市中的某一个区域或次分区内；而城市中的一般景观的影响范围只限于某一个小区或更小的地带。

（五）复杂性与密集性

城市的形成和发展总是基于一定的自然基础的，城市景观也具有一定的自然特征。但是，城市作为人类改造自然最集中的地方，城市景观更多的是人工景观。人工景观包括人类生活、生产的各种物质和非物质要素的各个方面，极其丰富多彩。同时，城市景观所处的环境，由于人们的活动而变得复杂。城市中不仅存在着太阳光、自然声，还存在种类繁多的人工光、人工声和人声等环境要素。景观环境的复杂性一方面强化了景观本身的复杂性，另一方面也影响了人们感知城市景观的复杂性。

城市景观的密集性主要表现在景观要素的密集性上。由于城市的人口密度大、建筑密度高，尤其在城市的中心商务区，高楼林立，道路成网，各种景观要素相互交叉，相互影响，形成景观密集的现象。

（六）可识别性与识别方式的多样性

城市景观的可识别性指的是人对城市景观的感知特性。城市中，存在着大量的观景人，每个人都有不同的文化和社会背景，具有不同的审美观、价值观，对景观的识别是具有选择性的。每一个景观客体要素不一定对每个人都是有意义的。如同凯文·林奇所说的城市意象，每个人对景观都是有不同的意象的。

城市中的人们对景观的识别方式也不尽相同。由于采用了不同的识别方式，人们对景观的感知也会有所差异。例如步行观景与乘车观景对景观感知的结果是不一样的，在高楼上鸟瞰城市与在地平面上观察城市的感受也是不一样的。

三、城市景观的分类

城市景观类型的划分，从自然景观特征与人文景观特征的不同视角，有多种分类方法。我们从以下几个主要方面进行分类。

（一）历史性

城市是人类历史发展的产物。它的结构、形式及内容等因素都深刻反映其不同历史时期的某些特性。从而显现出不同历史时期的城市景观。如古代都城和近现代新兴城市的景观特征明显具有历史性差异。依据历史性角度，可将城市景观分为古代城市景观、近代城市景观、现代城市景观及当代城市景观。图 2-124a、图 2-124b 及图 2-125a、图 2-125b、图 2-125c 分别展示近代城市景观与现代城市景观。

图2-124a(左上)
近代城市景观(广
东开平华侨屋,
2003年10月)

图2-124b(右上)
近代城市景观
(上海里弄住宅,
2003年3月)

图2-125a(左下)
现代城市景观(伦
敦,2002年9月)

图2-125b(右下)
现代城市景观(深
圳,2003年11月)

（二）区域性（地理位置、影响范围）

区域性一般有两方面含义,一方面是指城市所处地理位置和地形地貌和气候特征;城市所处区域地理特征,会影响城市景观的形成,使得不同区域城市景观之间存在地域性差异,因此,可依据地理位置、地貌特征和气象特征进行分类,如可分为平原城市景观、山地城市景观、滨水城市景观、边境城市景观等等。

另一方面是从城市景观重要节点（地标）所影响到的空间范围,可划分为国家乃至全球范围的重要景观节点（地标）,以及地区、省域、市域范围内的重要景观节点（地标）城市次区域内的重要景观节点。如阿尔卑斯山、亚马孙河、黄山及长江等著名的自然地貌与水体地标影响到全球范围,数量少,知名度特大。上海外滩、北京大栅栏、广州五羊仙雕等影响国家、省及市域范围的地标,数量较多,知名度较大。城市次区域范围的地标,数量巨大,知名度小。图2-126a、图2-126b及图2-126c展示具有区域性特征的边境口岸城市景观;图2-127展示具有区域性特征的滨水城市景观。

（三）民族、宗教性

城市市民的民族成分和宗教信仰影响城市景观特征,特别是在少数民族地区及宗教活动集中地,这种民族和宗教景观特征更为明显。如世界各民族由于自然环境和历史发展而形成了有民族差异和特点的聚居地。这些民族在种族成分、语言系属、宗教信仰、分布地区以及人文景观上表现出极其多样、复杂纷繁的面貌。主要表现在劳作、民居、活动和节日形式的多样化和区域差异,形成富有民族特色的城市景观。

图 2—125c（左上）
现代城市景观（香港，2003 年 11 月）

图 2—126a（右上）
边境口岸城市景观（广西东兴口岸中国国门，2002 年 11 月）

图 2—126b（左中）
边境口岸城市景观（越南芒街口岸越南国门，2002 年 11 月）

图 2—126c（右中）
边境口岸城市景观（吉林图们口岸中国国门，2005 年 7 月）

图 2—127（下）
滨水城市景观（哈尔滨松花江畔，吴忠摄于 2007 年 7 月）

　　宗教是一种社会历史现象。全世界现在有佛教、基督教、伊斯兰教、犹太教、神道教、印度教、道教等等。宗教活动是人类文化活动的重要组成部分，并通过各种文化艺术形式表现出来，形成丰富多彩的宗教人文景观。有些国家信仰一种宗教，称为"国教"，有些城市居民信仰多种宗教，不同的宗教文化在建筑景观的体现尤为突出，它们构成风格各异的城市景观。

附　录

气候景观分类、分布与特征一览表

附表 2-1

气候景观类型（大类）	气候景观类型（中类）	分布地区	景观特征
低纬度气候景观	赤道多雨气候景观	分布于赤道两侧南北纬5°～10°之间，主要分布在非洲刚果河流域、南美亚马孙河流域和亚洲印度尼西亚等	全年正午太阳高度都很大，长夏无冬，各月平均气温在25～28℃，年平均气温在26℃左右。气温年日较差可达6～12℃。风力微弱，全年多雨，多雷阵雨，最少月降水在60mm以上。热带雨林发育良好，森林高大茂密，物种繁多，植物资源极为丰富
	热带海洋性气候景观	分布在南北纬10°～25°信风带大陆东岸及热带海洋中的若干岛屿上	热月平均气温在28℃左右，最冷月平均气温在18～25℃之间，气温年较差、日较差皆小。有湿热的海洋雨、热带气旋雨，还多地形雨，降水量充沛。年降水量在1000mm以上，一般以5～10月较集中，但无明显干季
	热带干湿季气候景观	出现在赤道多雨气候区外围，主要分布在中南美和非洲5°～15°纬度带内	年内有干湿季的变化。一年中至少有1～2个月为干季。湿季中蒸散量小水量在750～1600mm左右，降水变率很大。全年高温，最冷月平均气温在16～18℃以上，干季之末雨季之前，气温最高，称为热季。自然植被以高草原为主，散生耐旱乔木，形成热带疏林草原，也称萨王纳
	热带季风气候景观	分布在纬度10°到回归线附近的大陆东岸，如我国台湾南部、雷州半岛和海南岛，中南半岛，印度半岛大部分区域，菲律宾群岛和澳大利亚北部沿海等地	热带季风发达，一年中风向的季节变化明显。有冬季风和夏季风，年降水量多，一般在1500～2000mm，集中在6～10月（北半球），有干湿季存在。全年高温，年平均气温在20℃以上。自然植被被称为热带季雨林
	热带干旱与半干旱气候景观	分布在副热带高压带及信风带的大陆中心和大陆西岸纬度15°～25°之间 可分为热带干旱气候景观、热带（西岸）多雾干旱气候景观和热带半干旱气候景观三个小类	(1) 热带干旱气候景观：沙漠景观为主，比如撒哈拉沙漠、阿拉伯沙漠、阿塔卡沙漠等。气温年较差、日较差都大，有极端最高气温。降水量极少。云量少，日照强烈，蒸发强，相对湿度小。 (2) 热带（西岸）多雾干旱气候景观：降水量少，多雾的荒漠可延伸到海岸带，气温年较差小，最冷月均温低于20℃。 (3) 热带半干旱气候景观：是干旱气候景观和湿润气候景观间的一种过渡类型。有短暂雨季，出现在太阳高度角较大的季节，年降水量250～750mm
中纬度气候景观	副热带干旱与半干旱气候景观	分布在南北纬25°～35°的大陆西岸和内陆地区。可分为副热带干旱景观与副热带半干旱景观两个小类	(1) 副热带干旱景观：凉季降水量较多，凉季气温较低，且有气旋雨。 (2) 副热带半干旱景观：夏季气温较低，冬季降水较多，能维持草类生长
	副热带季风气候景观	分布于副热带亚欧大陆东岸，约为北纬25°～35°之间。如我国秦岭、淮河以南，日本和朝鲜半岛南部	夏热冬温，四季分明，季风发达。最热月平均气温在22℃以上，最冷月平均气温在0～15℃左右，年降水量在750～1000mm以上，夏雨较集中。常绿阔叶林发育很好，自然景观表现为亚热带季风林
	副热带湿润气候景观	分布于南北美洲、非洲和澳大利亚大陆副热带东岸，约为南北纬25°～35°	冬夏温差比季风气候区小，降水的季节分配比季风气候区均匀。冬季温带气旋活动频繁，冬雨可占年降水总量的40%，自然景观表现为亚热带季风林

续表

气候景观类型（大类）	气候景观类型（中类）	分布地区	景观特征
中纬度气候景观	副热带夏干气候（地中海气候）景观	分布于南北纬30°～40°之间的大陆西岸。如地中海沿岸、加利福尼亚沿岸、智利中部沿岸、非洲和澳大利亚的南端	年降水量在300～1000mm左右。冬季气温比较暖和，最冷月平均气温在4～10℃左右。最热月平均气温在22℃以下，夏季凉爽多雾，日照不足且干燥少雨。植物树叶多革质化，植被以硬叶常绿灌木林为主
	温带海洋性气候景观	分布在纬度40°～60°的温带大陆西岸地带	冬暖夏凉，最冷月均温在0℃以上，最热月平均气温在22℃以下，气温年较差小，约在6～14℃左右。全年湿润有雨，冬雨较多。年降水量750～1000mm，迎风山地达2000mm以上
	温带季风气候景观	分布在北纬35°～55°的亚欧大陆东岸，包括我国的华北和东北，朝鲜半岛大部，日本北部及俄罗斯远东地区	冬季盛行偏北风，寒冷干燥，最冷月平均气温在0℃以下，南北气温差大。夏季温暖湿润，最热月平均气温在20℃以上，南北温差小。气温年较差比较大，全年降水量集中于夏季，年降水量500～600mm。天气的非周期性变化显著，冬季寒潮爆发时，气温在24小时内可下降10℃甚至20℃
	温带大陆性湿润气候景观	分布在亚欧大陆温带海洋性气候区的东侧，北美西经100°以东、北纬40°～60°之间的地区	冬季不太寒冷，冬雨稍多；夏季有对流雨但不集中。降水量较多，季节鲜明，天气变化剧烈。植被在偏南地区以夏绿阔叶林为主，北部为针阔叶混交林带
	温带干旱与半干旱气候景观	分布在北纬35°～50°的亚洲和北美洲大陆中心部分。可分为温带干旱气候景观和温带半干旱气候景观两个小类	（1）温带干旱气候景观：一般年降水量在250mm以下，植物种类异常贫乏，自然景观为各种荒漠。 （2）温带半干旱气候景观：年降水量约在250～500mm，植被为矮草草原
高纬度气候景观	副极地大陆性气候景观	分布在自北纬50°或55°到65°的连续带状地区	冬季漫长，一年中至少有9个月为冬季，冬温极低。暖季短促，夏平均气温在15℃以上。气温年较差特大。全年降水量甚少，集中于暖季降落，冬雪较少，但蒸发弱，融化慢，土壤冻结现象严重。植被表现为针叶林。沼泽分布很广
	极地苔原气候（极地长寒气候）景观	分布在北美洲和欧亚大陆的北部边缘、格陵兰沿海的一部分和北冰洋中的若干岛屿中	全年皆冬，一年中只有1～4个月，月平均气温在0～10℃。最热月平均气温在1～5℃左右。在7、8月份，夜间气温仍可降到0℃以下。降水量在200～300mm，沿岸多云雾。极昼、极夜现象已很明显。植被为苔藓、地衣及小灌木等，构成了苔原景观
	极地冰原气候景观	分布在格陵兰、南极大陆冰冻高原和北冰洋中靠近北极的若干岛屿上	全年严寒，各月平均气温皆在0℃以下，年平均气温全球最低。一年中有长时期的极昼、极夜现象。全年降水量小于250mm，皆为干雪，不会融化，长期累积，形成冰原
高地气候景观	高地气候景观	出现在约南纬55°～北纬70°之间的大陆高山高原地区，在北半球中纬度地区分布较广，南半球主要分布于安第斯山脉	高地气候景观具有明显的垂直带性。高山带随着高度增加，空气愈来愈稀薄，空气中的二氧化碳、水汽和微尘逐渐减少，气压降低，风力增大，日照增强，气温降低。降水量随高度而加大

资料来源：伍光和、田连恕、胡双熙等，自然地理学（第三版），高等教育出版社，北京，2000年

著名地质地貌及水体景观一览表　　　　　　　　　　　　　　　　　附表 2—2

分类		所在地	外国	中国
地质景观资源	各种岩性构造景观	花岗岩	落基山脉（北美）、白神山地（日本）	黄山（安徽）、华山（山西）、九华山（江西）、衡山（湖南）
		流纹岩	黄玉流纹岩（墨西哥中央高原）、美国黄石公园（美国）	雁荡山（浙江）、天目山（浙江）、虎丘（江苏）
		玄武岩	巨人之路（英国）	长白山（吉林）
		变质岩	艾尔斯巨石（澳大利亚）	泰山（山东）、嵩山（河南）、五台山（山西）
		砂岩	地浸砂岩型铀矿，主要产区：北美、中亚、澳大利亚、南非	丹霞山（广东）、武夷山（福建）、麦积山（湖北）、阿里山（台湾）、张家界砂岩峰林地质公园（湖南）
		石灰岩	尤利安山（意大利）、伊米托斯山（希腊）、弗兰克侏罗山（德国）	石林（云南）、独秀峰（广西）
	化石景观		艾伯塔省恐龙公园（加拿大）	恐龙化石点（四川）
	地层景观		波簇奥里城（意大利）	白云山公园（辽宁）
	地震灾变遗迹景观		庞培城（意大利）	唐山地震遗迹（河北）、海原地震遗迹（宁夏）
	土壤景观		乞力马扎罗国家公园（非洲）	天坛五色土（北京）
地貌景观资源	山岳峡谷景观	山地	安第斯山脉（南美）、落基山脉（北美）、高加索山（东欧）、阿尔卑斯山（西欧）、乞力马扎罗山（坦桑尼亚）、白神山地（日本）、乌拉尔山脉（俄罗斯）	黄山（安徽）、华山（山西）、衡山（湖南）、嵩山（河南）、天山（新疆）、喜玛拉雅山（西藏）、恒山（山西）、泰山（山东）、横断山脉（川滇两省西部及藏东）、秦岭（陕西）、昆仑山（青海）、武夷山（福建）、井冈山（江西）、峨眉山（四川）
		丘陵	中俄罗斯丘陵（俄罗斯）、摩尔多瓦丘陵（罗马尼亚）、哈萨克丘陵（哈萨克斯坦）	辽东丘陵、东南丘陵、山东丘陵、两广丘陵、川中丘陵
		平原	亚马孙平原（南美）、东欧平原（东欧）、恒河平原（印度）、北美大平原（北美）	祁连山北麓平原（甘肃）、华北平原、东北平原、长江中下游平原、松嫩平原（黑龙江）
		台地	阿拉伯台地（西亚）、卢布林台地（波兰）	广东雷州半岛、海南岛北部
		高原	巴西高原（巴西）、亚美尼亚高原（西亚）、中西伯利亚高原（俄罗斯）、东非高原（埃塞俄比亚）	青藏高原、云贵高原、黄土高原、内蒙古高原
		盆地	刚果盆地（刚果）、里海盆地（西亚）、乍得盆地（非洲）、巴黎盆地（法国）	塔里木盆地、准格尔盆地、柴达木盆地、四川盆地、吐鲁番盆地

所在地 分类		外国	中国
地貌景观资源	火山景观	富士山（日本）、圣海伦斯火山（美国）、尤耶亚科火山（智利）	五大连池（黑龙江）、湖光岩（广东）、大同火山群（山西）
	岩溶景观	喀斯特高原（南斯拉夫）、波斯托伊纳溶洞（斯洛文尼亚）	石林（云南）、桂林山水（广西）、黄龙洞（湖南）、七星岩（广东）
	海岸与岛礁景观	夏威夷群岛（美国）、千岛群岛（俄罗斯）、复活节岛（智利）、大堡礁（澳大利亚）、巨人之路（英国）、好望角（南非）、马来群岛（东南亚）	舟山群岛（浙江）、南沙群岛（海南）、万山群岛（广东）、澎湖列岛（台湾）、黑石礁（辽宁）、五虎礁（福建）
	干旱区景观	撒哈拉沙漠（北非）、澳大利亚沙漠（澳大利亚）、叙利亚沙漠（西亚）	塔克拉玛干沙漠（新疆）、塔里木沙漠（新疆）、戈壁沙漠（内蒙古）
	冰川景观	格陵兰冰盖（格陵兰）、麦克兰堡冰川地貌地质公园（德国）	绒布冰川（西藏）、含鄱岭冰川刃脊（江西）
水体景观资源	河流景观	尼罗河（非洲）、亚马孙河（南美）、密西西比河（美国）、多瑙河（西欧）、莱茵河（西欧）、印度河（印度）、幼发拉底河（西亚）、底格里斯河（西亚）	黄河、长江、黑龙江、珠江、西江、淮河、松花江、鸭绿江、雅鲁藏布江、闽江、海河、塔里木河、乌苏里江、额尔齐斯河
	湖泊景观	死海（西亚）、贝加尔湖（俄罗斯）、五大连湖（美国、加拿大）、里海（西亚）、格里芬湖（澳大利亚）、维多利亚湖（非洲）	洞庭湖（湖北）、鄱阳湖（江西）、太湖（江苏）、洪泽湖（江苏）、青海湖（青海）、喀纳斯湖（新疆）、西湖（浙江）、长白山天池（吉林）、
	瀑布景观	尼亚加拉瀑布（美国、加拿大）、维多利亚瀑布（赞比亚）、伊瓜苏瀑布（阿根廷、巴西）	黄果树瀑布（贵州）、黄河壶口瀑布（山西）、镜泊湖吊水楼瀑布（黑龙江）
	泉景观	老实泉（美国）、音羽瀑布（日本）	趵突泉（济南）、中泠泉（江苏）、虎跑泉（浙江）、惠山泉（江苏）、蝴蝶泉（云南）
	潮汐景观	帝汶海潮（澳大利亚）、朗斯潮汐（法国）	钱塘江大潮（浙江）

中国著名七泉一览表　　　　附表 2-3

称号	泉名	位置	说明
第一泉	冷泉	江苏镇江金山上	唐代文人刘伯把用于煮茶的水分为七等,冷泉水为第一,故称"天下第一泉"
第二泉	惠山泉	江苏无锡惠山公园内	唐代"茶神"陆羽为其题名"天下第二泉"。宋时曾为宫廷贡品
第三泉	虎跑泉	浙江杭州西湖大慈山下	相传二虎刨地作穴,泉水涌出,故名。因"龙井茶叶虎跑水"号称"双绝",被誉为"天下第三泉"
第四泉	陆羽泉	江西上饶广教寺内	相传为陆羽开,称为"天下第四泉"
第五泉	大明寺泉	江苏扬州瘦西湖内	清乾隆十六年修建,有"天下第五泉"题字
第六泉	招隐泉	江西庐山	陆羽曾在此品茶,将此泉收进《茶经》称为"天下第六泉"
第七泉	白乳泉	安徽怀远	因泉水色乳白,多含矿物质,煮茶清香,宋代文人苏东坡曾赋诗将此泉誉为"天下第七泉"

中国自然保护区名录

附表 2—4

（中国国家级自然保护区名录，截止到 2007 年 8 月为 306 个）

地区	省区	数量	国家级保护区名称
华北地区	北京	2	1. 松山国家级自然保护区 2. 百花山国家级自然保护区
	天津	3	1. 古海岸与湿地国家级自然保护区 2. 蓟县中、上元古界地层剖面国家级自然保护区 3. 八仙山国家级自然保护区
	山东	7	1. 马山国家级自然保护区 2. 黄河三角洲国家级自然保护区 3. 长岛国家级自然保护区 4. 山旺古生物化石国家级自然保护区 5. 滨州贝壳堤岛与湿地国家级自然保护区 6. 荣成大天鹅国家级自然保护区 7. 昆嵛山国家级自然保护区
	河北	10	1. 昌黎黄金海岸国家级自然保护区 2. 小五台山国家级自然保护区 3. 泥河湾国家级自然保护区 4. 大海坨国家级自然保护区 5. 雾灵山国家级自然保护区 6. 围场红松洼国家级自然保护区 7. 衡水湖国家级自然保护区 8. 柳江盆地地质遗迹国家级自然保护区 9. 塞罕坝国家级自然保护区 10. 茅荆坝国家级自然保护区
	河南	11	1. 黄河湿地国家级自然保护区 2. 豫北黄河故道湿地鸟类国家级自然保护区 3. 焦作太行山猕猴国家级自然保护区 4. 南阳恐龙蛋化石群国家级自然保护区 5. 伏牛山国家级自然保护区 6. 宝天曼国家级自然保护区 7. 鸡公山国家级自然保护区 8. 董寨国家级自然保护区 9. 连康山国家级自然保护区 10. 小秦岭国家级自然保护区 11. 丹江湿地国家级自然保护区
	山西	5	1. 阳城莽河猕猴国家级自然保护区 2. 芦芽山国家级自然保护区 3. 庞泉沟国家级自然保护区 4. 历山国家级自然保护区 5. 五鹿山国家级自然保护区
	陕西	9	1. 周至国家级自然保护区 2. 太白山国家级自然保护区 3. 长青国家级自然保护区 4. 佛坪国家级自然保护区 5. 牛背梁国家级自然保护区 6. 汉中朱鹮国家级自然保护区 7. 子午岭国家级自然保护区 8. 化龙山国家级自然保护区 9. 天华山国家级自然保护区

地区	省区	数量	国家级保护区名称
东北地区	辽宁	12	1．大连斑海豹国家级自然保护区 2．成山头海滨地貌国家级自然保护区 3．蛇岛－老铁山国家级自然保护区 4．仙人洞国家级自然保护区 5．桓仁老秃顶子国家级自然保护区 6．白石砬子国家级自然保护区 7．丹东鸭绿江口滨海湿地国家级自然保护区 8．医巫闾山国家级自然保护区 9．双台河口国家级自然保护区 10．北票鸟化石国家级自然保护区 11．努鲁儿虎山国家级自然保护区 12．海棠山国家级自然保护区
	吉林	12	1．伊通火山群国家级自然保护区 2．龙湾国家级自然保护区 3．鸭绿江上游国家级自然保护区 4．莫莫格国家级自然保护区 5．向海国家级自然保护区 6．天佛指山国家级自然保护区 7．长白山国家级自然保护区 8．大布苏国家级自然保护区 9．珲春东北虎国家级自然保护区 10．查干湖国家级自然保护区 11．雁鸣湖国家级自然保护区 12．哈泥国家级自然保护区
	黑龙江	19	1．扎龙国家级自然保护区 2．兴凯湖国家级自然保护区 3．宝清七星河国家级自然保护区 4．饶河东北黑蜂国家级自然保护区 5．丰林国家级自然保护区 6．凉水国家级自然保护区 7．三江国家级自然保护区 8．洪河国家级自然保护区 9．八岔岛国家级自然保护区 10．挠力河国家级自然保护区 11．牡丹峰国家级自然保护区 12．五大连池国家级自然保护区 13．呼中国家级自然保护区 14．南瓮河国家级自然保护区 15．凤凰山国家级自然保护区 16．乌伊岭国家级自然保护区 17．胜山国家级自然保护区 18．双河国家级自然保护区 19．东方红湿地国家级自然保护区

地区	省区	数量	国家级保护区名称
华中地区	上海	2	1. 九段沙湿地国家级自然保护区 2. 崇明东滩鸟类国家级自然保护区
	江苏	3	1. 盐城沿海滩涂珍禽国家级自然保护区 2. 大丰麋鹿国家级自然保护区 3. 泗洪洪泽湖湿地国家级自然保护区
	浙江	9	1. 清凉峰国家级自然保护区 2. 天目山国家级自然保护区 3. 南麂列岛海洋国家级自然保护区 4. 乌岩岭国家级自然保护区 5. 大盘山国家级自然保护区 6. 古田山国家级自然保护区 7. 凤阳山－百山祖国家级自然保护区 8. 九龙山国家级自然保护区 9. 长兴地质遗迹国家级自然保护区
	安徽	6	1. 鹞落坪国家级自然保护区 2. 古牛绛国家级自然保护区 3. 扬子鳄国家级自然保护区 4. 金寨天马国家级自然保护区 5. 升金湖国家级自然保护区 6. 铜陵淡水豚国家级自然保护区
	江西	7	1. 鄱阳湖候鸟国家级自然保护区 2. 桃红岭梅花鹿国家级自然保护区 3. 九连山国家级自然保护区 4. 江西武夷山国家级自然保护区 5. 井冈山国家级自然保护区 6. 官山国家级自然保护区 7. 马头山国家级自然保护区
	湖北	10	1. 青龙山恐龙蛋化石群国家级自然保护区 2. 神农架国家级自然保护区 3. 五峰后河国家级自然保护区 4. 石首麋鹿国家级自然保护区 5. 长江天鹅洲白鱀豚国家级自然保护区 6. 长江新螺段白鱀豚国家级自然保护区 7. 星斗山国家级自然保护区 8. 九宫山国家级自然保护区 9. 七姊妹山国家级自然保护区 10. 洪湖湿地国家级自然保护区

地区	省区	数量	国家级保护区名称
华中地区	湖南	15	1．炎陵桃源洞国家级自然保护区 2．东洞庭湖国家级自然保护区 3．壶瓶山国家级自然保护区 4．张家界大鲵国家级自然保护区 5．八大公山国家级自然保护区 6．莽山国家级自然保护区 7．永州都庞岭国家级自然保护区 8．小溪国家级自然保护区 9．黄桑国家级自然保护区 10．乌云界国家级自然保护区 11．鹰嘴界国家级自然保护区 12．南岳衡山国家级自然保护区 13．借母溪国家级自然保护区 14．阳明山国家级自然保护区 15．八面山国家级自然保护区
	重庆	4	1．缙云山国家级自然保护区 2．大巴山国家级自然保护区 3．长江上游珍稀、特有鱼类国家级自然保护区 * 4．金佛山国家级自然保护区
	四川	22	1．龙溪－虹口国家级自然保护区 2．白水河国家级自然保护区 3．攀枝花苏铁国家级自然保护区 4．画稿溪国家级自然保护区 5．王朗国家级自然保护区 6．唐家河国家级自然保护区 7．马边大风顶国家级自然保护区 8．长宁竹海国家级自然保护区 9．蜂桶寨国家级自然保护区 10．卧龙国家级自然保护区 11．九寨沟国家级自然保护区 12．小金四姑娘山国家级自然保护区 13．若尔盖湿地国家级自然保护区 14．贡嘎山国家级自然保护区 15．察青松多白唇鹿国家级自然保护区 16．亚丁国家级自然保护区 17．美姑大风顶国家级自然保护区 18．长江上游珍稀、特有鱼类国家级自然保护区 * 19．米仓山国家级自然保护区 20．雪宝顶国家级自然保护区 21．花萼山国家级自然保护区 22．海子山国家级自然保护区

续表

地区	省区	数量	国家级保护区名称
华南地区	福建	12	1．厦门珍稀海洋物种国家级自然保护区 2．将乐龙栖山国家级自然保护区 3．天宝岩国家级自然保护区 4．深沪湾海底古森林遗迹国家级自然保护区 5．漳江口红树林国家级自然保护区 6．虎伯寮国家级自然保护区 7．武夷山国家级自然保护区 8．梁野山国家级自然保护区 9．梅花山国家级自然保护区 10．戴云山国家级自然保护区 11．闽江源国家级自然保护区 12．君子峰国家级自然保护区
	广东	11	1．南岭国家级自然保护区 2．车八岭国家级自然保护区 3．丹霞山国家级自然保护区 4．内伶仃岛－福田国家级自然保护区 5．珠江口中华白海豚国家级自然保护区 6．湛江红树林国家级自然保护区 7．鼎湖山国家级自然保护区 8．像头山国家级自然保护区 9．惠东港口海龟国家级自然保护区 10．徐闻珊瑚礁国家级自然保护区 11．雷州珍稀水生动物国家级自然保护区
	广西	15	1．大明山国家级自然保护区 2．花坪国家级自然保护区 3．猫儿山国家级自然保护区 4．山口红树林生态国家级自然保护区 5．合浦营盘港－英罗港儒艮国家级自然保护区 6．北仑河口国家级自然保护区 7．防城金花茶国家级自然保护区 8．十万大山国家级自然保护区 9．弄岗国家级自然保护区 10．大瑶山国家级自然保护区 11．木论国家级自然保护区 12．千家洞国家级自然保护区 13．岑王老山国家级自然保护区 14．九万山国家级自然保护区 15．金钟山黑颈长尾雉国家级自然保护区
	海南	9	1．三亚珊瑚礁国家级自然保护区 2．东寨港国家级自然保护区 3．铜鼓岭国家级自然保护区 4．大洲岛海洋生态国家级自然保护区 5．大田国家级自然保护区 6．尖峰岭国家级自然保护区 7．五指山国家级自然保护区 8．坝王岭国家级自然保护区 9．吊罗山国家级自然保护区

地区	省区	数量	国家级保护区名称
西南地区	贵州	9	1. 习水中亚热带常绿阔叶林国家级自然保护区 2. 赤水桫椤国家级自然保护区 3. 梵净山国家级自然保护区 4. 麻阳河国家级自然保护区 5. 长江上游珍稀、特有鱼类国家级自然保护区 * 6. 草海国家级自然保护区 7. 雷公山国家级自然保护区 8. 茂兰国家级自然保护区 9. 宽阔水国家级自然保护区
	云南	17	1. 哀牢山国家级自然保护区 2. 高黎贡山国家级自然保护区 3. 大山包黑颈鹤国家级自然保护区 4. 大围山国家级自然保护区 5. 金平分水岭国家级自然保护区 6. 黄连山国家级自然保护区 7. 文山国家级自然保护区 8. 无量山国家级自然保护区 9. 西双版纳国家级自然保护区 10. 西双版纳纳版河流域国家级自然保护区 11. 苍山洱海国家级自然保护区 12. 白马雪山国家级自然保护区 13. 南滚河国家级自然保护区 14. 长江上游珍稀、特有鱼类国家级自然保护区 * 15. 药山国家级自然保护区 16. 会泽黑颈鹤国家级自然保护区 17. 永德大雪山国家级自然保护区
	青海	5	1. 循化孟达国家级自然保护区 2. 青海湖国家级自然保护区 3. 可可西里国家级自然保护区 4. 隆宝国家级自然保护区 5. 三江源国家级自然保护区
	西藏	9	1. 雅鲁藏布江中游河谷黑颈鹤国家级自然保护区 2. 芒康滇金丝猴国家级自然保护区 3. 珠穆朗玛峰国家级自然保护区 4. 色林错国家级自然保护区 5. 羌塘国家级自然保护区 6. 雅鲁藏布大峡谷国家级自然保护区 7. 察隅慈巴沟国家级自然保护区 8. 拉鲁湿地国家级自然保护区 9. 类乌齐马鹿国家级自然保护区
西北地区	甘肃	13	1. 兴隆山国家级自然保护区 2. 祁连山国家级自然保护区 3. 敦煌西湖国家级自然保护区 4. 安西极旱荒漠国家级自然保护区 5. 民勤连古城国家级自然保护区 6. 白水江国家级自然保护区

地区	省区	数量	国家级保护区名称
西北地区	甘肃	13	7. 莲花山国家级自然保护区 8. 尕海－则岔国家级自然保护区 9. 太统－崆峒山国家级自然保护区 10. 连城国家级自然保护区 11. 小陇山国家级自然保护区 12. 盐池湾国家级自然保护区 13. 安南坝野骆驼国家级自然保护区
	宁夏	6	1. 贺兰山国家级自然保护区 2. 沙坡头国家级自然保护区 3. 罗山国家级自然保护区 4. 灵武白芨滩国家级自然保护区 5. 六盘山国家级自然保护区 6. 哈巴湖国家级自然保护区
	内蒙古	23	1. 赛罕乌拉国家级自然保护区 2. 达里诺尔国家级自然保护区 3. 白音熬包国家级自然保护区 4. 黑里河国家级自然保护区 5. 大黑山国家级自然保护区 6. 大兴安岭汗马国家级自然保护区 7. 红花尔基樟子松林国家级自然保护区 8. 辉河国家级自然保护区 9. 达赉湖国家级自然保护区 10. 科尔沁国家级自然保护区 11. 图牧吉国家级自然保护区 12. 大青沟国家级自然保护区 13. 锡林郭勒草原国家级自然保护区 14. 鄂尔多斯遗鸥国家级自然保护区 15. 西鄂尔多斯国家级自然保护区 16. 乌拉特梭梭林－蒙古野驴国家级自然保护区 17. 贺兰山国家级自然保护区 18. 额济纳胡杨林国家级自然保护区 19. 阿鲁科尔沁草原国家级自然保护区 20. 哈腾套海国家级自然保护区 21. 额尔古纳国家级自然保护区 22. 鄂托克恐龙遗迹化石国家级自然保护区 23. 大青山国家级自然保护区
	新疆	9	1. 阿尔金山国家级自然保护区 2. 罗布泊野骆驼国家级自然保护区 3. 巴音布鲁克国家级自然保护区 4. 托木尔峰国家级自然保护区 5. 西天山国家级自然保护区 6. 甘家湖梭梭林国家级自然保护区 7. 哈纳斯国家级自然保护区 8. 塔里木胡杨国家级自然保护区 9. 艾比湖湿地国家级自然保护区

注：标"*"者，为跨省（区、市）国家级自然保护区。

资料来源：

1. 国家环境保护总局自然生态保护司. 中国自然保护区名录. 北京：中国环境科学出版社. 1998 年 11 月第 1 版
2. 中国自然保护区网（http://www.nre.cn/）

中国国家级风景名胜区名录　　　　　　　　　　　　　　　　附表 2—5

国务院分别于 1982 年、1988 年、1994 年、2002 年和 2004 年先后公布了五批国家级风景名胜区。

第一批国家重点风景名胜区（共 44 处，1982 年审定公布）　　　附表 2—5—1

北京八达岭—十三陵风景名胜区	河北承德避暑山庄—外八庙风景名胜区	秦皇岛北戴河风景名胜区
山西五台山风景名胜区	山西恒山风景名胜区	辽宁鞍山千山风景名胜区
黑龙江镜泊湖风景名胜区	黑龙江五大连池风景名胜区	江苏太湖风景名胜区
南京钟山风景名胜区	杭州西湖风景名胜区	富春江—新安江风景名胜区
浙江雁荡山风景名胜区	浙江普陀山风景名胜区	安徽黄山风景名胜区
安徽九华山风景名胜区	安徽天柱山风景名胜区	福建武夷山风景名胜区
江西庐山风景名胜区	江西井冈山风景名胜区	山东泰山风景名胜区
青岛崂山风景名胜区	河南鸡公山风景名胜区	洛阳龙门风景名胜区
河南嵩山风景名胜区	武汉东湖风景名胜区	湖北武当山风景名胜区
湖南衡山风景名胜区	广东肇庆星湖风景名胜区	桂林漓江风景名胜区
四川峨眉山风景名胜区	长江三峡风景名胜区	四川黄龙寺—九寨沟风景名胜区
重庆缙云山风景名胜区	四川青城山—都江堰风景名胜区	四川剑门蜀道风景名胜区
贵州黄果树风景名胜区	云南路南石林风景名胜区	云南大理风景名胜区
云南西双版纳风景名胜区	陕西华山风景名胜区	陕西临潼骊山风景名胜区
甘肃麦积山风景名胜区	新疆天山天池风景名胜区	

第二批国家级风景名胜区（共 40 处，1988 年审定公布）　　　附表 2—5—2

河北野三坡风景名胜区	河北苍岩山风景名胜区	黄河壶口瀑布风景名胜区
辽宁鸭绿江风景名胜区	金石滩风景名胜区	兴城海滨风景名胜区
大连海滨—旅顺口风景名胜区	吉林松花湖风景名胜区	吉林"八大部"—净月潭风景名胜区
江苏云台山风景名胜区	江苏蜀岗瘦西湖风景名胜区	浙江天台山风景名胜区
浙江嵊泗列岛风景名胜区	浙江楠溪江风景名胜区	安徽琅琊山风景名胜区
福建清源山风景名胜区	福建鼓浪屿—万石山风景名胜区	福建太姥山风景名胜区
江西三清山风景名胜区	江西龙虎山风景名胜区	山东胶东半岛海滨风景名胜区
湖北大洪山风景名胜区	湖南武陵源风景名胜区	湖南岳阳楼洞庭湖风景名胜区
广东西樵山风景名胜区	广东丹霞山风景名胜区	广西桂平西山风景名胜区
广西花山风景名胜区	四川贡嘎山风景名胜区	四川金佛山风景名胜区
四川蜀南竹海风景名胜区	贵州织金洞风景名胜区	贵州潕阳河风景名胜区
贵州红枫湖风景名胜区	贵州龙宫风景名胜区	云南三江并流风景名胜区
昆明滇池风景名胜区	云南丽江玉龙雪山风景名胜区	西藏雅砻河风景名胜区
宁夏西夏王陵风景名胜区		

第三批国家重点风景名胜区（共 35 处，1994 年 1 月 10 日审定公布）　　　附表 2-5-3

天津市盘山风景名胜区	河北省嶂石岩风景名胜区	山西省北武当山风景名胜区
山西省五老峰风景名胜区	辽宁省凤凰山风景名胜区	辽宁省本溪水洞风景名胜区
浙江省莫干山风景名胜区	浙江省雪窦山风景名胜区	浙江省双龙风景名胜区
浙江省仙都风景名胜区	安徽省齐云山风景名胜区	福建省桃源洞—鳞隐石林风景名胜区
福建省金湖风景名胜区	福建省鸳鸯溪风景名胜区	福建省海坛风景名胜区
福建省冠豸山风景名胜区	河南省王屋山—云台山风景名胜区	湖北省隆中风景名胜区
湖北省九宫山风景名胜区	湖南省韶山风景名胜区	海南省三亚热带海滨风景名胜区
四川省西岭雪山风景名胜区	四川省四面山风景名胜区	四川省四姑娘山风景名胜区
贵州省荔波樟江风景名胜区	贵州省赤水风景名胜区	贵州省马岭河峡谷风景名胜区
云南省腾冲地热火山风景名胜区	云南省瑞丽江—大盈江风景名胜区	云南省九乡风景名胜区
云南省建水风景名胜区	陕西省宝鸡天台山风景名胜区	甘肃省崆峒山风景名胜区
甘肃省鸣沙山—月牙泉风景名胜区	青海省青海湖风景名胜区	

第四批国家重点风景名胜区（共 32 处，2002 年 5 月审定公布）　　　附表 2-5-4

北京市石花洞风景名胜区	河北省西柏坡—天桂山风景名胜区	河北省崆山白云洞风景名胜区
内蒙古自治区扎兰屯风景名胜区	辽宁省青山沟风景名胜区	辽宁省医巫闾山风景名胜区
吉林省仙景台风景名胜区	吉林省防川风景名胜区	浙江省江郎山风景名胜区
浙江省仙居风景名胜区	浙江省浣江—五泄风景名胜区	安徽省采石风景名胜区
安徽省巢湖风景名胜区	安徽省花山谜窟—渐江风景名胜区	福建省鼓山风景名胜区
福建省玉华洞风景名胜区	江西省仙女湖风景名胜区	江西省三百山风景名胜区
山东省博山风景名胜区	山东省青州风景名胜区	河南省石人山风景名胜区
湖北省陆水风景名胜区	湖南省岳麓风景名胜区	湖南省崀山风景名胜区
广东省白云山风景名胜区	广东省惠州西湖风景名胜区	重庆市芙蓉江风景名胜区
四川省石海洞乡风景名胜区	四川邛海—螺髻山风景名胜区	陕西省黄帝陵风景名胜区
新疆维吾尔自治区库木塔格沙漠风景名胜区	新疆维吾尔自治区博斯腾湖风景名胜区	

第五批国家重点风景名胜区 附表 2—5—5

（2004 年 2 月审定公布 26 处）

江苏省三山风景名胜区	浙江省方岩风景名胜区	浙江省百丈漈—飞云湖风景名胜区
安徽省太极洞风景名胜区	福建省十八重溪风景名胜区	福建省青云山风景名胜区
江西省梅岭—滕王阁风景名胜区	江西省龟峰风景名胜区	河南省林虑山风景名胜区
湖南省猛洞河风景名胜区	湖南省桃花源风景名胜区	广东省罗浮山风景名胜区
广东省湖光岩风景名胜区	重庆市天坑地缝风景名胜区	四川省白龙湖风景名胜区
四川省光雾山—诺水河风景名胜区	浙江省天台山风景名胜区	四川省龙门山风景名胜区
贵州省都匀斗篷山—剑江风景名胜区	贵州省九洞天风景名胜区	贵州省九龙洞风景名胜区
贵州省黎平侗乡风景名胜区	云南省普者黑风景名胜区	云南省阿庐风景名胜区
陕西省合阳洽川风景名胜区	新疆赛里木湖风景名胜区	

（2005 年 12 月审定公布 10 处）

浙江省方山—长屿硐天风景名胜区	安徽省花亭湖风景名胜区	江西省高岭—瑶里风景名胜区
江西省武功山风景名胜区	江西省云居山—柘林湖风景名胜区	河南省青天河风景名胜区
河南省神农山风景名胜区	湖南省紫鹊界梯田—梅山龙宫风景名胜区	湖南省德夯风景名胜区
贵州省紫云格凸河穿洞风景名胜区		

资料来源：
1．王早生主编．中国风景名胜区．北京：中国建筑工业出版社．2006 年 1 月第 1 版
2．中国国家风景名胜区网（http://www.cnnp.org）

中国著名的八大菜系一览表 附表 2—6

菜系地域	简称	菜品特色
山东菜系	鲁菜	鲁菜讲究调味纯正，内地以咸鲜为主，沿海以鲜咸为特色，具有鲜、嫩、香、脆的特色。十分讲究清汤和奶汤的调制，善于以葱香调味。烹制海鲜有独到之处
四川菜系	川菜	以用料广博、味道多样、菜肴适应面广而著称。尤以麻辣、鱼香、怪味等味型独擅其长。烹调手法上擅长小炒、小煎、干烧、干煸
江苏菜系	苏菜	用料广泛，以江河湖海水鲜为主，刀工精细，烹调方法多样，擅长炖、焖、煨、燠，追求本味，清鲜平和；菜品风格雅丽，形质均美
浙江菜系	浙菜	菜式小巧玲珑，清俊逸秀，菜品鲜美滑嫩，脆软清爽。运用香糟调味。常用烹调技法有 30 多种，注重煨、焖、烩、炖等
广东菜系	粤菜	用料广泛，选料精细，技艺精良，善于变化。口味上以爽、脆、鲜、嫩为特色。讲究清而不淡，鲜而不俗，脆嫩不生，油而不腻
湖南菜系	湘菜	讲究菜肴内涵的精当和外形的美观，重视原料搭配，滋味互相渗透。湘菜调味尤重酸辣。烹饪技法：湘菜早在西汉初期就有羹、炙、脍、濯、熬、腊、濡、脯、菹等多种技艺，现在技艺更精湛的则是煨
福建菜系	闽菜	烹饪原料以海鲜和山珍为主，刀工巧妙，一切服从于味；汤菜考究，变化无穷；烹调细腻，特别注意调味
安徽菜系	徽菜	清雅纯朴、原汁原味、酥嫩香鲜、浓淡适宜，选料严谨、火工独到、讲究食补、注重本味、菜式多样。烹饪技法：滑烧、清炖和生熏法

中国各地主要传统民居一览表　　　　　　　　　　　　附表 2—7

民居名称	民居特色	主要分布地区
四合院	布局常为"一正两厢"，正房在全宅的中轴线上，两侧设厢房，院子是交通、采光、通风、活动的枢纽，大门多设在东南角上，象征风水八卦上的"巽门"方位。	北京、河北
东北长白山地区井干式民居	选址于背风向阳的平坦地段，一般都是六七户聚居而成一个小村落，各户之间排列松散、不整齐。	黑龙江、吉林、辽宁
山西民居	以土坯大砖为建材，常为瓦房，布局一般以三间为主，院墙和房屋形成四合院，院墙大门和房顶都建有独特的装饰。	山西
窑洞	一般宽 3 米、深 5～20 米，建在 3～5 米深的黄土覆盖下，室温稳定，冬暖夏凉，有单独沿崖式窑洞（土窑）、土坯或砖石的拱式复土窑洞以及天井地院落式三种形式。	陕西、宁夏、甘肃、山西、河南
四川民居	采用全楔式木结构建造，随地势而筑，以石下基础，以木制梁、楔、柱、椽，以竹隔墙夹楼，以砖或土，石砌墙，以草、瓦盖顶，空间丰富多变，造型空透轻盈、色彩清明素雅，城镇房常为一楼一底，下层开店或日常活动，上层作卧室。	四川
江苏民居	民居大都散列在流水萦坏的隙地上，临河依水而建，住房布局紧凑，房层高、墙身薄、出檐深、门窗高大，利于通风，外观朴素。	江苏
徽州民居	平面多是方形，建筑为 2 层楼，以三合院、四合院为基本单位。一般正屋较长，侧面厢房开间狭窄，进深亦浅。廊屋仅是联系的过道，内置楼梯。由于建筑密集，中间的天井很小。民居四周多用高墙封闭，有时露出屋顶。屋顶作硬山式，封火山墙形式丰富多变。	安徽
湖南民居	平面多为前后两个一明两暗的三间房组成，中为内院，植以花木，房屋空间高，设有阁楼，建筑造型均衡简洁；青瓦粉墙，墙内设有风火墙，背山面水，环境优美。	湖南
蒙古包（毡包）	牧民居住的帐篷，一般为圆形，用柳条做骨架，外侧包羊毛毡，顶部中央支起的圆形天窗，可移动。	内蒙古
马架房	吉林省蒙古族农民住宅，在山墙开山，平面近方形，上部用椭圆顶，用泥壁，不做基础，四面皆土坯墙围绕，房屋寿命短。	吉林
青海民居	前房为高台阶平房，大门凹进，左右两扇窗户形式各异。后院的房屋为一楼一底，楼上有凸出的明式走廊。	青海
维吾尔族民居	维吾尔族民居以土坯建筑为主，多为带有地下室的单层或双层拱式平顶，住宅分前后院，后院是饲养牲畜和积肥的场地，前院为生活起居的主要空间，院中引进渠水，内有用土块砌成的拱式小梯通至屋顶，梯下可存物，空间很紧凑。	新疆

民居名称	民居特色	主要分布地区
"阿以旺式"民居	"阿以旺"式民居,房屋连成一片,庭院在四周,平面布局灵活,前室称称夏室,开天窗,有起居会客等多种功能,后室称冬室,做卧室,一般不开窗。	新疆
回族民居	以土为建材,院墙、屋墙均用泥土而筑,土墙上加有一定民族风格的装饰,单面房檐。	宁夏
傣族竹楼、干栏式建筑	分上、下两层,上层住人距离地面2.5m左右,以木桩或青竹为柱。下层无墙,用以饲养牲畜及堆放杂物,屋顶为双斜面呈人字型,室内用竹墙隔开,内间卧室,外间客室。	云南、广西、贵州、
碉楼	以石材建墙,以木材做梁、柱和椽子,平屋顶,木梁、柱子上有鲜艳的色彩,窗上装玻璃。	西藏、青海、广东
客家土楼	常用多层环形房屋相套、房间达数百间,底层作厨房及杂用间,二层储粮、三层以上住人,对外可防御、抗台风、外观坚实雄伟。	福建、广东
骑楼	一般分楼顶、楼身、骑楼,它是西方古代建筑与中国南方传统文化相结合演变而成的建筑形式,可避风雨防日晒,商业实用性突出,楼下做商铺,楼上住人。	广东、广西、海南
皖南民居	以三合院或四合院为基本单位的内向合院,四周高墙围护,多为2层楼房,青瓦、白墙。	安徽
"石库门"房子	上海旧住宅,成排布置,互相毗连,户内布局紧凑,高2～3层,青瓦坡屋顶,有小型晒台,建筑正面、墙头、大门等作简单的装饰。	上海
台湾民居	基本形态是三合院、四合院,屋顶前后坡落水。	台湾
吊脚楼	属于干栏式建筑,但与一般干栏不同,正屋建在实地上,厢房除一边靠在实地和正房相连,其余三边皆悬空,靠柱子支撑,所以称吊脚楼为半干栏式建筑。多依山就势而建,呈虎坐形。讲究朝向,或坐西向东,或坐东向西。	湘西、四川
一颗印	由正房、耳房(厢房)和入口门墙围合成正方如印的外观,俗称"一颗印",又叫窨子屋。	云南
关中民居	以木构架、土坯墙、夯土墙为主要材料的单层坡顶建筑为主。	陕西、山西

资料来源:陆元鼎编.中国民居建筑(上、中、下卷).广州:华南理工大学出版社.2003年11月第1版

世界著名园林一览表

区域	时期	园林	所在地	修建时间
外国	古代时期	克里特 · 克诺索斯宫苑	希腊克里特岛	公元前 16 世纪
		卡纳克阿蒙太阳神庙	埃及	公元前 14 世纪
		"空中花园"	伊拉克巴格达	公元前 6 世纪
		哈德良宫苑	罗马蒂沃里	118 ～ 138 年
	中世纪	毛越寺庭园	日本岩手县	850 年
		劳伦替诺姆别墅园	罗马	公元 1 世纪
		阿尔罕布拉宫苑	西班牙	1238 ～ 1358 年
		西芳寺庭园	日本京都市	14 世纪上半叶
		金阁寺庭园	日本	1397 年
	欧洲文艺复兴时期	波波里庄园	意大利佛罗伦萨	14 世纪
		兰特别墅园	罗马巴格内亚村	14 ～ 15 世纪
		银阁寺庭园	日本	1436 ～ 1490 年
		大德寺大仙院	日本	15 世纪
		龙安寺石庭	日本	15 世纪
		卡斯特洛别墅园	意大利	1537 年
		爱斯特别墅园	意大利罗马蒂沃里	1549 年
		埃斯库里阿尔宫庭园	西班牙	1563 ～ 1584 年
		枫丹白露园	法国	16 世纪上半叶
		伊斯法罕园林	波斯	16 世纪
		汉普顿秘园、池园	英国	16 世纪
		泰姬陵	印度	1632 ～ 1654 年
		拉合尔夏利玛园	印度	1643 年
		波维斯城堡园	英国	17 世纪
	欧洲勒 · 诺特时期	凡尔赛宫	法国巴黎	17 世纪
		吐洛里花园	法国	17 世纪
		马里宫苑	法国	17 世纪
		维康宫	法国巴黎	17 世纪
		贝鲁维德宫苑	奥地利	17 世纪
		汉普顿宫苑	英国	17 世纪
		桂离宫	日本京都	1620 年
		德洛特宁尔姆园	瑞典	1661 年
		圣 · 詹姆斯园	英国	1678 年
		彼得霍夫园	俄罗斯	1715 年
		尼慕芬堡	德国	1715 年
		拉 · 格然加宫苑	西班牙	1720 年

区域	时期	园林	所在地	修建时间
外国	欧洲勒·诺特时期	无忧宫苑	德国	1745 年
		申布隆宫苑	奥地利	1750 年
		卡塞塔宫苑	意大利	1752 年
		夏宫	俄罗斯	18 世纪
	自然风景式时期	峨麦农维尔园	法国	1586 ~ 1610 年
		查兹沃思园	英国	17 世纪
		斯陀园	英国	18 世纪上半叶
		奇斯威克园	英国	18 世纪中叶
		叩园	英国	18 世纪中叶
		蒙梭园	法国	1776 年
		沃利兹园	德国	1780 年
		穆斯考园	德国	18 世纪下半叶 ~ 19 世纪初
		赖伯润特园	西班牙	1821 ~ 1845 年
	现代公园时期	摄政公园	英国	1812 年
		纽约中央公园	美国纽约	1857 年
		温桑和波龙涅林苑	法国	1871 年
		富兰克林公园	美国	1886 年
		拉维莱特公园	法国	1987 年
		桂芦公园	西班牙	1914 年
中国	皇家园林	北京西苑	北京	1153 ~ 1651 年
		故宫御花园	北京	1417 ~ 1435 年
		颐和园	北京海淀区	1750 ~ 1765 年
		北海公园	北京西城区	1757 ~ 1885 年
		景山公园	北京	13 世纪中叶
		华清池	陕西临潼	唐代建华清宫，1959 年重建
		承德避暑山庄	河北承德	1704 ~ 1790 年
	坛庙园林	天坛／地坛	北京	1420 年
		日坛／月坛	北京	1530 年
		社稷坛（中山公园）	北京	1420 年
		三孔（孔府、孔林、孔庙）	山东曲阜	公元前 479 ~ 478 年
	寺观园林	潭柘寺帝王庙	北京	明代嘉靖年间
		戒台寺	北京	唐武德五年（622 年）
		金山寺	江苏镇江	东晋
		栖霞寺	江苏南京	南齐永明七年（489 年）
		灵古寺	江苏南京	514 年

区域	时期	园林	所在地	修建时间
中国	寺观园林	寒山寺	江苏苏州	公元 502～519 年
		灵隐寺	浙江杭州	东晋咸和元年（公元 326 年）
		古刹南普陀寺	福建	唐代
		伏龙观	四川都江堰	11 世纪
		悬空寺	山西	北魏后期
		塔尔寺	青海	1379 年
		大昭寺	西藏	始建于 7 世纪吐蕃王朝的鼎盛时期
	陵园	明十三陵	北京	15～17 世纪
		炎帝陵	陕西	宋太祖乾德五年建庙
		黄帝陵	陕西	汉代
		禹陵	浙江绍兴	夏代
		北陵（昭陵）	辽宁沈阳	唐代
		东陵（福陵）	辽宁沈阳	1629 年
		宋陵	河南常县	960～1127 年
		成吉思汗陵	内蒙古	
		乾陵	陕西	684 年
	私家园林	恭王府（萃锦园）	北京	1777 年
		香山双清	北京	1186 年
		十笏园	山东潍坊	明朝
		沧浪亭	江苏苏州	1045 年
		狮子林	江苏苏州	1342 年
		拙政园	江苏苏州	1509 年
		留园	江苏苏州	16 世纪末
		网狮园	江苏苏州	南宋
		耦园	江苏苏州	清光绪年间
		退思园	江苏苏州	清光绪年间
		寄畅园	江苏无锡	17 世纪末
		何园	江苏扬州	19 世纪
		个园	江苏扬州	清代嘉庆年间
		太平天国王府西花园	江苏南京	始建于明代
		豫园	上海	1559～1577 年
		兰亭园	浙江绍兴	公元 4 世纪
		清晖园	广东顺德	1607 年
		梁园	广东佛山	1796～1850 年
		可园	广东东莞	1850～1853 年
		余荫山房	广东番禺	1866 年

续表

区域	时期	园林	所在地	修建时间
中国	风景名胜	西湖	浙江杭州	唐宋时期
		绍兴东湖	浙江绍兴	秦朝得名，清代建园
		瘦西湖	江苏扬州	1765 年
		翠湖	云南昆明	明代
		七星岩	广东肇庆	
		崇圣寺三塔	云南大理	初建于南诏丰佑年间（824～859 年）
		黑龙潭	云南大理	
		洱海	云南大理	

资料来源：

1．张祖刚．世界园林发展概论：走向自然的世界园林史图说 [M]．北京：中国建筑工业出版社．2003 年 02 月第 1 版

2．寒悦主编．中国古典园林 [M]．北京：中国科学技术出版社．1999 年 4 月第 1 版

世界主要古人类遗址一览表　　　　　附表 2—9

区域	遗址名称	所在地	遗址年代
外国	克罗马山洞	法国多尔多涅省	3 万年前的石器时代
	库彼福勒古人类遗址	肯尼亚图尔卡纳湖东岸库彼福勒区	200 万年前的石器时代
中国	安徽繁昌人字洞	安徽繁昌县城西南孙村镇	200～240 万年年前的早更新世早期
	"巫山人"遗址	重庆市巫山县庙宇镇	200 万年前的石器时代
	沂源猿人遗址	山东沂源县	40～50 万年的旧石器时代
	南京人化石地点	江苏南京市江宁县汤山镇	35 万年前旧石器时代
	盘县大洞遗址	贵州盘县珠东乡十里坪村	30 万年前的更新世洞穴和旧石器时期
	营口石棚群	辽宁大石桥市官屯镇石棚峪村及盖州市二台乡	28 万年的新石器时代晚期和铜器时代
	金牛山猿人洞穴遗址	辽宁大石桥市永安乡西田屯村	26 万年的旧石器时代
	枣子坪遗址	四川丰都县三合镇新湾村	5～10 万年前的旧石器时代
	洋安渡遗址	重庆奉节县永乐镇安渡村	距今 10～5 万年的旧石器时代
	井水湾遗址	四川丰都县长江右岸三合镇新湾村	7 万年前的旧石器时代
	穿洞古人类遗址	安顺普定县	5 万年前新石器时代
	若羌县东昆仑古人类遗迹	新疆库鲁克皮提勒克塔格山	1～5 万年前的石器时代
	山顶洞人遗址	北京市周口店村龙骨山	1～3 万年前的石器时代
	甑皮岩古人类遗址	广西桂林市	7000～12000 年前的新石器时代
	楠木园古人类遗迹	四川巴东县官渡口镇楠木园村	7000 年前
	龙虬庄遗址	江苏高邮	5000～7000 年前

世界主要古城遗址、古建筑及广场一览表

分类		名称	所在地	修建时间
外国	古城遗址	玛雅古迹	墨西哥奇琴伊察	514 年
		科潘古城	墨西哥尤卡坦半岛	公元前 2 世纪
		特奥蒂瓦坎古城	墨西哥	公元前 4 世纪
		印加遗址	秘鲁马丘比丘	15 世纪
		昌昌古城	秘鲁	11 世纪
		蒂卡尔古城	危地马拉	公元前 10 世纪～13 世纪
		佩特拉城	约旦南部	公元前 6 世纪
		亚述古城	伊拉克	公元前 30 世纪
		巴比伦遗址	伊拉克	公元前 18 世纪
		萨那古城	也门	公元前 4 世纪
		波斯波利斯	伊朗	公元前 6 世纪
		吴哥窟	柬埔寨东北部	12 世纪
		艾菲索斯古城	土耳其	公元前 10 世纪
		特洛伊古城	土耳其西沙里克	公元前 8 世纪
		庞贝古城	意大利西南海岸	公元前 10 世纪
		克诺萨斯古城	希腊克里特岛	公元前 26 世纪
		雅典卫城	希腊雅典	公元前 10 世纪
		奥林匹亚圣地	希腊伊利亚州	公元前 6 世纪
		廷巴克图遗址	马里廷巴克图	12 世纪
		大津巴布韦石头城	津巴布韦	11～14 世纪
		迦太基城	突尼斯	公元前 9 世纪～公元前 3 世纪
	古庙、教堂	阿尔忒弥斯神庙	土耳其	公元前 550 年
		圣索非亚大教堂	土耳其伊斯坦布尔	532～537 年
		毛索洛斯墓庙	土耳其哈利卡纳素斯	15 世纪
		岩石圆顶清真寺	以色列耶路撒冷	685 年
		宙斯古庙	约旦	公元前 5 世纪
		顾特卜塔	印度新德里	1193 年
		哈勒比德－贝鲁尔寺庙群	印度卡纳塔克邦	12 世纪
		太阳神庙	印度奥里萨邦	13 世纪
		锡克教大金庙	印度阿姆利则市	15 世纪
		维西瓦纳特庙	印度	1776 年
		千佛坛	印度尼西亚	10 世纪

分类		名称	所在地	修建时间
外国	古庙、教堂	清水寺	日本京都	749～1855 年
		仰光大金塔	缅甸仰光	公元前 6 世纪
		塞拉比斯神庙	意大利那不勒斯	公元前 2 世纪
		比萨斜塔	意大利比萨	1174～1350 年
		佛罗伦萨大教堂	意大利佛罗伦萨	1296～1462 年
		巴特农神庙	希腊雅典	公元前 5 世纪
		波塞冬神庙	希腊	公元前 5 世纪
		阿陀斯山修道院	希腊哈尔基季基州	1080 年
		西敏寺	英国伦敦	10 世纪
		圣保罗教堂	英国伦敦	18 世纪
		巴黎圣母院	法国巴黎	1163 年
		万神殿	意大利罗马	120～202 年
		米兰大教堂	意大利米兰	1386～1897 年
		圣彼得大教堂	意大利罗马	16 世纪
		圣家族大教堂	西班牙巴塞罗那	1883 年
		科隆大教堂	德国科隆	13～19 世纪
		基督喋血大教堂	俄罗斯圣彼得堡	1883～1907 年
		卢克索神庙	埃及	公元前 16 世纪～公元前 14 世纪
		阿布辛波神庙	埃及	公元前 13 世纪
		拉利贝拉独石教堂	埃塞俄比亚	12～13 世纪
	古陵墓	摩索拉斯陵墓	土耳其哈利卡纳素斯	公元前 353 年
		泰姬陵	印度阿格	1630～1653 年
		金字塔	埃及开罗	公元前 27 世纪～公元前 22 世纪
	神像、浮雕、石窟	复活节岛巨像	智利复活节岛	10～16 世纪
		阿旃陀石窟	印度	1～7 世纪
		马哈巴利普兰巨型浮雕	印度	5～8 世纪
		卡杰拉霍古庙石雕	印度	950～1050 年
		耶奥拉石窟	印度	9～11 世纪
		耆那教巨型石雕像	印度	10 世纪
		宙斯神像	希腊奥林匹亚	公元前 470 年
		狮子门	希腊	公元前 14 世纪
		巨石阵	英国阿姆斯伯里	公元前 30 世纪～公元前 16 世纪

分类		名称	所在地	修建时间
外国	神像、浮雕、石窟	罗德岛太阳神巨像	希腊罗德	公元前 2 世纪
		维利奇卡盐矿	波兰克拉科夫	966 年
		狮身人面像	埃及开罗	公元前 25 世纪
	宫殿、府第、古堡、政府	白宫	美国华盛顿	1792～1800 年
		桂离宫	日本京都	1620～1883 年
		天守阁	日本名古屋	1610 年
		骑士堡	以色列耶路撒冷	12 世纪
		白金汉宫	英国	1703 年
		威斯敏斯特宫	英国伦敦	750 年
		伦敦塔	英国伦敦	11 世纪
		卢浮宫	法国巴黎	13 世纪
		凡尔赛宫	法国巴黎	17 世纪
		枫丹白露宫	法国巴黎	12 世纪
		圆厅别墅	意大利维今察	1566 年
		克里姆林宫	俄罗斯莫斯科	1156～1850 年
		冬宫	俄罗斯圣彼得堡	18 世纪
		阿勒罕布拉王宫	西班牙	9 世纪
	公共建筑	卡拉卡拉浴场	意大利罗马	211～217 年
		古罗马斗兽场	意大利罗马	公元前 2 世纪
		总督府	意大利威尼斯	14～16 世纪
		荣誉军人收养院新教堂	法国巴黎	1691 年
		巴黎歌剧院	法国巴黎	1861～1875 年
	城市广场、纪念性建筑	协和广场	法国巴黎	18 世纪
		凯旋门	法国巴黎	1806～1836 年
		埃菲尔铁塔	法国巴黎	1887～1889 年
		勃兰登堡门	德国柏林	1788～1791 年
		图拉真广场	意大利罗马	1～2 世纪
		圣马可广场	意大利威尼斯	8～15 世纪
		西格诺利亚广场	意大利佛罗伦萨	13～14 世纪
		坎波广场	意大利锡耶纳	1324～1349 年
		皇家广场	伊朗伊斯法罕	1616 年
	桥梁、水坝、灯塔、市政工程	亚历山大灯塔	埃及亚历山大	公元前 3 世纪
		泰晤士桥	英国伦敦	18 世纪
		特勃里契桥	意大利罗马	公元前 5 世纪

分类		名称	所在地	修建时间
中国	古城、遗址	平遥古城	河南平遥	公元前 9 世纪
		丽江古城	云南丽江	13 世纪
		凤凰古城	湖南	18 世纪
		阆中古城	四川阆中	公元前 2 世纪
		楼兰古城	新疆	公元前 2 世纪
		高昌古城	新疆	公元前 1 世纪
		商丘古城	河南	16 世纪
	寺庙、祠堂、教堂、塔、楼	晋祠	山西太原	公元 4 世纪
		曲阜孔庙	山东曲阜	公元前 5 世纪～1736 年
		少林寺	河南登封	495 年
		嵩山寺塔	河南登封	公元 4 世纪
		悬空寺	山西恒山	公元 6 世纪
		永乐宫	山西芮城	公元 14 世纪
		应县木塔	山西应县	936～1056 年
		解州关帝庙	山西解州	589～1712 年
		黄鹤楼	湖北武汉	223 年
		岳阳楼	湖南岳阳	220 年
		滕王阁	江西南昌	653 年
		大雁塔、小雁塔	陕西西安	701 年、707 年
		崇圣寺三塔	云南大理	824～859 年
		天坛	北京	1420 年
		外八庙	河北承德	1713～1767 年
	古陵墓	兵马俑	陕西西安	公元前 3 世纪
		马王堆汉墓	湖南长沙	公元前 1 世纪
		明十三陵	北京	15～17 世纪
		明孝陵	江苏南京	1382～1384 年
		清东陵	河北遵化	18～19 世纪
		清西陵	河北易县	18～20 世纪
	神像、石窟	乐山大佛	四川乐山	713～803 年
		麦积山石窟	甘肃天水	384 年始建
		敦煌莫高窟	甘肃敦煌	366 年始建
		云冈石窟	山西大同	453～494 年
		龙门石窟	河南洛阳	494 年始建
	宫殿、府第、山庄、祭坛	故宫	北京	1406～1420 年
		颐和园	北京	1750～1765 年
		圆明园	北京	1725～1745 年
		承德避暑山庄	河北承德	1704～1790 年
		沈阳故宫	辽宁沈阳	1625～1636 年
		布达拉宫	西藏拉萨	7～17 世纪
	桥梁、水坝、市政工程	赵州桥	河北赵县	公元 7 世纪
		卢沟桥	北京	1189～1192 年
		都江堰	四川都江堰	公元前 256 年
		长城		公元前 7 世纪～17 世纪

世界重要战役、起义及会议遗址一览表　　　　　　　　附表 2-11

分类		名称	所在地	发生时间
外国	战役遗址	马拉松会战遗址	希腊马拉松平原	公元前 490 年
		希达斯佩斯河之战遗址	巴基斯坦杰赫勒姆河畔	公元前 486 年
		温泉关之战遗址	希腊德摩比勒	公元前 480 年
		伊苏斯之战遗址	土耳其伊斯肯德仑	公元前 333 年
		高加米拉之战遗址	土耳其达达尼尔海峡畔	公元前 331 年
		滑铁卢战役遗址	比利时布鲁塞尔	1815 年
	重要起义遗址	斯巴达克起义遗址	意大利	公元前 73 年
		德国农民起义遗址	德国士瓦本	1517 年
		波洛特尼科夫起义遗址	俄罗斯普迪夫尔	1606 年
		里昂工人起义遗址	法国里昂	1831 年、1834 年
		英国宪章运动遗址	英国伦敦	1842 年
		西里西亚纺织工人起义遗址	德国西里西亚	1844 年
中国	战役遗址	长平之战遗址	山西高平	公元前 262 年
		垓下之战遗址	安徽灵璧县城东南	公元前 202 年
		白波黄巾军屯军遗址	山西襄汾县永固村	2 世纪末
		官渡之战遗址	河南郑州中牟县官渡桥村	199 年
		赤壁古战场	湖北黄冈市蒲圻	208 年
		祁山古战场	甘肃陇南市礼县东部西汉水沿岸的祁山地区	
		淝水之战遗址	安徽淮南	383 年
		玉壁古战场	山西省稷山县白家庄	546 年
		雁门关古战场	山西忻州山阴县广武城南	
		蒙坑古战场	山西临汾市襄汾、曲沃两县交界处	4～10 世纪
		乌兰布统古战场	内蒙古克什克腾旗西南边的浑善达克沙地南缘	1690 年
		大岭古战场	黑龙江	
		虎门炮台	广东东莞虎门	1840～1842 年
		威海古战场	山东威海	1894 年
		江孜城堡抗英遗址	西藏日喀则地区江孜县县城中心的山顶	
		汀泗桥战役遗址	湖北威宁	1926 年
		江桥抗战遗址	黑龙江嫩江江桥	1931 年
		淞沪战役遗址	上海淞沪地区	1932 年
		湘江战役旧址	广西兴安县、全州县、灌阳县	1934 年
		红军四渡赤水战役	贵州习水县、仁怀市	1935 年
		泸定桥战役	四川甘孜藏族自治州泸定县	1935 年
		平型关战役遗址	山西省繁峙县	1937 年
		台儿庄大战遗址	山东省枣庄市	1938 年
		卢沟桥战役遗址	北京市丰台区	1939 年

分类		名称	所在地	发生时间
中国	重要起义遗址	三元里起义	广东广州三元里	1841 年
		金田起义遗址	广西桂平市金田村	1851 年
		镇南关起义旧址	广西镇南关	1907 年
		武昌起义军政府旧址	湖北武汉	1911 年
		顺泸起义遗址	四川顺义、泸州	1926 年
		"八一"起义指挥部旧址	江西南昌	1927 年
		秋收起义文家市会师旧址	湖南浏阳	1927 年
		渭华起义旧址	陕西华县	1927 年
		平江起义旧址	湖南平江县	1928 年
		辛亥滦州起义纪念园	北京市海淀区民国	
		吴旗革命旧址	陕西吴起县	1935 年
		百灵庙起义旧址	内蒙古达尔罕茂明安联合旗	1936 年
		中国共产党第一次全国代表大会会址	上海市兴业路	1921 年
		国民党"一大"旧址	广东广州	1924 年
		八七会议会址	湖北武汉	1927 年
		古田会议会址	福建上杭县古田村	1929 年
		罗坊会议和兴国调查会旧址	江西新余	1930 年
		俄界会议旧址	甘肃迭部县	1935 年
		瓦窑堡会议会址	陕西瓦窑堡	1935 年
		遵义会议会址	贵州遵义	1935 年
		洛川会议会址	陕西洛川县冯家村	1937 年
		中国共产党中央政治局会议会址	陕西延安	1938 年、1941 年
		中国共产党第七次全国代表大会会址	延安	1945 年
		中国共产党七届二中全会会址	河北省平山县西柏村	1949 年

列为全国重点文物保护单位的名人故居一览表　　　　　　　　附表 2—12

名称	时代	地址
杜甫草堂	唐	四川省成都市
符卿第	明嘉靖	浙江省宁波市
布政房	明嘉靖	浙江省宁波市
蔡元培故居	建于明代晚期，蔡元培度过童年和青少年时代	浙江省绍兴市越城区萧山街笔飞弄 13 号
醇亲王府	清	北京市后海北沿
张氏帅府	清末民初	沈阳市沈河区故宫南侧
谭嗣同故居	清	湖南省浏阳市

续表

名称	时代	地址
魏源故居	清	湖南省隆回县
康有为故居	清	广东省南海市
梁启超故居	清	广东省新会市
黄兴故居	1874 年	湖南省长沙市
韶兴鲁迅故居	1881 ~ 1898 年	浙江省韶兴市
李大钊故居	1889 年	河北省乐亭县
孙中山故居	1892 年	广东省中山市
韶山冲毛泽东旧居	1893 年	湖南省湘潭县韶山冲上屋场
向警予故居	1895 年	湖南省溆浦县
瞿秋白故居	1899 ~ 1935 年	江苏省常州市
上海中山故居	1919 年	上海市香山路
北京宋庆龄故居	1963 年	北京市北河沿
洪秀全故居	清代中期	广东省广州市花都区
朱德故居	1895 ~ 1907 年	四川省仪陇县
茅盾故居	1896 ~ 1910 年	浙江省桐乡市
周恩来故居	1898 ~ 1910 年	江苏省淮安市
刘少奇故居	1898 ~ 1916 年	湖南省宁乡县
任弼时故居	1904 ~ 1905 年	湖南省汨罗市
秋瑾故居	1907 年	浙江省韶兴市
郭沫若故居	1963 ~ 1978 年	北京市西城区

资料来源：百度百科（http://baike.baidu.com）

中国古代都城一览表

附表 2—13

古都	所在位置	朝 代
洛阳	河南	夏、商、西周、东周、东汉、曹魏、西晋、北魏、隋、唐（包括武周）、后梁、后唐
西安	陕西	西周、秦、西汉、前赵、前秦、后秦、北周、隋、唐
北京	北京	蓟、燕诸侯国以及金、元、明、清、辽（为辽的陪都）
南京	江苏	三国东吴、东晋、宋、齐、梁、陈、五代南唐、明、太平天国、中华民国
开封	河南	战国时期的魏、五代时期的后梁、后晋、后汉、后周以及北宋和金德
安阳	河南	上古时代颛顼、帝喾二位帝王的都城以及商王国、曹魏、后赵、冉魏、前燕、东魏、北齐
杭州	浙江	吴越、南宋
咸阳	陕西	秦国、秦
广州	广东	南越王
唐城	江苏扬州	唐代
成都	四川	蜀、后蜀
大理	云南	大理国
兰州	甘肃	西夏

中国历史文化名城一览表　　　　　　　　　　　　　　　　　　　附表 2—14

第一批国家历史文化名城（24 个）（国务院 1982 年 2 月 8 日批准）　　　附表 2—14—1

名称	所在位置	简介
北京	北京	中国首都。燕、蓟重镇，辽的陪都，金、元、明、清的故都，地上地下文物保存非常丰富，为世界闻名的历史文化古城。有天安门、人民英雄纪念碑、毛主席纪念堂、故宫、北海、天坛、颐和园、十三陵、万里长城和中国猿人遗址等重要革命和历史文物
承德	河北省北部	素有"塞外京都"美誉。古代属幽燕地区，清代为直隶承德府。现在除保存古长城外，还有避暑山庄（又称承德离宫或热河行宫）、外八庙等大量具有历史艺术价值的古建筑
大同	晋北大同盆地	"煤都"。古称平城，是北魏初期的国都，辽、金陪都，有公元 453 至 495 年北魏时期开凿的云岗石窟。古建筑很多，如上下华严寺、善化寺、九龙壁等
南京	江苏	"六朝胜地、十代都会"。为东吴、东晋、南朝、明朝等建都的历史名城，素有虎踞龙盘之称。文物古迹很多，有石头城、南朝陵墓、石刻和明孝陵、明故宫遗址、太平天国王府、孙中山临时大总统办公处、中山陵等
苏州	江苏	春秋时为吴国都城，隋、唐为苏州治所，宋代为平江府。历来是商业手工业繁盛的江南水乡城市，与杭州齐名，并称"苏杭"。保存着许多著名的古代园林，集中了我国宋、元、明、清建造的园林艺术精华，可与"天堂"媲美
扬州	江苏	春秋吴王夫差开始在这里筑"邗城"，隋朝开凿大运河以后，更成为南北交通的要冲，工商业发达，文化繁荣，是历史上闻名的商业城市和中外友好往来港口。有唐城遗址、史公祠、平山堂、瘦西湖、何园、个园等文物古迹
杭州	浙江	我国古都之一，秦置钱塘县，隋为杭州治，五代时是吴越国都，南宋时以此为行都，是世界著名的游览城市，有"人间天堂"美称。西湖风景秀丽，名胜古迹很多，如灵隐寺、岳庙、六和塔等
绍兴	浙江	名人辈出的著名历史文化名城。春秋时为越国都城。有著名的兰亭、清末秋瑾烈士故居、近代鲁迅故居和周恩来同志祖居等，是江南水乡风光城市
泉州	福建省晋江下游北岸	唐时设州。南宋和元朝曾为我国最大的对外贸易港口，为著名的侨乡，素称"海滨邹鲁"。现存名胜古迹很多，著名的有清净寺、开元寺、洛阳桥、九日山摩崖石刻、清源山等
景德镇	江西省东北部	是古代的瓷都，保存很多古代窑址、明代民居以及宋塔等古建筑。现在是以生产瓷器为主的工业城市
曲阜	山东省中部偏南	有"东方圣城"之称。春秋战国时为鲁国都城，秦置鲁县，隋改曲阜。有孔子故里，孔府、孔庙、孔林和鲁国故城遗址
洛阳	河南	有"花都"美誉。我国著名的九朝故都。名胜古迹以市南龙门石窟最有名。城东白马寺是我国第一座佛寺。还有汉魏故城遗址、西周王城、隋唐故城遗址、关林以及大量的古墓葬
开封	河南	"七朝都会"。古称汴梁。五代后周、北宋均建都于此，称东京，为著名古都之一。文物古迹有铁塔、繁塔、龙亭、禹王台、大相国寺和北宋汴梁城遗址等

名称	所在位置	简介
江陵	湖北省中部偏南	春秋楚国都城郢都在此。汉置江陵县，唐为江陵府，清为荆州府治。古称"七省通衢"。现存有楚纪南城遗址、明代城垣和大量古墓群等
长沙	湖南	秦置沙郡，辖今湖南东部，隋改今名，唐天宝年间曾改为潭州，明改为长沙府。人文荟萃、英雄辈出。有毛泽东同志早期从事革命活动的中国共产党湘区委员会旧址（清水塘）、湖南第一师范学校、爱晚亭、船山学社等。还有麓山寺、岳麓书院、马王堆西汉古墓等古迹
广州	广东	秦为南海郡郡治所在，五代十国时为南汉都城，一直是我国对外交通贸易的港口和城市，中国的"南大门"。近代反帝反封建斗争迭起，是第一次国内革命战争的策源地。有光孝寺、南海神庙、六榕寺花塔、镇海楼、三元里平英团旧址、广州公社旧址等文物古迹
桂林	广西	历史上是广西政治、文化中心和军事重镇。秦始皇时在此开凿了著名的水利工程——灵渠。漓江流经市中，还有独秀峰、叠彩山、七星岩、月牙山、芦庙岩等，山青水秀，素有"桂林山水甲天下"之称
成都	四川	汉代即享有"五大都会"殊荣。秦汉以后，一直是西南的政治、经济和文化中心。名胜古迹很多，著名的有杜甫草堂、武侯祠、王建墓、望江楼、青羊宫等
遵义	贵州	亿万人民景仰的圣地。1935年1月，中国工农红军长征途中，在此召开了中国共产党中央政治局扩大会议，确立了毛泽东同志在全党的领导地位，在中国共产党历史上具有伟大意义。城内和周围有遵义会议会址、毛泽东同志旧居、红军坟、娄山关等
昆明	云南	汉代为建伶、谷昌县地，唐为益宁县，元置昆明县，为中庆路治所。有汉、彝、回、苗、白、傣等民族。有滇池、西山、翠湖、园通山、金殿、大观楼、黑龙潭等文物古迹。以"春城"称誉海内外
大理	云南省大理白族自治州中部、洱海之滨	著名的白族聚居地。为南诏及宋代大理国都城所在地，又是我国与东南亚诸古国文化交流、通商贸易的重要门户。现保存的南诏太和城遗址、大理三塔、南诏德化碑等，是体现云南与中原地区文化密切关系的重要文物
拉萨	雅鲁藏布江支流拉萨河北岸	"日光城"。从公元七世纪初，就是西藏地区的政治经济中心，是座历史悠久的古城。市内尚保存着宏伟的布达拉宫，大昭寺和罗布林卡园林等重要古建筑
西安	关中平原渭河南岸	原名长安。周、秦、汉、西晋、前赵、前秦、后秦、西魏、北周、隋、唐都建都于此，是世界闻名的历史古城和古都。遗存有大量地上地下文物，如西周的丰镐、秦阿房宫，汉长安城，唐大明宫遗址、大雁塔、小雁塔以及明钟楼、鼓楼、碑林等。周围还有秦俑博物馆、古咸阳城、半坡遗址等
延安	陕西北部	在陕北延河之滨。城区有宝塔山、凤凰山和清凉山对峙，是我国革命圣地。1937～1947年，中国共产党中央和毛泽东同志在此领导全国革命。解放后建有革命纪念馆

第二批国家历史文化名城（38 个）（国务院 1986 年 12 月 8 日批准）　　附表 2-14-2

名称	所在位置	简介
上海	上海	我国近代科技、文化的中心和国际港口城市，中国民族工业的发祥地。古代这里为海滨村镇，唐天宝十年（751 年）设华亭县，宋设上海镇，元置上海县。上海具有光荣的革命历史，是中国共产党的诞生地，近、现代许多重要历史事件和历史人物的活动都发生在这里，如小刀会起义、五卅运动、上海工人三次武装起义、松沪抗战等。现存革命遗址有中共一大会址、孙中山故居、鲁迅墓、宋庆龄墓、龙华革命烈士纪念地等。文物古迹有龙华塔、松江方塔、豫园、秋霞浦、唐经幢等。上海近代的各式外国风格建筑在建筑史上也具有重要价值
天津	天津	中国北方最大的沿海开放城市，重要的港口贸易城市、交通枢纽。从金、元时起，由于漕运兴盛促进商业繁荣而发展起来。明代在此设卫建城，进一步奠定了古城的基础。保存的文物古迹有天后宫、文庙、广东会馆等。革命遗址有大沽口炮台、望海楼遗址、义和团吕祖堂坛口遗址、觉悟社、平津战役前线指挥部等。现存的过去各国租界地的外国式建筑和清末民国初年的别墅式建筑和街道，如同一个近代"建筑博物馆"，很有特色
沈阳	辽宁省中部	全国著名的重工业城市。汉代建侯城，辽、金时为沈州，明代在金、元旧城址上重建沈阳中卫城，1625 年清太祖努尔哈赤迁都沈阳，扩建城池，增筑外城，是清入关前的政治中心。沈阳故宫是除北京故宫外，保存最完整的宫殿建筑群。城北的北陵（昭陵）和城东北的东陵（福陵）是皇太极和努尔哈赤的陵墓。其他文物古迹还有抗美援朝烈士陵园、周恩来同志少年读书处，以及永安石桥、塔山山城和一些寺观等
武汉	湖北省长江中游，武昌、汉口、汉阳三镇相联	水陆交通便利，号称九省通衢。历史悠久，自商周、春秋、战国以来即为重要的古城镇，宋、元、明、清以来就是全国重要名镇之一。武汉还是革命的城市，辛亥革命武昌起义、"二七"罢工、"八七"会议等都发生在这里。现存的革命遗址、名胜古迹，有武昌起义军政府旧址，二七罢工旧址，八七会议会址，向警予、施洋烈士墓及胜象宝塔、洪山宝塔、归元寺、黄鹤楼、东湖风景名胜区等
南昌	江西省北部，赣江下游	江西省省会，全省政治、经济、文化的中心。南昌水陆交通发达，形势险要，自古有"襟三江而带五湖"之称。汉代在此设了豫章郡治，隋为洪州治，唐、五代至明、清一直是历史名城。南昌还是革命的英雄城市。1927 年 8 月 1 日，周恩来、朱德、贺龙等在中共前敌委员会领导下，组织了南昌起义，打响了反对反动统治的第一枪，开创了中国共产党领导的武装斗争的创建人民军队的新纪元，南昌被称为"军旗升起的地方"。现存的革命遗址和名胜古迹有"八一南昌起义"总指挥部旧址和纪念馆、纪念塔、革命烈士纪念堂、方志敏烈士墓及青云谱、百花洲等
重庆	长江与嘉陵江汇合处	我国中西部内陆地区唯一的直辖市，水陆交通发达。战国时候，重庆为巴国国都，称江州。其后两千多年一直为重要的城市，留下的文物古迹有巴蔓子墓、船棺、岩墓、汉阙等。在近代史上，重庆也占有重要的地位。辛亥革命时期为同盟会的重要根据地之一，抗日战争时期，以周恩来同志为首的中共南方局驻在这里。现存有曾家岩、红岩村八路军办事处旧址，新华日报社旧址及白公馆烈士牺牲纪念地等。还有南温泉、北温泉、缙云山等名胜古迹
保定	河北省中部	西周属燕，至战国中期为燕国辖地，北魏建县，唐至明为州、路、府治，清为直隶省省会。今旧城始建于宋、明增筑，尚存部分城墙。保定不仅是历代军事重镇，还是一座著名的文化古城，河北省文物大市。自宋设州学，清末、民国初年曾为北京的文化辅助城市。革命纪念地有保定师范学校、育德中学、协生印书局、石家花园等。文物古迹有大慈阁、古莲花池、钟楼、直隶总督署、慈禧行宫、清真西寺等
平遥	山西省中部	城始建于周宣王时期。现在保存完整的城池，为明洪武初年重修，城墙高十二尺公左右，周长六点四公里，有垛口、马面、敌楼、角楼、瓮城等。城内街道、商店、衙署等比较完整地保持着传统格局和风貌，楼阁式的沿街建筑、四合院民居以及市楼、文庙、清虚观等古建筑都很有特色。城北的镇国寺万佛殿和殿内塑像是五代遗物，雕塑和壁画十分精美。城西南的双林寺，殿宇规整，寺内彩塑也有很高艺术价值

名称	所在位置	简介
呼和浩特	内蒙古	"呼和浩特"蒙语意为青色的城，自古就是北方少数民族与汉族经济文化交往地。现老城为明代所建，清初在其东北建新城。呼和浩特有许多喇嘛庙，著名的有大召、席力图召、乌素图召等。此外，还有金刚宝座塔、清真大寺、将军衙署旧址、昭君墓、万部华严经塔、清公主府等名胜古迹
镇江	江苏	春秋时称朱方、谷阳，秦称丹徒，三国时孙权筑京城后称京口，北宋始称镇江，为府治。沿长江有著名的京口三山，金山有金山寺、慈寿塔、"天下第一泉"等；焦山有定慧寺和"瘗鹤铭"等著名碑刻；北固山有甘露寺及宋铸铁塔等，南朝梁武帝称之为"天下第一江山"。市内文物古迹有元代石塔，石塔附近还保持着古街道风貌，还有清代的抗英炮台和纪念辛亥革命先烈的伯先公园，南郊风景区有招隐寺等
常熟	江苏	商末称勾吴，西晋建海虞县，南朝梁时称常熟，自唐以后为县治所在。古城布局独特，城内有琴川河，西北隅有虞山伸入，人称"十里青山半入城"。现虞山上保存有明代城墙遗迹，城内街道基本保持明、清格局。文物古迹有商代仲雍墓、春秋言子墓、南朝梁昭明太子读书台、南齐兴福寺、宋代方塔、元代大画家黄公望墓等。虞山风景秀丽，有剑门奇石、维摩寺、辛峰亭等名胜
徐州	江苏	江苏境内最早的城邑。尧封彭祖于此，称大彭氏国，春秋有彭城邑，战国时为宋都，项羽亦曾在此建都，三国时为徐州州治，清代为府治。自古兵家必争，是有名的军事战略要地。文物古迹有汉代戏马台遗址、兴化寺、大土岩、淮海战役烈士陵园，还有汉墓多处，出土有汉画象石、兵马俑、银镂玉衣等。所辖沛县有元代摹刻刘邦"大风歌"碑。南郊有云龙山、云龙湖风景区
淮安	江苏省北部	壮丽东南第一州。秦汉设县，隋、唐至清历为州、郡治，元、明以来，漕运、商业发达，为运河要邑。城池始建于晋，元、明增筑，三城联立，至今格局未变，尚保留有部分城墙遗迹。文物古迹有周恩来同志故居、青莲岗古文化遗址、文通塔、金代铜钟、关于培祠及墓、镇淮楼、韩侯祠、勺湖园、漂母祠、吴承恩故居、梁红玉祠等
宁波	浙江省东部	早在七千年前已有相当发达的河姆渡原始文化，秦时设贸县，自唐以后历为州、路、府治，并为重要港口，近代为"五口通商"的口岸之一。文物古迹有保国寺、天童寺、阿育王寺、天封塔，我国现存最早的私人藏书楼天一阁，还有明代的甲第世家、清代大型民居等。宁波是我国烧制青瓷最早的地方之一，古代造船及海外贸易发达，宋代已有整套涉外机构，目前尚有遗迹可寻
歙县	安徽省南部	秦代设县，自唐至清历为州、府、郡治。城池始建于明，现保存有南、北谯楼及部分城垣。城内有大量明、清住宅及庭园，一些街巷还基本保持着明、清时代风格。文物古迹有许国牌坊、李太白楼、长庆寺砖塔、棠越村牌坊群、新安碑园、明代古桥等。歙县人文荟萃，有许多名人遗迹，还有歙砚、徽墨等传统工艺品
寿县	安徽省中部	古称寿春，春秋为蔡侯重邑，后历代多为州、府治。城墙始建于宋，兼有防洪功能，经明、清修整，至今保存完好。文物古迹有报恩寺、范公（仲淹）祠、孔庙等，附近出土许多战国墓葬。城郊有八公山、淝水，是著名的"淝水之战"的古战场。"神州第一大塘"所在地
亳州	安徽省西北部	著名的"酒乡"。曾称亳县。亳，因商汤王立都而得名，以老子之故乡，曹操、华佗之故里而传闻中外。北周时即名亳州，涡河绕流城东北，古代水运较发达，商贾云集，会馆林立，曾为商埠，是我国古代四大药材基地之一。亳州一些老街依然保持着明清建筑的浓厚风貌。现存的文物古建筑有商汤王陵、曹操家族墓群、华佗故居、文峰塔、明王台、花戏楼和古地道等
福州	福建	秦代设闽中郡，后一直为福建的政治中心，宋末、明末两次做为临时京都。福州汉代即有海外贸易，宋代为全国造船业中心，近代是"五口通商"口岸之一。城池始于汉代的冶城，晋、唐、五代、宋几次扩大，奠定了现在市区三山鼎立、两塔对峙的格局。市区文物古迹有宋代华林寺大殿、崇福寺、乌塔、白塔、戚公祠、开元寺等，郊区鼓山有涌泉寺及历代摩崖石刻，还有王审知墓、林则徐祠堂和墓、林祥谦陵园等。市区三坊七巷保存有大量明、清民居

名称	所在位置	简介
漳州	福建省东南部	战国属越，晋设县，自唐以后历为州、郡治所。宋末已有漳人去台湾，是台湾同胞及海外侨胞的祖居地之一。文物古迹有唐代咸通经幢、南山寺、文庙、陈元光墓、芝山红楼革命纪念地等。周围有明建仿宋古城赵家堡、明代铜山古城、清代军事城堡诒安堡、宋代石桥和云洞岩摩崖石刻等
济南	山东省省会	战国时为历下城，自晋以来历为州、府、郡治所。"家家泉水，户户垂杨"。市区有风景优美的大明湖和趵突泉、黑虎泉、珍珠泉、五龙潭四大泉群，泉水串流于小巷、民居之间，构成独特的泉城风貌。文物古迹有城子崖龙山文化遗址，孝堂山汉代郭氏石祠，隋代四门塔，唐代龙虎塔、九顶塔、灵岩寺、宋代塑像、千佛山、黄石崖等名胜古迹
安阳	河南省北部	商代的殷都，秦筑城，隋至清历为州、郡、路、府治所。市区西北部的"殷墟"出土有大量甲骨文、青铜器，其中有著名的"司母戊"大方鼎。旧城基本保持传统格局并有许多传统民居。文物古迹有文峰塔、高阁寺、小白塔等，城北有袁世凯陵墓，城西水冶镇有珍珠泉风景区
南阳	河南省西南部	古称宛，战国时为楚国重邑，东汉称陪京，后历为府治。文物古迹有两千年前的冶铁遗址、战国时宛城遗址、汉代画像石刻，还有玄妙观、武侯祠、医圣祠、张仲景墓、张衡墓等
商丘	河南省东部	至圣先师孔子祖籍所在地。舜封契于商，契后裔汤在此建商国，北魏、南宋短时做过帝都，秦置睢阳县，自汉代以后历为郡、州、府治。现县城始建于明，称归德府，城池内方外圆，城墙及城河、城堤保存较完整，城内棋盘式道路、四合院民居基本保持传统格局与风貌。文物古迹有阏伯台、三陵台、文庙、壮悔堂、清凉寺等，还有梁园、文雅台等遗址
襄樊	湖北省北部	周属樊国，战国时为楚国要邑，三国时置郡，后历代多为州、郡、府治。襄阳城墙始建于汉，自唐至清多次修整，现基本完好，樊城保存有两座城门和部分城墙。文物古迹有邓城、鹿门寺、夫人城、隆中诸葛亮故居、多宝佛塔、绿影壁、米公（芾）祠、杜甫墓等
潮州	广东省东部	著名侨乡。古城始建于宋，现东门城楼及部分城墙保存完好。"三山一水护城廓"。城内南门一带有很多明、清民居及祠宇，反映了潮州建筑的传统风貌。市区有开元寺、葫芦山摩崖石刻，宋代瓷窑遗址、凤凰塔、文庙、韩文公祠、涵碧楼等文物古迹。市区西南有以桑浦山为中心的名胜古迹区。传统的潮州音乐、戏曲及手工艺品对台湾、东南亚均有影响
阆中	四川省北部	古代巴蜀军事重镇，蜀道南路的"咽喉之地"。汉为巴郡，宋以后称阆中，历代多为州、郡、府治所，清兵初入川时曾为四川首府。古城内有许多会馆等古建筑，还保留着主要的历史街区，传统风貌保存较好。汉、唐为天文研究中心之一，现存唐代观星台遗址，文物古迹还有张飞庙、桓侯祠、巴巴寺、观音寺、白塔等，城东大佛山有唐代摩崖大佛及石刻题记。丝绸是著名的传统产品
宜宾	四川省南部	金沙江、岷江交汇处，有"万里长江第一城"之称。曾为古西南夷侯国，汉为道，北宋始称宜宾，历为州、郡、府治所。文物古迹有翠屏山、流杯池、旧州塔、汉代墓葬、唐代花台寺、大佛沱石刻以及赵一曼纪念馆等
自贡	四川省南部	生产井盐已有两千年历史，为著名"盐都"。现存南北朝时的大公井遗址。有的清代盐井至今仍在生产，杉木井架高达百米，蔚为壮观。自贡还以"恐龙之乡"著称，在大山铺出土大量恐龙化石，建有恐龙博物馆。此外还有西秦会馆、王爷庙、桓侯馆、镇南塔等文物古迹
镇远	贵州省西部	汉设无阳县，宋置镇远州，后历为州、府、道治，是古代东南亚入京城的主要通道。阳河穿城而过，北为府城，南为卫城，皆明代建，现保留有部分城墙。城内基本保持着传统风貌，四合院民居及沿河建筑富有地方特色。文物古迹有青龙洞古建筑群、四官殿、文笔塔、天后宫、谭家公馆、祝圣桥等。城西16公里处有阳河风景区

名称	所在位置	简介
丽江	云南省西北部	因美丽的金沙江而得名。纳西族聚居地，战国时属秦国蜀郡，南北朝时纳西族先民羌人迁此，南宋时建城，元至清初为纳西族土司府所在地，后为丽江府治。现老城区仍保存传统格局与风貌，具有浓郁的地方特色，新建民居亦就地取材，采用传统形式。文物古迹有木氏土司府邸、明代创建五凤楼、保存有纳西族古代壁画的大宝积宫琉璃殿、玉峰寺、普济寺，还有纳西族古代象形文字的"东巴经"、纳西古乐等。附近有玉龙雪山、长江第一湾、虎跳峡等风景名胜
日喀则	西藏中南部	西藏第二大城市。古称"年曲麦"，很早就是藏族聚居地，交通方便，环境优美，是后藏地区的政治、经济和文化中心。该地建城已有五百余年历史，14世纪初，大司徒绛曲坚赞建立帕竹王朝，得到元、明中央政府的支持，当时日喀则为13个大宗（行政机构名称）之一。噶玛王朝时期，西藏首府设此。现基本保存藏式传统建筑风貌。有西藏三大宗之一扎什伦布寺，雄伟壮丽，为历世班禅驻锡之地。城东南有珍贵的宋、元建筑夏鲁寺等
韩城	陕西省东部	西周时为韩侯封地，秦、汉为夏阳县，隋代称韩城县。旧城内保存大量具有传统风貌的街道及四合院民居，还有文庙、城隍庙等古建筑群，城郊有旧石器洞穴遗址、战国魏长城、司马迁祠墓、汉墓群、法王庙、普照寺、金代砖塔等名胜古迹
榆林	陕西省北部	古长城边，著名的沙漠城市。是古代军事重镇的蒙汉贸易交往地。古城建于明代，现城墙大部分尚存，城内古建筑很多，有新明楼、万佛楼、戴兴寺、关岳庙以及牌坊等。城北有古长城、镇北台、易马城、红石峡雄山寺，还有凌霄塔、青云寺、永济桥等。榆林传统手工业发达，民间音乐"榆林小曲"脍炙人口
武威	甘肃省中部	古称凉州，六朝时的前凉、后凉、南凉、北凉，唐初的大凉都曾在此建都，以后历为郡、州、府治。是古代中原与西域经济、文化交流的重镇，是"丝绸之路"的要隘，河西走廊旅游的第一大站，一度曾为北方的佛教中心。著名的凉州词、曲、西凉乐，西凉伎都在这里形成和发展。文物古迹有皇娘娘台新石器文化遗址，唐大云寺铜钟、海藏寺、罗什塔、文庙、钟楼、雷台观及碑刻等。雷台汉墓出土的铜奔马为国家文物珍品
张掖	甘肃河西走廊的中部	水草丰茂，物产富饶，因有"金张掖"之称。自汉武帝元鼎六年(公元前111年)开设河西四郡以来，张掖一直为通往西域欧亚各国的"丝绸之路"的重要城市。现存的文物古迹丰富，有大佛寺、木塔、西来寺、鼓楼、大土塔、黑水国汉墓群等。大佛寺内的大卧佛身长34.5m，为全国最大的卧佛。市内还保存有不少明、清时期的民居，具有明显的地方特点
敦煌	甘肃省西部	周以前为戎地，秦为大月氏地，汉武帝时设置敦煌郡，为古代"丝绸之路"上的重镇。自宋至清雍正年间称沙州，乾隆年间改名敦煌县。飞天的故乡。文物古迹有莫高窟千佛洞，是中外闻名的艺术宝库；城南月牙泉，在茫茫沙漠中泉水澄碧，有"沙漠第一泉"之称。还有敦煌古城遗址和白马塔、古阳关遗址、汉代烽燧遗址、玉门关等。县境内有汉代长城遗址300华里、烽火台70余座，还有寿昌城、河仓城等古城遗址
银川	宁夏	著名的塞上古城。秦为北地郡所辖，南北朝时屯田建北典农城。自古引黄灌溉，有"塞上江南"之称。现银川旧城为唐始建，新城前身为清代建的满城。西夏时名兴州，在此建都达190年。保存有承天寺塔、拜寺口双塔、西夏王陵等。其他文物古迹还有海宝塔、玉皇阁、鼓楼、南门楼、清真寺以及阿文古兰经、古代岩画等
喀什	新疆西部	古称疏勒、喀什噶尔，汉为疏勒属国都城，自汉至清均为历代中央政府管辖，是古代"丝绸之路"的重镇，素有"丝路明珠"之美称。文物古迹有艾提尕尔清真寺、阿巴克和卓陵墓、经教学院、艾日斯拉罕陵墓、斯坎德尔陵墓、玉素甫·哈斯·哈吉甫麻扎儿及佛教石窟三仙洞等。喀什是维吾尔族聚居地，街道、民居、集市以及音乐、舞蹈、手工艺品都有浓郁的民族特色

第三批国家历史文化名城（37 个）（国务院 1994 年 1 月 4 日批准）　　　附表 2-14-3

名称	所在位置	简介
正定	河北省西部	春秋时为鲜虞国都，战国为中山国东垣邑，秦置县，西晋至清末为郡、州、府、路治所。正定城始建于北周，现存的砖城为明代改建，城墙基本完整。隆兴寺、开元寺钟楼、凌霄塔、广惠寺华塔为全国重点文物保护单位。有"九楼四塔八大寺，24 座金牌坊"美誉
邯郸	河北省南部	有 7000 多年文明史的名城。兴起于殷商后期，战国为赵都，秦为邯郸郡首府，魏晋至民国为县城。全国重点文物保护单位有新石器时代的磁山遗址、春秋战国时期的赵邯郸故城、魏晋时期的邺城遗址、南北朝时期的响堂山石窟等
新绛	山西省南部	古称绛州。隋至清为州、府治。现存城墙筑于明代，城内分 5 个坊。有绛州大堂、龙兴寺、钟楼、鼓楼、乐楼等古建筑。建于隋代的绛守居园池，是国内现存唯一的隋唐园林遗址。有薛家花园、陈家花园、乔家花园等私家园林
代县	山西省北部	隋为代州，唐以后，曾为郡、州、县治。尚存西门瓮城及城墙，为明初扩修，长约千米，墙体基本完整。有边靖楼、阿育王塔、文庙、关帝庙、钟楼、将军庙等文物古迹。有抗日战争时期八路军雁门关伏击战遗址
祁县	山西省中部	有着 1500 多年历史的古城。北魏太和年间为县治。县城典型的明清格局基本完好。临街多为商号店铺建筑。有文庙、财神庙、乔家大院和和镇河楼等文物古迹。现存居民院落近千处
哈尔滨	黑龙江省西南部	唐代为忽汗州辖区。18 世纪在现市区位置始有村落。有极乐寺、文庙等多处文物古迹。1898 年以后，曾被俄、日、美、英、法等列强占领。市内尚存许多当时建造的东正教堂、天主教堂等欧式建筑和中央大街
吉林	吉林省中部	中国唯一与省重名的城市。清康熙年间筑吉林城，将军衙门迁此后，改名吉林乌拉。文物古迹有古城残垣、清代文庙、北山玉皇阁、坎离宫、观音古刹、龙潭山山城、临江摩崖石刻以及中国共产党从事地下活动的毓文中学等
集安	吉林省南部	唐至辽代均为州治。古城由国内城与城北的丸都山故城组成。丸都山故城东部城墙保存完整，为全国重点文物保护单位。文物古迹有洞沟古墓群、霸王朝山城、长川壁画墓等
衢州	浙江省西部	"世界第九大奇迹"所在地。东汉始为县治，唐至清历为州、路、府治。现存的城墙为明代所建，保存有城门、城垣和钟楼。清代重建的孔氏家庙为全国两个孔氏家庙之一，庙内存有唐代吴道子绘"先圣遗像碑"、明代"孔氏家庙图"碑刻等珍贵文物
临海	浙江省中部	中国无核蜜桔之乡。三国时始为县治，此后为郡、州、路、府治。现存西南两面部分明代城墙及 4 个城门。有元代所建楼阁式千佛塔。有为纪念谭纶、戚继光驻扎临海抵御倭寇而建的表功碑
长汀	福建省西部	福建古代文明发祥地之一。西晋始置县，唐至清为州、郡、府、路治。有新石器时代遗址，唐代、明代的城墙、城门，还有文庙、朱子祠等古迹。第二次国内革命战争时期，是中央苏区的经济中心。革命活动遗址有福建省苏维埃政府旧址、福音医院、第四次反围剿紧急会议旧址、中央闽粤赣省委旧址等，以及瞿秋白、何叔衡纪念碑
赣州	江西省南部	汉高祖年间设赣县。东晋为郡治，隋唐为虔州治所，南宋改名赣州。现存宋代城墙，还有舍利塔、文庙等文物古迹。有王阳明讲学的新安书院、爱莲书院、濂溪书院和阳明书院，还有南市街、六合铺传统街区。宋代的通天岩石窟为全国重点文物保护单位

名称	所在位置	简介
青岛	山东省东南部	中国道教的发祥地。明代中叶为防止倭寇侵袭，设浮山防御千户所。鸦片战争后，设总镇衙门。1897年后，曾被德、日、美列强先后占领。现存原提督公署、官邸和原警察署等大量欧式、日式建筑
聊城	山东省西部	古运河畔的"凤凰城"。古为齐国城邑。宋熙宁年间建土城，明清为东昌府治。城中央的光岳楼和城内的山陕会馆为全国重点文物保护单位。有北宋时建的13级铁塔，还有运河小码头、傅氏祠堂、范筑先纪念馆等文物古迹
邹城	山东省南部	孟子故乡，有"孔孟桑梓之邦"美誉。秦代始置驺县，北齐天保年间迁今址，唐代改"驺"为"邹"。孟庙及孟府和铁山、岗山摩崖石刻为全国重点文物保护单位。有古建筑重兴塔、传统街道亚圣庙街和野店遗址、邾国故城、孟子林、葛山摩崖石刻等文物古迹
淄博（临淄）	山东省中部	公元前11世纪，姜太公于齐地建立齐国，都治营丘。后更名为临淄。西周、春秋、战国时，为齐国都城，西晋以后，为州、郡、县治。齐国故城、田齐王陵为全国重点文物保护单位。还有临淄墓群、桐林田旺遗址等古遗址、古墓葬
郑州	河南省中部	有多处新石器中晚期文化遗址。郑州商城遗址保存完整，有城墙、宫殿基址和各类手工作坊遗址。有我国最早利用煤炭作燃料的汉代冶铁遗址，还有城隍庙、清真寺和纪念1928年九汉铁路工人大罢工的二七纪念塔、纪念堂等。少林寺所在地
浚县	河南省北部	古称黎，西汉置黎阳县，宋改为浚州，明改州为县。县城始建于明代，现存部分城垣。城内有清代民居。有千佛寺和千佛寺石窟、天宁寺、大石佛、碧霞宫、恩荣坊等文物古迹
随州	湖北省西北部	传说为中华民族的始祖炎帝神农诞生地。西周时为随国都城，秦属南阳郡，唐以后为州治。现存有明代砖城遗迹。有古文化遗址、古墓葬多处。城西播鼓墩古墓葬群中的曾侯乙墓出土大量文物，其中有极其珍贵的编钟、编磬等古乐器
钟祥	湖北省中部	古为郢，战国后期为楚国都城。三国时吴置牙门戍筑城，名为石城，西晋至明朝为郡、州、府治。现存部分石城遗址。城内有文风塔、元佑宫、阳春台和白雪楼等文物古迹。明显陵是嘉靖皇帝生父母的合葬墓，为全国重点文物保护单位
岳阳	湖南省东南部	世界龙舟文化的故乡。春秋时属楚，晋始建巴陵县，曾为郡、州、府、县治。为楚文化和百越文化交汇处。岳阳楼为全国重点文物保护单位。还有岳州文庙、慈氏塔、鲁肃墓等文物古迹
肇庆	广东省中部	粤语的发源地。古称端州，汉设县，隋置端州，宋始称肇庆。城墙保存完好。有崇禧塔、梅庵、西谯楼、叶挺独立团旧址、七星岩摩崖石刻等文物古迹。有佛教禅宗六祖的遗迹，东、西清真寺等
佛山	广东省南部	中国粤剧的发源地。隋属南海县，唐代贞观年间因掘出3尊佛像而得名。有祖庙、孔庙、黄公祠等文物古迹，石湾有古窑址、名园群星草堂
梅州	广东省东北部	南齐中兴元年置程乡县，宋设梅州，为府治。有千佛塔、灵光寺等文物古迹。历史上是客家人的最大聚居中心和文化中心。民居围龙屋富有特色
雷州（海康）	广东省南部	始建于战国，西汉始为县、郡、州、道、府治。古雷州府所在地，自古就有"岭南古郡，海北奇观"的美称，是熠熠生辉的南国明珠。历代南来的文人骚客、谪官贬臣多会于此，如寇准、李纲、胡铨、秦观、苏轼、苏辙、赵鼎、李光、任伯雨等。有雷祖祠、三元塔、真武堂、新石器时代遗址、南朝至唐代古窑址、汉至元代古墓葬等文物古迹。许多清代民居保存完好

名称	所在位置	简介
柳州	广西壮族自治区中部	"四野环山立，一水抱城流"。汉元鼎年间置潭中县，唐贞观时称柳州，宋为州治，明、清为府治。有柳侯祠、东门城楼、清真寺等文物古迹。有白莲洞、鲤鱼嘴贝丘、蛮王城等石器时代人类文化遗址
琼山	海南省北部	有"琼台福地"美称。秦始设县，唐至清为琼州府治。有五公祠、琼州文庙大成殿、琼台书院、邱浚故居等文物古迹。有冯白驹故居等近代革命历史遗迹
乐山	四川省中南部	春秋时期为蜀王开明王国都，北周时称嘉州，此后为州、府治所。城垣依山临江而筑，城堤合一，临江部分尚存，有5个城门楼。三龟九顶山上有宋末的城址和炮台。乐山大佛是全国重点文物保护单位。还有凌云寺，乌尤寺、龙泓寺及唐塔、摩岩造像、汉代崖墓等文物古迹
都江堰	四川省中部	秦李冰兴建都江堰，唐时在城北建玉垒关，晋置灌口，五代至元末时称灌州，明以后称灌县。有始建于五代的文庙，还有奎光塔、城隍庙及一些传统民居。都江堰是中国古代大型水利工程，至今仍发挥作用，为全国重点文物保护单位。有纪念李冰父子的二王庙和伏龙观
泸州	四川省南部	西汉置江阳县，梁武帝大同年间改名泸州。有建于南宋的报恩塔，塔高33米。有"老泸州城"遗址，现存东城垣和东、西城门及炮台。还有奎星阁、忠山平远堂等文物古迹
建水	云南省南部	县城为唐南诏时所筑。元初设建水千户，后改建水州。有建于元代的文庙、清代的双龙桥，还有燃灯寺、东林寺、玉皇阁、东城门朝阳楼、朱家花园、百岁楼等文物古迹
巍山	云南省西部	汉代设县治，名邪龙县，唐以后多为县治。古城保持着明清时的棋盘式格局。有建于明代的北门古楼、清代文献楼。现存文庙、书院等文物古迹。城南巍宝山有众多道教古建筑
江孜	西藏南部	在西藏享有盛名的英雄城。江孜宗是一组集军政职能于一体的宫堡式建筑。1904年，当地军民在此抗击过英国侵略军，宗山抗英遗址为全国重点文物保护单位。白居寺建于公元15世纪，聚萨迦、格鲁、布敦等各教派于一寺，在西藏佛教史上有一定地位和影响，寺内的白居塔殿堂内藏有大量佛像，称十万佛塔
咸阳	陕西省中部	我国著名古都之一。古为秦国都城。汉时先后为新城、渭城，唐置咸阳县。有周陵、秦咸阳城遗址、西汉诸陵及唐顺陵和昭陵、乾陵等9座唐代帝王陵，还有唐代昭仁寺、大佛寺、杨贵妃墓和明代佛铁塔等文物古迹
汉中	陕西省南部	素有"小江南"之美誉。西周时称周南、南郑，战国时置汉中郡，宋嘉定年间筑兴元城。文物古迹有刘邦的汉台、钦马池、拜将台以及魏延墓、净明寺塔、武侯墓、武侯祠、张骞墓、张良墓等。褒斜道石门及其摩崖石刻为全国重点文物保护单位，其汉魏以来石刻极其珍贵，现移入博物馆保存
天水	甘肃省东部	春秋时设邦县，汉置天水郡。是"丝绸之路"南道要冲。文物古迹有明代四合院如南宅子、北宅子，有明代建伏羲庙、玉泉观。麦积山石窟为全国重点文物保护单位。有诸葛亮六出祁山的祁山堡
同仁	青海省东部	"热贡艺术"的发祥地。1929年设同仁县，1949年设隆务镇。隆务寺，初属萨迦派寺院，后改宗格鲁派，为藏汉结合式建筑。隆务镇老城区分上下街，有南北城门各一，街区风貌基本完整，还有二郎庙、清真寺等古建筑

名称	所在位置	简介
		（截至 2007 年 9 月）
凤凰 (2001.12)	湖南土家族苗族自治州南部、沱江之畔	凤凰县县城所在地沱江镇已有一千多年建城历史，自古即为湘西地区的政治、军事、经济和文化中心。凤凰古城山川秀丽、历史悠久，被世人称为"梦里的故乡、远去的家园"。至今较完整地保留了明清时期形成的传统格局和历史风貌。朝阳宫、天王庙、沙湾古民居区、回龙阁吊脚楼群以及沈从文故居等，各式建筑古色古香，与清澈秀丽的沱江交相辉映。古城西郊的唐"渭阳"县黄丝桥石头城保存完好；始建于明代的"南长城"蜿蜒起伏；有戏剧"活化石"之称的傩戏、流传数百年的苗族腊染等。沈从文曾经在他的《边城》《长河》等作品中描写过这里的自然风光和风俗民情。是民国内阁总理熊希龄、著名画家黄永玉的故乡
绩溪 (2007.3.18)	安徽	皖南古徽州"一府六县"之一，是徽文化的发祥地之一。绩溪境内宗祠众多，牌坊林立，徽派古民居、古道、古桥随处可见。县城内的中正坊、西关古街、文庙、考棚等历史街区保护完好。胡氏宗祠、胡适故居、胡宗宪尚书府等堪称徽文化遗存中的精品。有徽厨、徽墨、徽剧之乡美誉，2005 年 9 月荣获"中国徽菜之乡"称号，"徽墨制作工艺"2006 年被列入第一批国家级非物质文化遗产名录
金华 (2007.3.18)	浙江	有着 2228 年建城史的金华文物遗存丰富，素有"小邹鲁"和"东南文献之邦"之称。金华产的火腿享誉中外。金华历史上名人辈出，文有宋濂、武有宗泽、医有丹溪、曲有李渔、诗有贯休、骆宾王，近现代的有史学家吴晗、文学批评家冯雪峰、国画大师黄宾虹、摄影大师郎静山、一代报人邵飘萍、人民音乐家施光南、诗人艾青、科学家严济慈等一大批名人。崇文重教的风气沿袭至今，形成了"千名教授汇一市，百名博士集一乡"的盛况
海口 (2007.3.18)	海南	作为连接我国内陆与东南亚地区的重要枢纽，是中国古代海上丝绸之路的重镇，是中国最南端的一座历史文化名城，形成了特色鲜明的文化积淀。自汉武帝时期设立珠崖郡，海口至今已有两千余年的历史。海口是一个具有移民文化、海洋文化、火山文化、红色文化、民族地域文化特色鲜明的名城。文物景点有五公祠、海瑞墓、丘浚故居、秀英炮台、中共琼崖第一次代表大会旧址、李硕勋烈士纪念亭等
泰安 (2007.3.18)	山东省中部泰山南麓	泰安因泰山而得名，从古语"泰山安则四海皆安"中来，寓意"国泰民安"。泰安是华夏文明的发祥地。早在 50 万年前就有人类生存、繁衍，5 万年前的新泰人，已跨入智人阶段；5000 多年前这里孕育了灿烂的大汶口文化，成为华夏文明史上的一个重要里程碑。公元前 200 年（西汉初）设"泰山郡"；公元 1136 年（金天会十四年）设"泰安军"
吐鲁番 (2007.4.27)	新疆	市郊有火焰山，千佛洞，苏公塔，葡萄沟，交河故城坎儿井，阿斯塔那古墓等美丽的景观和古迹，市内有博物馆，博物馆里有新疆地区保存最完整的巨蜥化石。盛产葡萄和哈密瓜
特克斯 (2007.5.6)	新疆	特克斯县城是我国唯一建筑完整而又正规的八卦城
无锡 (2007.9.15)	江苏	"太湖明珠"无锡是一座具有 3000 多年历史的古城，也是江南文明的发源地之一。自古物产丰富，富庶江南，是中国著名的"鱼米之乡"。早在明代就有制砖、冶坊、陶瓷、缫丝、织布等手工业。20 世纪以来，更以工商业闻名于世，素有"小上海"之称。无锡风光具山水之胜，共河湖之美，兼人工之巧。鼋头渚集太湖山水与园林建筑于一体，被称为"太湖第一胜境"；天下第二泉清澄甘冽，曾有名曲"二泉映月"。身高 88 米、堪称世界第一的铜铸灵山大佛、祥福寺，是善男信女的朝拜圣地。宜兴竹海、茶林、溶洞，极尽自然风光的秀美。三国城、唐城、水浒城等影视基地，使无锡尽现出"东方好莱坞"的景象

中国历史文化名镇一览表　　　　　　　　　　　　　　　　　　　附表 2—15

第一批（10 个）（建设部、国家文物局 2003 年 10 月 8 日批准）　　　　　附表 2—15—1

历史文化名镇名录	所在位置
甪直镇	江苏苏州市吴中区
静升镇	山西灵石县
周庄镇	江苏昆山市
同里镇	江苏吴江市
西塘镇	浙江嘉善县
乌镇	浙江桐乡市
古田镇	福建上杭县
涞滩镇	重庆市合川县
西沱镇	重庆市石柱县
双江镇	重庆市潼南县

第二批（34 个）（建设部、国家文物局 2005 年 11 月 13 日批准）　　　　附表 2—15—2

历史文化名镇名录	所在位置
暖泉镇	河北蔚县
碛口镇	山西临县
永陵镇	辽宁新宾满族自治县
枫泾镇	上海市金山区
木渎镇	江苏苏州市吴中区
沙溪镇	江苏太仓市
溱潼镇	江苏姜堰市
黄桥镇	江苏泰兴市
南浔镇	浙江湖州市南浔区
安昌镇	浙江绍兴县
慈城镇	浙江宁波市江北区
石浦镇	浙江象山县
和平镇	福建邵武市
瑶里镇	江西浮梁县
神垕镇	河南禹州市
荆紫关镇	河南淅川县
周老嘴镇	湖北监利县
七里坪镇	湖北红安县
里耶镇	湖南龙山县
沙湾镇	广东广州市番禺区
吴阳镇	广东吴川市

续表

历史文化名镇名录	所在位置
大圩镇	广西灵川县
龙兴镇	重庆市渝北区
中山镇	重庆市江津市
龙潭镇	重庆市酉阳土家族苗族自治县
平乐镇	四川邛崃市
安仁镇	四川大邑县
老观镇	四川阆中市
李庄镇	四川宜宾市翠屏区
青岩镇	贵州贵阳市花溪区
土城镇	贵州习水县
黑井镇	云南禄丰县
哈达铺镇	甘肃宕昌县
鲁克沁镇	新疆鄯善县

资料来源：中华人民共和国住房和城乡建设部（http://www.cin.gov.cn）
中国工程建设信息网（http://www.cein.gov.cn）

中国历史文化名村一览表　　　　　　　　　　　　附表 2—16

第一批（12 个）（建设部、国家文物局 2003 年 10 月 8 日批准）　　　附表 2—16—1

历史文化名村	所在位置
爨（川）底下村	北京市门头沟区斋堂镇
西湾村	山西临县碛口镇
俞源村	浙江武义县俞源乡
郭洞村	浙江武义县武阳镇
西递村	安徽黟县西递镇
宏村	安徽黟县宏村镇
流坑村	江西乐安县牛田镇
田螺坑村	福建省南靖县书洋镇
张谷英村	湖南省岳阳县张谷英镇
大旗头村	广东省佛山市三水区乐平镇
鹏城村	广东省深圳市龙岗区大鹏镇
党家村	陕西省韩城市西庄镇

第二批（24 个）（建设部、国家文物局 2005 年 11 月 13 日批准）　　　　附表 2-16-2

历史文化名村	所在位置
灵水村	北京市门头沟区斋堂镇
鸡鸣驿村	河北怀来县鸡鸣驿乡
皇城村	山西阳城县北留镇
张壁村	山西介休市龙凤镇
西文兴村	山西沁水县土沃乡
美岱召村	内蒙古土默特右旗美岱召镇
渔梁村	安徽歙县徽城镇
江村	安徽旌德县白地镇
培田村	福建连城县宣和乡
下梅村	福建武夷山市武夷乡
渼陂村	江西吉安市青原区文陂乡
理坑村	江西婺源县沱川乡
朱家峪村	山东省章丘县官庄乡
临沣寨（村）	河南平顶山市郏县堂街镇
大余湾村	湖北武汉市黄陂区木兰乡
南社村	广东东莞市茶山镇
自力村	广东开平市塘口镇
碧江村	广东佛山市顺德区北滘镇
莫洛村	四川丹巴县梭坡乡
迤沙拉村	四川攀枝花市仁和区平地镇
云山屯村	贵州安顺市西秀区七眼桥镇
白雾村	云南会泽县娜姑镇
杨家沟村	陕西米脂县杨家沟镇
麻扎村	新疆鄯善县吐峪沟乡

资料来源：中华人民共和国住房和城乡建设部（http://www.cin.gov.cn）

世界主要民族、语言与风俗特色一览表　　　　　　　　　　　　　　　　附表 2—17

区域	民族名称	主要分布地区	民族语言	风俗特色（节日、习俗、信仰、体育、民族音乐与舞蹈）
外国	印度斯坦人	印度、巴基斯坦、尼泊尔、新加坡	印度语	牛崇拜、佛教、大家族、种姓内婚、天竺舞、《吠陀》
	美利坚人	美国	英语	圣诞节、感恩节
	孟加拉人	孟加拉国、尼泊尔	梵文	伊斯兰教
	俄罗斯人	前苏联各加盟共和国	俄语	复活节、东正教、《卡秋莎》
	巴西人	巴西、巴拉圭、阿根廷	葡萄牙语	狂欢节、天主教、足球、桑巴舞
	日本人	日本、美国	日语	庙会、和服、歌舞伎
	德意志人	德国、美国	德语	啤酒节、圣诞节、狂欢节、复活节、射手节
	旁遮普人	巴基斯坦、印度	旁遮普语	以面食为主。纺织、制陶、织毯和木刻。
	墨西哥人	墨西哥、美国	西班牙语	信天主教，仍保留偶像崇拜。娱乐以斗牛驰名。
	爪哇人	印度尼西亚	原讲爪哇语，现讲印度尼西亚国语	信伊斯兰教。有 1/3 属逊尼派的沙斐仪教法学派，被称为"桑特里"，另有一些属于印度教化的穆斯林，被称为"普里阿伊"。有古典舞剧、音乐、雕刻、帛画。
	意大利人	意大利、美国	意大利语	大部分为天主教徒，少数基督教新教教徒。
	朝鲜族	朝鲜、韩国、中国	朝鲜语	短衣长裙、长鼓舞、农乐舞、摔跤、踢足球、打糕、泡菜、冷面
	阿拉伯人	中东诸国	阿拉伯语	伊斯兰教、长袍、地毯
	英格兰人	英国、美国	英语	基督教新教各派
	法兰西人	法国	法语	天主教
	印第安人	美国、巴西、澳大利亚	印第安语	相信"万物有灵论"，崇敬自然。
	因纽特人	美国、加拿大、俄罗斯、格陵兰		冰窟、雪橇
中国	汉族	中国、东南亚、美国	汉语	赛龙舟、春节、除夕、元宵、饺子
	壮族	广西、云南、贵州	壮语	三月三、壮锦、山歌、绣球、那坡壮族民歌
	瑶族	广西、云南、广东、贵州	瑶语	盘王节、长发
	仫佬族	广西	仫佬语	婆王节、依饭节
	毛南族	广西	毛南语	分龙节、菜牛、竹器、花竹帽
	侗族	广西、贵州、云南	侗语	侗年、吃新节、祭牛神节、侗族大歌、琵琶歌、侗戏、斗牛
	京族	广西	京语	唱哈节、独弦琴
	阿昌族	云南	阿昌语	窝罗节、葫芦箫、户撒刀
	佤族	云南	佤语	拉木鼓、新米节、串姑娘、竹筒饭、沧源崖画
	普米族	云南	普米语	崇拜"巴丁刺木"、火葬、酥油茶拌炒面
	德昂族	云南	德昂语	泼水节
	纳西族	云南、四川	东巴文、哥巴文	棒棒会、三月龙王庙、七月骡马会、东巴教
	拉祜族	云南	拉祜语	诗歌"陀普科"、扩扎节、饮茶
	景颇族	云南	景颇语	平均主义习惯、目脑节、吃新节
	独龙族	云南	独龙语	卡雀哇节、"不用锁门的民族"、独龙毯
	哈尼族	云南	哈尼语	吃新谷、长龙宴、三弦舞、拍手舞、扇子舞、多声部民歌
	傣族	云南	傣语	泼水节、孔雀舞、象脚鼓和铓锣、镶牙套、染齿、纹身
	基诺族	云南	基诺语	上新房习俗、打铁节、特懋克节、崇拜太阳
	彝族	云南、四川、贵州	彝语	火把节、彝族年、崇虎、尚黑、敬火、爱武、爬花房、海菜腔、葫芦笙舞、烟盒舞

区域	民族名称	主要分布地区	民族语言	风俗特色（节日、习俗、信仰、体育、民族音乐与舞蹈）
中国	傈僳族	云南	傈僳语	澡塘会、收获节、过年节、江沙埋情人、阿尺木刮
	布朗族	云南	傣语	年节、祭寨神、洗牛脚
	羌族	四川	羌语	羌历新年、六月节、祭山会、羌笛
	怒族	云南、西藏	傈僳语	朝山节、鲜花节、溜索、模拟舞蹈、同心酒
	白族	云南、贵州、四川	白语	三月街、火把节
	布依族	贵州、云南、广西	布依语	六月六、牛王节、跳花会、查白歌节蜡染、山歌、口头文学
	水族	贵州、广西	水语	端节、活路头、水家布、九阡酒
	苗族	贵州、湖南、云南、海南、广西	苗语	苗年、四月八、龙船节、祭鼓节、崇拜盘瓠、飞歌、芦笙舞、鼓舞、斗牛
	仡佬族	贵州、云南、广西	仡佬语	仡佬年、哭嫁、崖穴葬和石棺葬、舞狮、祭树和竹子、蔑鸡蛋与打花龙
	藏族	西藏、青海、四川	藏语	藏历元旦、喇嘛教、藏族传统医学和天文学、锅庄舞、拉伊
	门巴族	西藏	藏语	藏历元旦、"萨玛"酒歌、"加鲁"情歌、门巴戏剧"错木"
	珞巴族	西藏	珞巴语	祥年节、生殖崇拜求丰收、粗犷的衣着、古老的饮食习惯、长刀和弓箭
	黎族	海南	黎语	口弓、鼻萧、拜、竹竿舞、打柴舞
	土家族	湖南、湖北	土家语	哭嫁、白虎崇拜、摆手舞、撒叶儿嗬、毛古斯舞、西兰卡普、打溜子
	畲族	福建、广东、江西	客家方言	盘瓠图、盘歌会、猎神信仰、蛇崇拜、编织工艺、畲族民歌
	高山族	台湾	高山语	播种祭、平安祭、祖祭、丰年祭、杵乐、雕刻、绘画和刺绣
	维吾尔族	新疆	维吾尔语	库尔班节、肉孜节、伊斯兰教、维吾尔木卡姆艺术、
	哈萨克族	新疆	哈萨克语	舞蹈、伊犁马和巴里坤马、诺吾鲁孜节、刁羊、赛马、姑娘追
	锡伯族	新疆、辽宁、吉林	锡伯语	弓箭的使用、抹黑节、杜因拜扎坤节、冬布尔
	乌孜别克族	新疆	乌孜别克语	伊斯兰教、苏麦莱克仪式、联姻的传统、能歌善舞、刺绣工艺
	柯尔克孜族	新疆	柯尔克孜语	崇信藤格里（天神）和火神等、萨满教
	塔塔尔族	新疆	塔塔语	肉孜节、古尔邦节、犁头节
	塔吉克族	新疆	塔吉克语	古尔邦节、巴罗提节、肉孜节、播种节、引水节、鹰舞
	东乡族	宁夏、甘肃、新疆	东乡语	尔德节、古尔邦节、圣纪节
	撒拉族	青海、甘肃	撒拉语言	圣纪节、开斋节、古尔邦节
	土族	青海	土语	纳顿节、水葬、刺绣工艺、於菟
	保安族	甘肃、青海	保安语	开斋节、古尔邦节、圣纪节、双刀
	回族	宁夏、青海、甘肃、新疆、云南、北京	回语	猪崇、白布包身、土葬、回族民间器乐
	蒙古族	内蒙古、辽宁、吉林	蒙古文	白节、祭敖包、那达慕、马奶节、游牧、长调民歌、呼麦、马头琴音乐、四胡音乐、安代舞
	满族	辽宁、吉林、内蒙古	满语	颁金节、萨满教、旗袍
	赫哲族	黑龙江	赫哲语	萨满教、依玛坎、坐福、鱼皮、兽皮衣物、木制餐具
	鄂伦春族	内蒙古、黑龙江	鄂伦春语	萨满教、假面舞
	鄂温克族	黑龙江、内蒙古	蒙古文	米阔鲁节
	达斡尔族	黑龙江	达斡尔语	造车、阿聂节、鲁日格勒舞

资料来源：赵锦元，戴佩丽. 世界民族通览（上、下册）. 北京：中央民族大学出版社. 2000 年 3 月第 1 版

世界重要节日一览表 　　　　　　　　　　　　　　　　附表 2—18

节日性质		节日名称	时间	概况说明（起源、流行地区、风俗）
世界性节日	庆祝性节日	元旦	1 月 1 日	1954 年法国倡议，全世界开展
		情人节	2 月 14 日	起源于英国，流行于欧美及菲律宾等地
		愚人节	4 月 1 日	愚人节已出现了几百年，对于它的起源众说纷纭
		母亲节	5 月第二个星期日	美国妇女活动家安娜·贾维斯倡议，1914 年美国总统威尔逊规定
		国际儿童节	6 月 1 日	国际民主妇女联合会 1949 年 11 月的执委会决定将每年 6 月 1 日作为国际儿童节
		父亲节	6 月第三个星期日	美国达德夫人倡导，美国的法定节日
	公益性节日	国际麻风日	1 月最后一个星期日	1953 年由法国人发起，世界卫生组织确立
		国际海豹日	3 月 1 日	拯救海豹基金会确定
		国际消费者权益日	3 月 15 日	国际消费者联盟组织（IOCU）1983 年确定
		世界森林日	3 月 21 日	又称"世界林业节"。1971 年西班牙提出，联合国粮农组织确认
		世界水日	3 月 22 日	联合国确认，1993 年开始
		世界气象日	3 月 23 日	1960 年 6 月世界气象组织确定
		世界卫生日	4 月 7 日	联合国世界卫生组织确定设立
		世界戒烟日	4 月 7 日	1987 年 6 月 15 日世界卫生组织确定
		世界地球日	4 月 22 日	1970 年 4 月 22 日美国群众环境保护运动
		世界法律日	4 月 22 日	通过法律维护世界和平中心确定
		世界青年反对殖民主义和争取和平合作的团结日	4 月 24 日	1956 年 8 月世界民主青年联盟理事会在索非亚会议上决定
		世界无烟日	5 月 31 日	1989 年世界卫生组织决定
		世界和平日	6 月 1 日	1986 年国际儿童和平奖大会上通过
		世界环境日	6 月 5 日	1972 年 6 月 5 ~ 16 日，联合国在瑞典首都斯德哥尔摩召开人类环境会议。同年 10 月，联合国大会第 27 届会议决定每年 6 月 5 日为"世界环境日"
		世界邮政日	10 月 9 日	1874 年 10 月 9 日，"邮政总联盟"诞生。1878 年更名为"万国邮政联盟"。1969 年的第 16 届万国邮政联盟大会通过决议，将每年的 10 月 9 日确定为万国邮联日。1984 年的第 19 届万国邮政联盟大会通过决议，将万国邮联日更名为"世界邮政日"
		世界粮食日	10 月 16 日	1979 年 11 月，第 20 届联合国粮食及农业组织大会决定
		世界艾滋病日	12 月 1 日	1988 年 1 月 26 日预防艾滋病世界卫生部长会议确定
		世界人权日	12 月 10 日	1950 年，人权委员会决定

续表

节日性质		节日名称	时间	概况说明（起源、流行地区、风俗）
世界性节日	纪念日	反对殖民制度斗争日	2 月 21 日	起源印度，被世界民主青年联盟和国际学生联合会采用
		国际劳动妇女节	3 月 8 日	纪念 1909 年 3 月 8 日美国芝加哥市女工罢工
		消除种族歧视国际日	3 月 21 日	纪念 1960 年 3 月 21 日南非沙佩维尔惨案
		国际儿童图书日	4 月 2 日	纪念丹麦童话作家安徒生诞辰
		世界航天节	4 月 12 日	1961 年 4 月 12 日苏联首次送人上太空
		国际劳动节	5 月 1 日	纪念 1886 年 5 月 1 日美国、加拿大工人团体在芝加哥罢工
		世界红十字日	5 月 8 日	纪念红十字组织创始人让·亨利·杜南
		国际护士节	5 月 12 日	纪念护理界先驱、现代护理学和护士教育创始人南丁格尔
		国际日	6 月 4 日	纪念 1982 年 6 月 4 日在以色列侵略黎巴嫩战争中无辜死难的巴勒斯坦和黎巴嫩儿童
		国际奥林匹克日	6 月 23 日	国际奥林匹克委员会成立纪念日
		联合国宪章日	6 月 26 日	1945 年 6 月 26 日，来自 50 个国家的代表在美国旧金山签署了《联合国宪章》
		世界旅游日	9 月 27 日	世界旅游组织（WTO）
		联合国日	10 月 24 日	1947 年 10 月 24 日联合国正式成立联合国大会即定为"联合国日"
宗教节日	基督教	圣诞节	12 月 25 日	耶稣诞生日
		复活节	3 月 21 日至 4 月 25 日之间	每年过春分月圆后第一个星期日
		万圣节	11 月 1 日	西方国家传统节日，与英法一带凯尔特人 10 月 31 日的"鬼节"相连
	佛教	世界佛陀日	4～5 月间的月圆日	斯里兰卡和东南亚国家流传的国家传统节日，又称"吠舍法节"、"维莎伽节"或"卫塞节"

资料来源：何承钢，麻太原. 节日通 [M]. 广西民族出版社. 1998 年 7 月第 1 版

中国重要民间节日一览表　　　　　　　　　　　　　　　　　附表 2-19

节日名称	时间	概况说明
春节	农历正月初一	我国民间最盛大、最热闹的传统节日。又叫做"过年"，它象征着团结、兴旺
元宵节	农历正月十五	又称"上元节"或"灯节"。闹元宵是农历新年的高潮，也是一年中最热闹的时候
清明节	清明节气，公历 4 月 4 日或 5 日	到清明节，人们有禁火寒食、上坟扫墓、踏青春游之俗
端午节	农历五月初五	又叫"重午"、"重五"、"端阳节"。是祭祀龙——传说中祖先的节日。后来成为纪念屈原的节日
七夕节	农历七月初七	传说中牛郎织女天河相会的日子
中秋节	农历八月十五	居于秋季之中，因此称为"中秋节"或"仲秋节"
重阳节	农历九月初九	又叫"登高节"，人们有登高的风俗
冬至／冬节	冬至节气，公历 12 月 22 日或 23 日	旧时每逢冬至，我国北方民间有宰羊、吃饺子、祭煤窑神的习俗
过小年	农历十二月二十三	旧时有"祭灶节"，后来把腊月二十三日至除夕称为"迎春日"，也叫"扫尘日"

中国各省地方戏剧一览表　　　　　　　　　　　　　　　　　　　　　附表 2—20

省份、地区	地方剧名
北京市	京剧、北方昆曲、西路评剧、北京曲剧
河北省	评剧、丝弦、河北梆子、横枝词、喝喝腔、武安落子、武安平调、河北老调、河北乱弹、西调（冀州调）、蔚县秧歌、隆尧秧歌、定县秧歌、四股弦、唐剧、横岐调、上四调等
山西省	山西梆子、蒲州梆子、上党戏、晋剧（中路梆子）、中路梆子、北路梆子、锣鼓杂戏、耍孩儿、灵邱罗罗、上党皮黄、上党落子、永济道情、洪洞道情、临县道情、晋北道情、襄武秧歌、壶关秧歌、沁源秧歌、祁太秧歌、繁峙秧歌、朔县秧歌、孝义碗碗腔、曲沃碗碗腔、弦子腔、凤台小戏等
内蒙古自治区	蒙古戏、二人台、内蒙大秧歌、漫瀚剧等
辽宁省	海城喇叭戏、辽南影调戏、蒙古剧、彩扮莲花落等
吉林省	二人转、吉剧、新城戏、黄龙戏等
黑龙江省	龙江戏、拉场戏等
陕西省	陕西梆子、秦腔、阿宫腔、西路乱弹、同州梆子、郿鄠戏、碗碗腔（华剧）、陕西老腔、汉调、汉调桄桄、八岔戏、合阳跳戏、合阳线腔、陕南端公戏、陕西道情、弦板腔、陕南花鼓戏、安康弦子戏等
甘肃省	陇剧（陇东道情）、高山剧、影子腔、甘南藏戏等
宁夏回族自治区	花儿剧、宁夏秦腔、宁夏道情等
青海省	青海平弦、西宁赋子、清曲、青海藏戏等
新疆维吾尔自治区	维戏、说唱戏、新疆曲子戏等
上海市	沪剧、滑稽戏、奉贤山歌剧
山东省	山东梆子、吕剧、东路梆子、柳腔、茂腔、柳子戏、绒子戏、大绒子戏、两夹弦、四平调、五音戏、柳琴戏（拉魂腔）、莱芜梆子、章丘梆子、枣梆等
江苏省	苏剧（苏滩滩簧）、扬州戏、昆剧、锡剧（常锡剧）、扬剧（维扬剧）、淮剧（江淮剧）、淮海剧、丹剧、通剧、柳琴剧、丁丁腔、海门山歌剧、淮红剧等
安徽省	徽腔（徽腔乱弹）、黄梅戏、庐剧（倒七戏）、泗州戏（柳琴戏）、皖南花鼓戏、凤阳花鼓戏、淮北花鼓戏、歌子戏、青阳腔、沙河调、岳西高腔、安徽目连戏、安徽傩戏、安徽端公戏、坠子戏、含弓戏、推剧、嗨字戏、芜湖梨簧戏、文南词、洪山戏、高山戏等
浙江省	越剧、婺剧（金华戏）、绍剧（绍兴大班）、新昌高腔、宁海平调、松阳高腔、醒感戏、温州昆曲、金华昆腔戏、黄岩乱弹、诸暨乱弹、温州乱弹（瓯剧）、甬剧、杭剧、和剧、湖剧、姚剧、睦剧等
江西省	赣剧、采茶戏、东河剧、青阳腔、弋阳腔、盱河戏、宁河戏、瑞河戏、宜黄戏、万载花灯戏等
福建省	闽剧（福州戏）、梨园戏（七子班）、芗剧（歌仔戏）、莆仙戏、高甲戏（戈甲戏）、山歌戏、花灯戏、龙岩戏、坠子戏、平讲戏、庶民戏、词明戏、大腔戏、小腔戏、闽西汉剧、北路戏、梅林戏、右词南剑调、三角戏、闽西采茶戏　南词戏、打城戏、竹马戏、游春戏、肩膀戏等
台湾省	七子戏（梨园戏）、歌仔戏
河南省	豫剧（河南梆子）、河南曲子（河南曲剧）、河南讴、弦索腔、祥符调、靠山簧、越调、二夹弦、四股弦、五调腔、怀梆、南阳梆子、大平调、大弦戏、罗戏、卷戏、河南道情、豫南花鼓戏、乐腔等
湖北省	汉剧、楚剧、采茶戏、花鼓戏、南剧、高腔、灯戏、清剧、荆河戏、湖北越调、山二黄、梁山调、堂戏、文曲戏、鄂西柳子戏等
湖南省	湘剧（长沙湘剧）、花鼓戏、地花鼓、祁剧、衡阳湘剧、常德汉剧、巴陵戏、荆河戏、采茶戏、辰河戏、湘昆、湘西花灯戏、湘西阳戏、师道戏、湘西苗戏、新晃侗族傩戏等
广东省	粤剧、潮剧（潮州戏、潮汕戏）、广东汉剧、正字戏、白字戏、山歌剧、西秦戏、花朝戏、粤北采茶戏、乐昌花鼓戏、雷剧、粤西白戏等
海南省	琼剧（海南戏）、临剧
广西壮族自治区	桂剧、彩调、苗剧、壮戏、侗戏、毛难戏、邕剧、文场、丝弦戏、广西师公戏、牛娘剧、桂南采茶戏等
四川省	川剧、高腔、弹戏（丝弦）、胡琴戏、灯戏（花鼓戏）、四川曲艺剧、秀山花灯戏等
贵州省	黔剧（贵州梆子）、布依戏、侗戏、花灯戏、贵州苗戏、安顺地戏等
云南省	滇剧、花灯戏、文琴、傣剧、昆明曲剧、关索剧、白剧、云南壮剧等
西藏自治区	藏戏

资料来源：中国图书馆图书分类法编辑委员会编．中国图书馆图书分类法（第三版）．北京：书目文献出版社．1990 年 2 月第 1 版

中国各地民间音乐与舞蹈一览表 附表 2—21

地区	音乐	舞蹈
北京	智化寺京音乐	京西太平鼓
河北	冀中笙管乐（屈家营音乐会、高洛音乐会、高桥音乐会、胜芳音乐会）、河北鼓吹乐	井陉拉花、秧歌、狮舞
河南	板头曲、唢呐艺术	
甘肃	裕固族民歌、花儿、唢呐艺术	兰州太平鼓、高跷
宁夏	回族民间器乐、花儿	
青海	藏族拉伊、花儿	土族於菟、锅庄舞
西藏	《拉萨河水》（日喀则拉孜）、《天空多么宽广》（日喀则定日）	热巴舞、日喀则扎什伦布寺羌姆、山南昌果卓舞、弦子舞、锅庄舞
四川	羌笛演奏及制作技艺、巴山背二歌、川北薅草锣鼓、川江号子	卡斯达温舞、伌舞、龙舞、弦子舞
重庆	梁平癞子锣鼓、吹打（接龙吹打、金桥吹打）、南溪号子、木洞山歌、石柱土家啰儿调、川江号子	龙舞
山东	鲁西南鼓吹乐、聊斋俚曲	秧歌
山西	左权开花调、河曲民歌、五台山佛乐、文水鈲子、上党八音会、绛州鼓乐、晋南威风锣鼓	翼城花鼓、狮舞、高跷
内蒙古	蒙古族长调民歌、蒙古族马头琴音乐、四胡音乐	蒙古族安代舞、达斡尔族鲁日格勒舞
黑龙江	对花、歌唱春天、新货郎、黑龙江好地方	达斡尔族鲁日格勒舞
安徽	当涂民歌、巢湖民歌	花鼓灯
新疆	维吾尔木卡姆艺术	
浙江	舟山锣鼓、嵊州吹打	余杭滚灯、龙舞、狮舞
江苏	苏州玄妙观道教音乐、海州五大宫调、江南丝竹	
上海	江南丝竹	
辽宁	千山寺庙音乐、辽宁鼓乐	秧歌、高跷、朝鲜族农乐舞
吉林	道拉基、北国江城吉林我故乡	朝鲜族农乐舞
陕西	西安鼓乐、蓝田普化水会音乐、紫阳民歌	安塞腰鼓、洛川蹩鼓、秧歌
湖南	土家族打溜子、桑植民歌、靖州苗族歌鼟、澧水船工号子	土家族摆手舞、湘西苗族鼓舞、湘西土家族毛古斯舞
湖北	武当山宫观道乐、枝江民间吹打乐、宜昌丝竹、兴山民歌	土家族撒叶儿嗬
新疆	青春舞曲、玛依拉、大板城的姑娘	塔吉克族鹰舞
云南	傈僳族民歌、哈尼族多声部民歌、彝族海菜腔	铜鼓舞、傣族孔雀舞、傈僳族阿尺木刮、彝族葫芦笙舞、彝族烟盒舞、基诺大鼓舞、锅庄舞、木鼓舞
贵州	铜鼓十二调、侗族琵琶歌、侗族大歌	苗族芦笙舞、木鼓舞
广西	那坡壮族民歌、侗族大歌	
广东	广东音乐、潮州音乐、广东汉乐、梅州客家山歌、中山咸水歌	英歌、龙舞、狮舞
福建	畲族民歌、南音、泉州北管、十番音乐（闽西客家十番音乐、茶亭十番音乐）	泉州拍胸舞
江西	兴国山歌	傩舞、永新盾牌舞
海南	崖州民歌、儋州调声	黎族打柴舞

第三章 人与景观的互动规律

"认识你自己"，这是两千多年前挂在古希腊雅典德尔雯神庙门前的一块匾额上的内容。表达是人类自身对自己的认识的一种渴望。人是构成社会的基本要素，也是观景活动的主观要素。研究人、景观以及人与景观的互动关系是本书最基本的，也是最重要的内容。

本章分别对此三要素进行详细的分析。其中第一节讨论影响人认识景观的主观要素，包括观景人的性别、年龄、民族、受教育程度、职业、性格、心理倾向和生长环境等；第二节分析影响人认识景观的客观要素，包括作为观景主体的人所处的不同状态，以及作为客体的景观的形体、色彩、材质、尺度及动态等方面；第三节则分析人景互动关系中的中介要素，即环境声音、环境光线、观景距离等因素。最后，在以上论述的基础上，得出人景互动的一般规律。本篇的论述以景观信息传递过程的三个环节为主线，从一个新的角度去考虑景观设计方法。

第一节　影响人认识景观的主观要素

人类具有自然属性和社会属性双重属性，每一个人都是这两种属性的对立统一体。自然属性是指人先天具有的生物机能，它包括肉体的需求（食、性和休息等）、体力与智力以及遗传和变异。社会属性是人类在群体生活中后天获得的特征，是指人类是一种群居的物种，能够使用语言和符号，以及具有复杂的需求。人的社会属性与自然属性是密切相关的。人的自然属性是社会属性的基础，人的社会属性是在人的自然属性的基础上发展起来的。正如马克思所说："人的本质并不是单个人所固有的抽象物。在其现实性上，它是一切社会关系的总和"。

观景人是人与景观互动的主体。同一景观在同一状态下，不同人的感受存在着差异。这种差异是由观景人的属性，即生理、心理、文化以及社会背景等因素所决定的，它是影响人认识景观的主观要素。主观要素又可以分为基本要素和人格要素。

一、基本要素

《三字经》开篇的"人之初，性本善。性相近，习相远。苟不教，性乃迁。"意指人在出生时，本性都是善良的，性情也很相近，但习性会随着生存环境不同的影响产生差异。若教育不当，善良的本性就会变异。这也说明不同习性的观景人存在对景观认知的差异。

实际上，基本要素是由人出生与生长的客观背景条件决定的，它具有普遍的大众化特点。

（一）性别

人的性别可以在不同层次中划分出基因性别、染色体性别、性腺性别、生殖器性别、心理性别和社会性别等六种性别。前五个层次的性别是很难改变的，社会性别具有一定的可变更性。男性与女性之间普遍存在着差异。我们用"性差异"（sex differences）来表示男女之间本能或生物学上的差异，而用"性别差异"（gender differences）来表示由社会角色不同而引起的男性与女性之间的差异。这两种差异都会影响男性与女性偏好，使得他们对同一事物可能会有不同的评价。图 3-1a 与图 3-1b 展示出男性积极参与政治活动及雄浑的体魄。而图 3-2a 与图 3-2b 则展示女性的细腻和柔美。

性别差异影响观景人对景观的感知效果。一方面，性别能影响观景人对色彩、光线的感觉。通常女性对颜色的知觉比男性更强，但是男性对鲜艳的颜色更为敏感，对光线也更敏感。男性与女性的这些特性影响他（她）们对景观颜色以及光线的判断。另一方面，不同性别的人对景观有不同的喜好。相关研究表明，女性一般注重周围环境、成品、装饰品及个人用品等具体事物，而男性则注重比较间接、有用、普遍及抽象的，且具有建设性的事物。这使得男性比女性更容易识别各种需要借助抽象思维去认知的景观，而女性则对具体的事物更感兴趣。通常认为，女性比男性细致、细腻，她们更重视细节，但缺乏广度，因此女性在观景时更注意细微的变化，而男性则能从宏观上把握景观的总体变化。从《男女性格特征比较一览表》我们可以了解男性与女性性格特征的差异，详见表 3-1。

图 3-1a（左上） 男性主要特征（伦敦海德公园演讲角，2000 年 7 月）

图 3-1b（右上） 男性主要特征（巴黎凡尔赛宫群雕之一，2000 年 9 月）

图 3-2a（左下） 女性主要特征（广州中山大学校园，2007 年 3 月）

图 3-2b（右下） 女性主要特征（巴黎卢浮尔宫，2000 年 9 月）

男女性格特征比较一览表[注1] 表 3-1

男性的性格特征	女性的性格特征
强烈的独立性	较依赖
情绪稳定、不外露	雅淑、温柔
客观性强	对他人的感情十分敏感
不容易受外界影响	虔诚笃信
支配感强	做事得体、分寸感强
十分爱好数学和科学	起居方面清洁干净
在一般情况能够临危不惧	文静
好动，竞争心强	对安全有强烈的需要
逻辑性强	欣赏艺术和文学
谙于处世	善于表达脉脉温情
直率	喜欢聊天
感情不易受打击	较易受到感情上的挫折
冒险精神强	对生活的稳定性要求较高
能够果断地做出决定	处理事情相对比较犹豫，考虑得更多
往往以领导者自居	更容易听取别人的意见
自信心强	比男性信心不足
对于攻击性行为往往满不在乎	对于攻击性行为往往表现为恐慌和逃避
抱负宏大	目标现实
能严格地区分理智和情感	情感占主要
从不因相貌而自负	陶醉于自己的容貌

[注1] 表 3-1 系根据（美）珍尼特·希伯雷·海登，B·G·罗森伯. 妇女心理学 [M]. 广州：广东高等教育出版社，1987 年 11 月. 等资料整理

（二）年龄

人们的生理、心理以及社会经验是随着年龄的增长而变化。由此，影响不同年龄段人群的价值观的形成，进而影响各年龄段的人群对景观的喜好和注意力有所差别。例如，通常少年儿童天真活泼，富于幻想，对新鲜事物充满热情，鲜艳单一的颜色以及简单的几何图案更容易吸引少年儿童的注意力，因此，儿童活动场地一般被设计成颜色鲜艳的城堡造型；青年人精力充沛，富于进取精神，容易接受各种新生事物，多数开拓眼界及增长知识的景观都能吸引青少年的视线；中年人沉稳老练，趋于安定，温馨舒适的景观更能引起他们的兴趣；老年人活动不便，且反应较慢，他们喜欢清静之地，思想较年轻人保守，对事物的评价容易受原有经验的限制，往往乐于回忆并眷恋过去的某些经历等等。图 3-3a、图 3-3b、图 3-4、图 3-5a、图 3-5b、图 3-5c 及图 3-6 分别表现出从老年人、青年人、少年到儿童的活动兴趣。

相关研究证明，不同年龄段的人在景观审美评判方面的差异，表现为年龄级差越大，景观审美方面的差异也就越大。见表 3-2。

图 3-3a（左上）
老年人的活动兴趣（伦敦海德公园，1999 年 12 月）

图 3-3b（右上）
老年人的活动兴趣（哈尔滨双城，2007 年 8 月）

图 3-4（左中一）
青年人的活动兴趣（珠海斗门，2005 年 5 月）

图 3-5a（右中一）
少年的活动兴趣（珠海三叠泉公园，2008 年 1 月）

图 3-5b（左中二）
少年的活动兴趣（广州东方乐园，1998 年 1 月）

图 3-5c（右中二）
少年的活动兴趣（广东东莞，吴虑摄于 2007 年 1 月）

图 3-6（下）
儿童的活动兴趣（山东莱州，1988 年 9 月）

不同年龄段在景观审美方面的相关系数表[注2]

不同年龄段在景观审美方面的相关系数表 [注2]　　　　　　　　表 3-2

年龄组	6 - 8	9 - 11	12 - 18	19 - 35	36 - 65	>65
6 - 8	—	0.86	0.53	0.53	0.66	0.55
9 - 11		—	0.69	0.66	0.72	0.54
12 - 18			—	0.96	0.90	0.78
19 - 35				—	0.94	0.79
36 - 65					—	0.87
>65						—

[注2] 表 3-2 资料来源：Zube, E.H. 等 . 1983. A Lifespan developmental Study of Landscape Assessment. J. of Environmental Psychology,3:115-128

（三）民族

目前世界上对民族的定义多采用斯大林提出的定义，即民族是人们在历史上形成的有共同语言、共同地域、共同经济生活以及共同心理素质的稳定的共同体。民族之间的差异，广泛影响着人们对景观的认识过程与效果。对人们认识景观构成影响最主要的因素就在于这一共同的心理素质，民族心理素质包括民族的信仰、习俗、性格、能力、气质、情操、审美及兴趣等。这些群体心理因素的差异造成了不同民族对各种景观产生不同的评价和偏好。如苗族以银为美，彝族尊奉火，傣族用泼水祝福；壮族喜好黑色，汉族喜好红色。这些都是由于各民族心理素质的不同而产生的审美差异，从而产生对景观的认识结果。图 3-7a、图 3-7b 及图 3-7c 表现出不同民族的服饰景观。

（四）受教育程度

人们的受教育程度划分为从低到高的各种层次，通常不同教育层次背景的人群对景观的认识具有差异。一般而言，受过高等教育的人知识丰富，不仅对景观的表象能很好地把握，并且对景观相关历史文化内涵也有所了解，对景观的欣赏能达到较高层次，对景观识别也有更为独立的思考能力和想象能力，甚至进行正确地评价；受中等教育的人在观景上较为具体化和表面化，对景观的判断能力弱，所以对景观的认识和理解容易受到他人评价的影响；只受过初等教育的人群受知识限制，只能认识景观的表象，对景观的理解较为肤浅。所以说，观景人的受教育程度会影响到他们对景观的认识。图 3-8、图 3-9 及图 3-10 分别表示幼儿园小朋友、大学学士和硕士三类受不同程度教育的人。

图 3-7a（左）
民族的服饰景观
（拉萨布达拉宫，
2005 年 10 月）

图 3-7b（中）
民族的服饰景观（贵阳彝族女，2006 年 12 月）

图 3-7c（右）
民族的服饰景观（海南三亚白族女，2007 年 3 月）

图 3-8 (上)
幼儿园的小朋友 (广东东莞, 2006 年 11 月)

图 3-9 (中)
受大学本科教育的人 (广州中山大学, 张莹提供, 2006 年 6 月)

图 3-10 (下)
受硕士教育的人 (广州中山大学, 2005 年 6 月)

（五）职业

观景人群有从事各种职业的人, 他们包括学生、工人、农民、军人、技术人员、商人、教师、文体工作者等等。他们长期所从事的职业习惯会影响到观景人个性的形成和发展。从而, 影响观景人爱好的差异, 使得他们对各种景观的兴趣以及观景习惯有所不同。通常, 观景人多数是从他们各自所从事的职业相关知识领域去识别和理解景观的特征。例如,同样是对于某一建筑的认识,文学家关注建筑的文化内涵, 历史学家关注建筑的历史演变过程, 艺术家关注建筑的审美价值, 建筑师关注其中的建筑构造与建筑风格, 而城市规划师则关注建筑群体的布局等等。这充分说明人们所从事的不同职业影响他们观景过程与效果的差异。图 3-11a、图 3-11b、图 3-11c、图 3-11d、图 3-11e、图 3-11f 及图 3-11g 展示了不同职业的人的行为方式。

由左至右，由上至下

图 3-11a　不同职业景观（黑龙江海林农场红光队农工，1976 年 6 月）

图 3-11b　不同职业景观（伦敦女骑警，2005 年 12 月）

图 3-11c　不同职业景观（伦敦皇家卫队哨兵，2005 年 12 月）

图 3-11d　不同职业景观（广州琶洲会展中心，靓丽的女车模，2003 年 11 月）

图 3-11e　不同职业景观（中山大学珠海校区教师，孙少玲摄于 2004 年 11 月）

图 3-11f　不同职业景观（江苏苏州人力车夫，2006 年 6 月）

图 3-11g　不同职业景观（哈尔滨建设工人在上班路上，2007 年 8 月）

（六）生长环境

人们生活成长的环境千差万别。这些差异，一方面影响了观景人对所熟悉的事物的敏感度，例如通常人们容易被所熟知事物反复刺激而产生审美疲劳，导致对其漠然无视；另一方面使得观景人对陌生事物有新奇感。例如生长在城市里的人多喜欢到乡下去游玩，生长在农村的人向往着都市生活。威廉姆斯（Williams）在"景观熟悉性如何影响景观审美"一文中论述了关于人与景观熟悉与否的相互关系。通常，人们对生活成长所在地域景观越熟悉而对其审美评价越低；而他们对于生活成长地域之外的景观评价，则随着他们对景观的熟悉程度而对其审美评价趋高态势。但是当他们对外地景观熟悉程度达到最高值时，他们对其审美评价较低。这说明生活成长在不同地理环境的人对于景观审美评价方面存在差异，也就产生了钱钟书先生在《围城》中说的"城里的人想出来，城外的人想进去"之"围城效应"。图 3-12、图 3-13a 及图 3-13b 分别展示生活在不同环境的人的行为特征。

图 3-12（左上）城市儿童的生长环境（香港太平山上，2007 年 12 月）

图 3-13a（右上）生长在山村的小孩（广西德保天坑村，2004 年 1 月）

图 3-13b（下）生长在农村的小孩（黑龙江饶河，1985 年 9 月）

二、人格要素

人格一词来自拉丁语"persona"，也称个性，原为面具的意思，代表人物的角色和性格。作为一个心理学术语，人格（个性）是一个人所具有的各项比较重要的和相当持久的心理特征的总和，包括需要、动机、态度、理想、信念、能力、气质、性格等方面。

（一）人格的形成

人格的形成主要受遗传素质、社会因素和社会实践三个方面交互作用的影响。首先，婴儿从父母那里继承的遗传特征形成了基本人格。其次，作为社会的人在成长的过程中，社会的道德标准与规范、角色期望、家庭的信念、价值观念等无不对个体人格的形成有着重要的影响作用。第三，在社会实践中，各种经验都在塑造着个体的人格。在三个因素的相互关联与相互作用下，人格逐渐形成并稳固下来，形成各不相同的人格特征。

（二）人格类型

在人格类型的研究方面，瑞士心理学家卡尔·荣格关于人格理论的分类方法是把人格分为内倾型和外倾型两种。不同的人格类型对景观有不同喜好。详见表3-3。

人格类型与景观喜好对比表　　　　　　　　　　　　　　　　表3-3

人格类型	内倾型	外倾型
特征	性格内向，重视自己和自己的主观世界，喜欢安静、独处，但忠于友情； 做事深思熟虑，极少冲动； 喜欢整齐有序的生活方式，能够控制自己的情感； 较少攻击性，注重伦理道德规范	性格外向，善交际，合群，不大喜欢独处； 易激动，做事凭一时冲动； 喜欢运动和变化； 具有攻击性倾向，感情不易控制
景观喜好	多喜欢常规、传统、宁静的景观	多喜欢新奇、刺激、人迹罕至的景观

（三）人格与景观

1.人格特征

心理学发现，个体生活方式的特点能反映出其人格特征。根据生活方式的封闭与开放程度，我们可以将个体人格划分为"封闭型"、"半封闭型"和"开放型"三种类型。

"封闭型"的人重视家庭生活，希望生活清净、安宁、有秩序。他们的特点是"静"，喜欢空气清新、阳光明媚、较为清静、与家人相伴的环境；"开放型"的人活跃，富有进攻性，对新奇的经历感兴趣，乐于主动与人交往，自信，注重表情，他们喜欢具有冒险性和新奇的景观；"半封闭型"介于开放型与封闭型之间，既希望生活有秩序，又渴望新奇的经历，他们的特点是追求动与静的结合。

2.心理状态与人体生物节律

人在喜、怒、哀、乐不同心境下，对景观有不同的认知效果。当一个人心情愉快的时候，会感觉到眼前的事物都是美好的，使他们所观赏的景观增添几分美感；而当一个人心情较差情绪低落的时候，会降低他们观赏景观的热情，即使是仙景他们也无意欣赏。

另外，人有求食、饮、性、母性、避痛及睡眠等六种生理需要，以及探索、接受外来信息刺激、成就、赞许及亲和等五种心理需要。按照马斯洛"需要五层次"等级分类，又可将人的需要分为生理需要、安全需要、爱与归属、尊重需要和自我实现这由低到高五个层次。人的心理问题又可划分为健康状态、不良状态、心理障碍和心理疾病等四个级别。这些复杂的心理状态时刻影响着观景人对景观的认知过程，乃至影响到他们观赏景观的效果。

人体生物节律是指人的生命活动呈现节奏性和周期性。人体有多种生物节律，我们最为熟悉的是日节律，即昼夜节律。人们习惯于白天工作、晚上睡眠，通常人们白天工作效率较高，而晚上工作效率较低，尤其是凌晨工作效率最低。人们的体力、情绪和智力有近乎月节律的变化规律，形成了"人体生物三节律"学说，它通常是综合地影响人的各种行为。

总而言之，观景人的心理状态、心理需要和生物节律会直接影响他们对景观认知的过程和效果。这些往往被设计者所忽视。

第二节 影响人认识景观的客观要素

影响人认识景观的客观要素包括两个方面：一是观景人客观条件的变化，包括静态和动态情况下观景，其中动态主要是观景速度的变化；二是景观自身的客观条件，即景观形体、色彩、材质、尺度、动态变化等要素。

一、以观景人为主体的人与景观互动

观景人处于坐、卧、蹲、站等静止状态下观景，或走、跑、跳、乘车等运动状态下观景，对景观会产生不同的感受或认知效果。当处于静态的观景人观察景物时，他们会洞察秋毫，对寓意深邃的景观有较全面认知和感受。而处于运动状态的观景人，他们的运动方式多种多样，可以是步行或跑步，或驾驶，或乘坐各种交通工具，这些活动方式直接影响到观景人对景观的感知效果。通常，他们对景观的认知效果或理解程度，会随着他们的运动速度的快与慢而产生由表及里、或偏或全等不同的观景效果。另外，同处于运动状态的交通工具上，由于驾驶员和乘客对各种不同景观的注意力存在差异，他们对各种景观信息的获取量也相应存在认知程度上的差异。

（一）步行观景

步行是人最普遍、最简易、最自由的活动方式。步行的速度可以根据观景的需要随时调节，随之掌握观景节奏。例如在值得细看的地方减慢速度甚至驻足拍照，在景观与景观的过渡地带可以加快速度。步行具有360°的视角，观景人可环视四周，提高了景观的整体感和立体感。步行促进了人与人之间的交流，从而增加了对景观的思考；同时也可以通过眼看、耳听、鼻闻、手触等方式全方位感受景观，加深人与景的交流。以上种种条件的综合作用，加深人们对景观的认知水平。由此可知，想了解景观的细部，徒步是首选的方式。

步行的目的不同，对景观的认知程度和效果也不尽相同。上下班或赶路的人，无暇顾及其周围的景物，更不用说驻足观看；周末或晚饭后到公园散步的人，主要是为了放松心情，一般不会注意公园景物的细部，但很注重环境的整体质量；一般步行游览者，通常会根据旅游指南对主要景区进行详细观察，而对其他部分只是一般性的游览；对于景观设计专业人员来说，他们的职业技能使其能够在复杂的景观环境中，通过观察、分析与思考，认识环境景观的结构特征乃至细部特点，即从宏观、中观到微观三个层次把握景观特征。

步行的目的和速度直接影响到人对景观的认知内容和程度。如日常在公园或街区

散步的人之目的在于休闲与交往，他们关注整体环境是否舒适，步行空间有限，速度极慢；在商业街区，人们逛街的主要目的是购物，他们的注重力集中在导购标识、商品式样及价格上，步行速度慢；游览观光的人则更注重街道的景观环境，街道两侧的建筑以及旅游手册上介绍的景观要点，步行速度较慢；日常通勤工作或学习的人，已熟悉他们的步行环境，较少注意街道的景观环境，步行速度适中；对于那些急于寻找与到达目的地的人，他们只关注路况和街道标识牌，步行速度较快；日常进行跑步运动锻炼身体的人，出于避让的目的关注周边的人或物，运动速度快。详见表 3-4。图 3-14、图 3-15、图 3-16 及图 3-17 分别表现的是步行的人出于不同的目的以及不同的行进速度下的视野与目标。

（二）使用交通工具观景

当观景人仅仅需要总体了解城市环境，或是对整个景区的形象定位时，他们就只需对景观有总体印象和概要了解，无需深入细致地观景。在这种情况下，观景人往往会选择使用交通工具的方式观景。

步行目的和速度对观景效果的影响对比表 表 3-4

步行方式	目的	平均速度（km/h）	环境范围	景观认知效果
跑步	运动	12～16	运动场及人行道	小范围的动态景观
急行	达目的地	7～9	城市	街道及标识牌
上（下）班（学）	通勤	4～5	城市	路况
逛街	购物	小于2	商业街区	导购标识及商品
观光	游览	2～3	景区、街区及景点	区域景观
散步	休闲及交往	小于2	公园及小游园	整体环境

图 3-14（左上） 游览观光人的视野与目标（上海南京路步行街街景，2002 年 8 月）

图 3-15（右上） 赶路人的视野与目标（英国威尔士卡迪夫路标，2002 年 9 月）

图 3-16（左下） 逛街购物人的视野与目标（英国伦敦商店橱窗，2005 年 12 月）

图 3-17（右下） 逛街购物人的视野与目标（英国牛津商店橱窗，2002 年 9 月）

借助于交通工具相对于步行来说，有其自身的特点：通常乘坐交通工具是一个群体的行动，交通工具的快慢和行进路线并不能完全由个人来掌控，而是需要服从整体的意识；交通工具通常是围合式的，对观景人的视线造成一定程度的阻碍，但对景观以及对于人来说都可以起到一种保护的作用；交通工具速度一般较快，不利于对景观的细部的观察，但有利于对景观的整体把握；乘坐交通工具减少了人的体能消耗，能轻松地欣赏远距离、大范围的景观而不感到疲劳。

不同的交通工具能给人以不同的观景体验（见表3-5）。首先，不同的交通工具在不同的环境中行驶，影响了观景的区域，如乘坐飞机看到的是蓝天、白云和鸟瞰地面的总体形象，乘坐轮船看到的是蓝天、大海，乘坐火车或汽车则可以观看到大地的景物；其次是它们为观景人带来的观景感受不同，如城市中的观光车比普通客车更有利于观景，加大玻璃窗或敞篷车的设计增加了观景视角，人力车介于步行与乘车之间，既亲近自然，又能避免徒步的疲累，而且乘车观景本身也是一种享受。

使用不同交通工具的观景效果表　　　　　　　　　　表3-5

交通工具类型		平均速度（km/h）	环境范围	景观认知效果
飞机		800～1000	空中	蓝天、云
轮船		40～60	水域	蓝天、水域
火车		60～250	城市间	沿途动态景观
汽车	开车	40～120	城市中或城市间	路标、路况
	乘车	40～120	城市中或城市间	沿途动态景观
摩托车		30～50	城市中	路标、路况
自行车		10～12	城市中	路标、路况

图3-18 驾车者在不同车速时的注意集中点及观景效果示意图

使用交通工具的观景人又可分为驾驶人和乘坐者，他们观赏景观的效果同时受到所乘坐的交通工具的行驶速度的影响。但由于他们观景的目的和注意力不同，导致在观景效果上存在差异。

1. 驾驶交通工具观景

驾驶人员需要把握行驶路线及注意行驶安全，因此观景时具有选择性、间断性、粗略性的特点。即驾驶人会根据行驶的要求，对景观的选择主要是交通标识、标志物、路况等，并且只对景物的重要特征进行把握，不关注其他细节，这也使得驾驶人的观景不能全面，具有间断性。

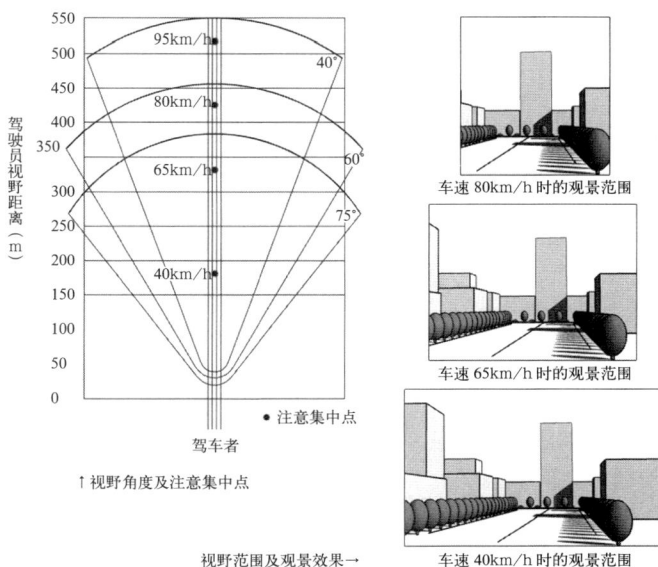

↑视野角度及注意集中点

视野范围及观景效果→

车速80km/h时的观景范围

车速65km/h时的观景范围

车速40km/h时的观景范围

驾车者在不同的车速下观景的效果也有所差异。在速度较慢的情况下，视野范围较大，驾车者的注意集中点较近，能较多、较细地观景；驾车速度越快，需要集中注意力的焦点拉得越远，视野范围也逐渐缩小。图3-18较直观地展示了在不同运行速度情况下的视域与观景效果。

2. 乘坐交通工具观景

乘车比起驾车无疑更有利于观景。人的注意力可以集中到景观上，而不用把精力花在行车安全上。相对于驾驶员而言，乘客在观景上具有一定的连贯性、细致性的特点。

二、以景观为主体的人与景互动

物质景观通常具有形体、色彩、材料与质感、尺度和动态等属性。一切物体的比例关系都是客观存在的，它是各物体之间以及物体自身各部分之间的一种度量关系，任何物体都可以用一个特定的比例去衡量和判断。

（一）形体

形体一般指物体的形状、体形和体积。形是观景人认识物质景观的主要视觉要素。城市景观中的绝大部分是以固体形式存在，它们有可把握的实体形象，是最能反映城市景观特征的一部分。通常物质景观的"形"包括规则的几何形状，或是不规则的自然形（见表3-6）。

物质景观之"形"的分类表　　　　　　　　　　表3-6

规则性　　边数	规则	不规则
曲	圆形、扇形、椭圆形、环形	不规则曲线
三边	正三角形、等腰三角形	不等边三角形
四边	正方形、矩形、平行四边形、等腰梯形	不等边四边形
多边（大于四边）	正多边形、等角星形等多角形	不等边多边形

图3-19a、图3-19b及图3-19c展示不同的规则形体的建筑景观。

规则形状的物质景观通常给人以明确的、秩序的、理性的感觉，容易为人所理解。如城市中的市政广场，常采用规则的形状，尤其以矩形甚至是正方形居多，再配以对称式布局，使人感到威严、肃穆。如北京的天安门广场。不规则的形状通常给人以模糊的、无序的、自然的感觉，不易为人所理解。而不规则的物质景观的特性往往不能迅速被观景人所认识，因而使观景人产生迷离的感觉，它令人期待和耐人寻味，具有别样的魅力。

在现实生活中，规则与不规则常常并不是独立存在的，二者经常组合在一起，表现为互相包含或互相穿插，以产生复合或复杂的效果。图3-20a、图3-20b及图3-20c展示多种不规则的建筑景观。

图3-19a（左）
规则形体建筑景观（英国伦敦东伦敦大学道克兰校区学生宿舍，2000年7月）

图3-19b（右）
规则形体建筑景观（广东东莞，2006年11月）

　　体是物质景观存在的空间形式，称为立体或体积。根据体积的不同，物质景观涵盖了小到微型景观，大到巨型景观的范围，它们的体积大小会影响到观景人认识景观的效果。

　　体也有规则与不规则之分。由于它具有三维的特性，其变化形式更加丰富。规则的立体可分为柱体、台体、锥体、球体及环体等，这些立体的形体特征不同，使观景人对它产生不同的视觉效果和心理感受（见表3-7）。图3-21a与图3-21b展示的是多种形体组合的建筑景观。

图3-19c（左上）　规则形体建筑景观（西班牙巴塞罗那，2007年5月）

图3-20a（右上）　不规则形体建筑景观（英国布莱顿夏宫，2000年6月）

图3-20b（左中）　不规则形体建筑景观（英国伦敦市政厅，2006年1月）

图3-20c（右中）　不规则形体建筑景观（西班牙巴塞罗那，2007年5月）

图3-21a（左下）　组合形体建筑景观（香港太平山凌霄阁，2003年11月）

图3-21b（右下）　组合形体建筑景观（海南海口，2004年10月）

"体"的分类与观景效果对比表　　　　　　　　表 3—7

分类		形体特征	景观效果	常见现实景观
规则体	柱体	顶面与底面相等	稳重、呆板	现代建筑
	台体	顶面与底面不等	具有上升或下降的导向	下沉广场
	锥体	顶面或底面为零	上升感强	塔、屋顶、基督教堂
	球体	等半径	稳重、圆滑	雕塑、局部装饰
	环体	空心、具有内外半径	虚实相间	局部装饰
不规则体			奇异、冲击性强	雕塑、局部装饰

（二）色彩

　　城市景观中任何在我们视觉上非透明物体的构成要素都有色彩。在诸多造型因素中，色彩是人们识别物体的首要因素。如在超市选购商品时，更吸引我们眼球的是那些包装色彩鲜艳、明快的商品，其形体反而首先被我们忽略。图 3—22a、图 3—22b、图 3—22c、图 3—22d、图 3—22e 及图 3—22f 展示的是色彩特征明显的景观。

　　色彩所具有的一系列特性影响人们的生理和心理，进而影响人对景观的观察识别（详见本书第五章）。此外，由于民族习俗和生活经验的影响，不同的色彩能使观景人产生各种抽象的或具体的联想（详见表 3—8）。在生活中，不同的色彩在不同地域文化背景下有不同的象征意义（详见表 3—9）。

图 3—22a（左上）
色彩与景观（英国伦敦，2000 年6 月）

图 3—22b（右上）
色彩与景观（意大利佛罗伦萨韦基奥桥，2000 年9 月）

图 3—22c（左下）
色彩与景观（哈尔滨松花江畔，2004 年 10 月）

图 3—22d（右下）
色彩与景观（英国超市货架，2005 年 12 月）

色彩的联想表　　　　　　　　　　　　　　　　　　　　　表 3-8

颜色	抽象的联想	具体的联想
红	热情、喜悦、吉祥、爱情、积极、革命、危险、紧张、兴奋、奔放	太阳、火、血、口红、苹果、节日、警告标记、共产党、女性
橙	明亮、温暖、欢乐、辉煌、华丽、嫉妒、庄严	桔、柿、玉米、炎、秋、荷兰
黄	光明、幸福、快活、跳跃、希望、智慧、甜美、丰富、威严、神秘、高贵、辉煌	光、柠檬、香蕉、芒果、咖喱、黄金、皇权、宫殿
绿	和平、安全、生命、成长、自然、环保、健康、准许	叶、田园、森林、蔬菜、绿灯、陆军、春季、草原
蓝	沉静、理想、希望、悠久、崇高、纯洁、冷漠、理智、博大、质量高、科学	宇宙、天空、水、男性、空军、海军、工人、静脉、蓝屏死机
紫	优美、高贵、神秘、虔诚、镇静、创意、魅力	紫罗兰、葡萄、薰衣草、紫水晶
白	洁白、神圣、虚无、干净、朴素	雪、砂糖、白云、婚纱、葬礼
灰	安静、柔和、大方、平凡、忧恐、忧郁	阴天、鼠、铅
黑	庄重、严肃、死灭、罪恶、恐怖、秘密、隐蔽、财富、来历不明、坚毅、沉思、忧伤、消极	夜、墨、煤炭、葬礼、黑社会、星期五、海盗、石油

色彩在不同地域的象征表[注3]　　　　　　　　　　　　　表 3-9

地区　　颜色	中国	日本	欧美	古埃及
红	南（朱雀）、火、喜庆、革命	火、敬爱、股票上涨	圣诞节、股票下跌	人
橙	—	—	万圣节	—
黄	中央、土	风、增益	复活节	太阳
绿	生命、春季	股票下跌	圣诞节、财富、资本主义、股票上涨	自然
蓝	东（青龙）、木	天空、事业	新年、高贵、北方	天空
紫	邪恶		复活节、尊贵、财富	地
白	西（白虎）、金、丧礼	水、纯净	基督教、婚纱	—
灰	—		南方	—
黑	北（玄武）、水	土、降伏	万圣节前夜、丧礼	—

　　[注3]　表 3-8、表 3-9 资料来源：张绮曼，郑曙旸．室内设计资料集[M]．北京：中国建筑工业出版社．1991 年 6 月第 1 版

图 3—23a（左） 不同材料的建筑景观（辽宁沈阳故宫木结构宫殿，1998 年 2 月）

图 3—23b（右） 不同材料的建筑景观（英国中世纪小镇石屋，2000 年 9 月）

（三）材料与质感

材料是人类用于制造物品、器件、构件、机器或其他产品的物质。它是人类文明和文化的产物，以及社会生产力发展水平的标志。物质景观往往反映自身材料本质或表象的特征，从而形成丰富多彩的人文景观。世界上不同的地域盛产不同的材料，城市建设中常常是"就地取材"，从而就形成了具有不同地域材料特征的城市景观。如在城市建设历史上，我们知道的是：东方建筑材料多使用木材，而西方建筑材料多使用石材。图3—23a 与图 3—23b 展示的是由不同材料建构的建筑景观。

现代城市建设中，种类繁多的材料都具有自身的外观特征，给观景人以不同的感觉，即质感。如木构建筑、砖混、钢混或钢结构建筑，即木屋、砖房或混凝土大厦都会给观景人以不同的感受。我们从表 3—10 中，可认识到各种材料质感所表现出的不同景观效果。

图 3—24a、图 3—24b 及图 3—24c 展示的是各种材料的建筑与质感。

以上讨论的主要是单一景观材料与质感，单一景观的材料的或刚或柔，或亮或暗，或光滑或粗糙，会直接影响到人对景观的感知。在现实生活中，景观还具有不同质感组合的系列特征。同时各种材料在实际应用中往往是两种或更多种材料混合使用，使观景人对景观产生复杂而丰富的认知效果。见图 3—25a、图 3—25b 及图 3—25c。

常见材料的特性、质感景观效果与应用表　　　　　　　　　　表 3—10

材料	纹理特征	物理、化学特性	质感	实际应用
木材	自然、多变	较好的弹性、韧性、吸湿性	朴实、温暖、亲近	家具、建材
石材	自然	结构致密、强度高、耐水、耐久	稳重、庄严、有力量、浑厚、粗犷	铺地、建材
混凝土	纹理受模具影响	可塑性强、强度大、适应性强	朴素、纯净、大方	建材
砖瓦	粗糙	隔音、防火、组合方便	朴素、厚重	屋顶、墙体
陶瓷	光滑	质地紧实	华丽、高贵	装饰品
金属	光滑、平整、规矩、有色泽	坚实、耐用、塑性和韧性大	冷漠、时代感强	建材
玻璃	光滑、透明	透视、隔热、隔音、保温、塑性	轻盈、通透	窗户、墙
塑料	光滑、多彩	轻、防腐性和绝缘性好、塑性好、不耐热	轻盈、绚丽	装饰材料

图 3—24a（左上）　材料质感与景观（广州番禺沙湾岐头村民居建筑的蚝壳墙，2004 年 11 月）

图 3—24b（右上）　材料质感与景观（中山大学岭南堂的玻璃幕墙，2004 年 6 月）

图 3—24c（左中）　材料质感与景观（东莞松山湖凯悦酒店内庭玻璃幕墙，2006 年 11 月）

图 3—25a（右中）　不同质感组合景观（英国砖木结构建筑，2000 年 8 月）

图 3—25b（左下）　不同质感组合景观（英国居住建筑草屋顶，2000 年 6 月）

图 3—25c（右下）　不同质感组合景观（英国埃雷建筑石墙面与玻璃窗，2006 年 1 月）

　　景观系列的质感除受单个景观质感的影响外，更多地是为景观系列的排列——疏密、高低、凹凸所影响。如紧密连续排列的建筑墙面，若其高低相似，与建筑红线的距离也基本相同，给人的感觉将是硬的、密质的、均匀而无疏密变化的、单调的；若其中有几处建筑后退，露出绿枝摇曳，或有几幢建筑高耸、低矮，或有两处街头小游园形成开敞空间等等，这样的景观便能给人带来具有疏密、软硬、明暗、轻重变化的，丰富的质感感受。

　　（四）尺度

　　尺度是指比较度量物质景观整体与局部、局部与局部、物质景观与观景人体以及物质景观与空间关系的尺寸。在城市景观设计中，我们最为关注的是以观景人为中心的尺度标准，即建筑或街道的尺度。我们把景观按观景人的尺度划分为：微型景观、小型景观、宜人景观、大型景观、巨型景观等。不同尺度的物质景观，会影响观景人的情绪和对景观的认知效果。详见表 3-11。图 3-26、图 3-27、图 3-28、图 3-29a、图 3-29b、图 3-29c、图 3-29d 及图 3-29e 展示的是不同尺度的街道景观。

图 3-26（左上）　狭窄的街巷景观（广州番禺沙湾岐头村，2004 年 11 月）

图 3-27（右上）　街巷景观（英国小镇，2000 年 9 月）

图 3-28（左下）　水巷景观（意大利威尼斯，2000 年 9 月）

图 3-29a（右下）　街道景观（哈尔滨中央大街，1999 年 9 月）

图 3—29b（左上）　街道景观（荷兰阿姆斯特丹街景，2000 年 9 月）

图 3—29c（右上）　街道景观（广西南宁步行街，2002 年 10 月）

图 3—29d（左下）　街道景观（英国剑桥大学三一巷，2005 年 12 月）

图 3—29e（右下）　街道景观（英国剑桥城市街道，2005 年 12 月）

景观的尺度与观景效果对比表　　　　　　　　　　　　　　　　　表 3—11

景观的尺度	相对于人的大小	观景效果	常见景观
微型景观	微细，需借助扩大设备方能看清	精细、巧妙	微雕
小型景观	小，人无法使用	微弱、精致	微缩景观，如世界公园（北京）等
宜人景观	符合人体尺度	亲切、舒适	住宅、小游园、城市家具
大型景观	人在其中很渺小	崇高	高楼大厦、哥特式教堂、大型广场
巨型景观	人在其中可以忽略不计	浩瀚、迷茫	星空、从太空看地球、汪洋大海、大型的地质地貌景观

在通常情况下，物质景观具有各种尺度的类型，但每个物质景观都有适宜各自结构特点的尺度。城市景观设计中会以观景人的尺度进行设计，以给观景人一种视觉上的亲切感，使观景人处于最舒适的心理状态。但有时景观设计中也会利用尺度与景观效果特性，采用逆向操作方法刺激观景人的视觉感受，强化景观特征，以达到特殊的景观效果。如可以通过夸大或缩小景观的正常尺度者的手法，起到夸张景观的效果。例如在东方集权国家的城市布局和西方教堂的设计中，夸大建筑的尺度是一种常用的手法。东方的政治中心城市布局通常用作为中轴线的宽大街道，结合高大的行政建筑，来强化、突出其统治地位；西方教堂通常高大宏伟，使得人们走进教堂，会感觉自己的渺小，从而突出了宗教的崇高地位。

（五）动态

自然界的万事万物无不处于运动变化的过程中，但他们的运动变化存在着速率的差别。从自然的地形和地貌等地质运动需要千年乃至万年亿年时间的变化频率，到城市建设需要数年或数十年时间的变化频率，到植物的一年四季的变化频率，到月圆月缺的二十九天十几小时的变化频率，到日月交替的一日轮回，到流水时刻的变化频率，都说明景观的动态特性。

人们习惯于把美好的景色固化成一幅静态的画面，常将美好的景观形容为"风景如画"。然而，我们生活中的景观多是动静结合的。云的飘移，水的流动，植物随风而舞动，人和动物的活动，以及车辆的移动等等，都为景观增添了生气，使景观更富于变化而更加生动。没有人生活的城市只能称为废墟，没有流水的湖泊只是死水一潭。可见，动态或动与静结合的景观，会使人更加赏心悦目。图 3-30 展示城市中正在建设的桥梁。

综合以上因素，在图 3-31 展示了综合了以上包括形体、色彩、材料与质感、尺度等因素的城市景观。

图 3-30（左）　城市建设的瞬间景观（建设中的广州江湾大桥，1998 年）
图 3-31（右）　形体、色彩、尺度、材料与质感（英国伦敦，2006 年 1 月）

第三节 影响人认识景观的中介要素

景观的中介要素是指那些既对景观的表象产生影响,同时也对人们的心理感受或生理条件产生影响,从而总体影响人们的观景过程的各种要素。它包括环境声音、环境光线、观景距离以及节律等方面。

一、环境声音

环境声音在人与景互动过程中起着双重的作用。通常它是以声环境的形式来影响景观,并影响观景人的心理感受。(如图3-32)根据声源发声体的不同,可将环境声音的构成要素分为四类:一是自然声,即由自然界各种物体发出的声音,包括动物、植物声以及各种自然现象的声音。二是人声,即人自身发出的声音,包括呼吸声、说话声、唱歌声、哭声、笑声及脚步声等等。三是人工声,即一切除自然声和人声之外的人造器具、机械和设备等物体发出的声音,包括乐器声、器具声、机械设备声和交通工具声等等。四是一种特殊的"声音",它不是通过声波引起人类耳膜振动而产生的听觉,而是人类的心理活动,例如记忆声、联想声以及梦中的声音等,即人们通常所说的"心声"。详细的环境声音构成要素分类见表3-12。

环境声音可从三个角度影响人认识景观的过程,分别是从音响学角度出发作为物理变量的声音,从声音景观角度出发作为景观的声音,以及从音响心理学角度出发作为观景人感觉特征的声音。

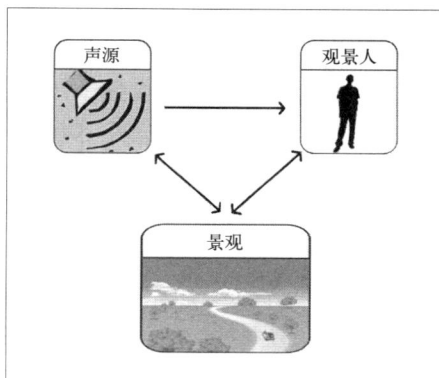

图3-32 环境声音与"人-景观互动"示意图

环境声音构成要素分类表　　　　　　　　　　表3-12

	一级分类	二级分类	各种要素
环境声音	自然声	动物声	鸟叫、虫鸣、蛙声、犬吠、鸡啼、狼嚎等声音
		植物声	发芽、开花、生长、落叶等声音
		自然现象声	风、雨、雷、电、水流、火、火山爆发、地震等声音
	人声	声带声	说话、唱歌、哭、笑等声音
		鼻息声	呼吸、打鼾、叹气等声音
		身体声	内脏蠕动、打嗝、心跳、脉搏等声音
		活动声	走路、跑、跳等运动、肢体摩擦、咀嚼食物等声音
	人工声	乐器声	打击乐器、管乐器、弦乐器、吹鸣乐器、键盘乐器等声音
		器具声	门、炊具、时钟、电话、钟、枪炮等声音
		机械声	加工机器、建筑机械、电器等声音
		交通工具声	(飞机、火车、汽车、船、自行车等)摩擦声、马达声、鸣笛声、制动声、碰撞声、排气声等
		其他声	烟火声、爆竹声等
	"心声"		联想、记忆、梦中的声音等

（一）作为物理变量的声音——音响学角度

声音最基本的物理特性是响度、音调和音色。它们是对景观和观景人产生影响的基本因素。响度是人们所感受到声音的强弱，音调是声音频率的高低。响度和音调的强弱和高低，对人们观景的影响有所差异（见表3-13）。音色即声音的感觉特性，主要由发声体的材料和结构决定，不同发声体具有不同的音色，因此人们能根据不同的音色来区分各种发声体。

声音响度与人的感受对比表　　　　　　　　　　表3-13

响度（分贝dB）	10	30	50	70	90	110
常见声音	树木"沙沙"声	清晨的街道声	日常交谈声	交通噪声	大型立体音响	飞机引擎声
人的心理感觉	安静	清新	舒适	烦躁	喧闹	痛苦

除了声音本身的物理特性之外，发声体位置、发声体与观景人的距离、与周围环境的协调性、与周围相比的显著性和周期变化等因素，都是声音的物理变量指标。另外，声音经过环境介质的传播、反射和吸收等，会产生变化，以致对景观和观景人的影响也发生变化。例如公路上汽车噪音经过行道树的吸收、坡地的反射，响度大为减少，使得公路两侧环境免受噪音的干扰。

（二）作为景观的声音——声音景观角度

各种声音形成的环境氛围也是一种景观，影响观景人的心理感受。例如听到海浪拍打岩石的声响，人们便能感受大海的力量；细雨润物的声音向人预示着春天的到来。环境声音能够创造各种意境，使人融入景观之中，增添景观的感情色彩。有时，声音甚至成为决定环境氛围的主要因素，如在一个以白色为主色调的装饰环境里，若配以《结婚进行曲》，那便是一个喜气洋洋的婚礼场面；若配以哀乐，则变成了沉重的哀悼场面。

作为景观的声音，根据其特色可分为：基调声（Keynote Sound）、前景声或信号声（Foreground Sound or Sound Signal）和标志声（Soundmark）。

基调声又称为背景声，作为其他声音的背景而存在，描绘生活空间中的基本声音特色。如风声、水声等都属于基调声。基调声同时也是代表地域或时代特征的重要因素，如海滨的基调声就是大海的波浪声，城市的基调声就是城市的喧闹声，校园的基调声就是朗朗的读书声以及不同历史时期流行的音乐声等等。

前景声或信号声，带有信号提示的功能，如钟声、汽笛声、号角声、警报声等。虽然信号声根据其内容的不同，也有地域的差异，但并没有像基调声那样有代表地域和时代特征的功能。例如警铃声、钟声等并不会由于地域的不同而有很大的差别。信号声常常具有噪声化倾向，如铁道边火车通过时的报警铃，汽车鸣笛及自行车的铃声等等。

标志声是具有独特场所特征的声音，包括自然声和人工声。如潺潺水流声、特殊钟声和传统活动的声音等，它反映了一定场所或习俗声环境特征。标志声容易使人产生场所的亲切感。

基调声对景观起烘托作用，有正面也有负面的；标志声由于能增强景观的地域特征，通常具有正面的作用；前景声由于在环境的突出性非常强，短暂的前景声对景观的影响不大，但长时间连续的前景声会恶化人的情绪，降低人的观景热情。见图3-33。

此外，作为景观的声音还会受到其他物理因素的影响，如包括温度、湿度、风速、日照和照明等因素。它还存在丰富度和协调性的问题。丰富度即声音的种类，协调性包括声音与环境的协调和各种声音之间的协调。对于大多数景观而言，环境声音（尤其是自然声）越丰富，协调性越高，越能强化景观特征的效果，使人们对景观特征的感受更加强烈。

（三）作为观景人感觉特征的声音——音响心理学

观景人感受到声音，还会在内心作出情感的反射，于是人们对声音就有了清晰、平衡、丰满、圆润、明亮、柔和、真实和立体效果等感觉评价。清晰的声音可懂度高，旋律层次分明，与其相反的是模糊和混浊；平衡即频率协调，搭配得当；丰满即声音融汇，响度合宜，听感温暖，厚实有弹性，反面即单薄干瘪；圆润之声优美动听，粗糙之声尖刺失真；明亮的声音振奋人心，灰暗的声音引人萎靡；柔和之声悦耳舒服，尖硬之声刺耳难受；声音保持原有效果则为真实之声，反之则为虚假；具有景深层次和空间感的环境声音立体效果明显，反之声音游离空虚。

观景人对声音的感受还带有某些偏好，往往受到地理条件、生理、心理、年龄、生活经验、社会文化价值等方面的影响。从年龄形成的生理和心理差别来看，老年人喜欢安静的环境、古典的音乐，而年轻人则喜欢热闹的环境、流行音乐；从地理特征和生长环境来看，生长在海边的人喜欢大海的涛声，生长在内陆的人则更喜欢小河的流水声，生长在草原的人偏爱风声和马蹄声，生长在山地的人偏爱山谷的幽静和虫鸟鸣叫声等等；从社会文化价值方面看，人们对自己家乡富有特色的声音都情有独钟，如瑞士人比任何其他国家的人都喜欢钟声。此外，不同的人群还有各自厌恶的声音，如少年儿童对汽车噪音、机械声并不敏感，但上班族则会对此厌恶、烦恼不已。

总的来说，环境声音与景观及观景人（同时也是听众）的相互作用是十分复杂的，"作为物理变量的声音、作为景观的声音与作为感觉特征的声音三者相互影响，与社会文化价值，心理需求相关"，可以用图3—34来表示三者的基本关系。

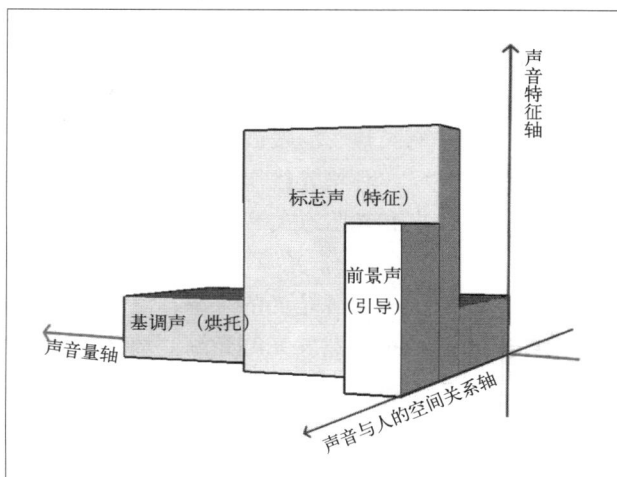

图3-33　基调声、前景声和标志声在景观环境中的相对关系图

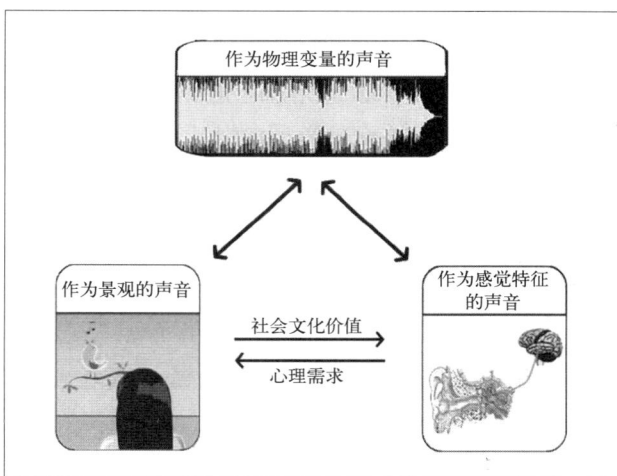

图3-34　环境声音影响"人—景观"互动关系图

二、环境光线

环境光线在人认识景物的过程中的作用是双重的。一方面影响实体景物本身，另一方面引起观景人的视觉感受。

对于景物来说，由于光线的存在，景观的体积、色彩、质感、光泽才能呈现出来。在不同光线的烘托下，城市景观展现出丰富多彩、引人入胜的视觉形象。很多平淡无奇的城市景观在光线的照耀下，却焕发出了无穷的魅力。

对于观景人而言，视觉是他们认识外界景观的主要渠道，而光是引起视觉的基本条件。光的明暗、冷暖、方向等特征，都能影响到人的各种生理和心理反应。如明光使人兴奋、喜悦，暗光则让人感到恐惧、灰心；冷光给人寒冷、凉爽、远离的感觉，暖光则让人有炎热、温暖、亲近的感觉。

环境光线作为影响人认识景观的中介要素，可从光源、强度、照度、颜色、投射方向和光照方式等几个方面进行分类。

（一）光源

光源是光的来源，泛指一切能够发光的物体。光源分为自然光和人造光。自然光是指天然发光的光源。地球表面上的主要自然光源是太阳。太阳光大部分直接照射到地球表面，另一部分被大气层吸收后再散射到地球表面，还有一种特殊的自然光是来自月亮、建筑物或墙壁等对太阳光的反射光。自然光亮度强，范围广而且均匀，较符合人的生理和心理需求。但自然光的强度、方向等易受天气、气候、地理、季节和时间等因素的影响。例如晴天光线强，阴天光线弱；高山直射阳光强，散射光弱，景物反差强烈；平地直射阳光弱，散射光强，景物反差柔和；夏天光线较直、较强，冬天光线较斜、较弱等。

人造光则是指由人工制造的发光光源，如各种灯光和反光器（反光板、反光镜）。灯光包括普通白炽灯、卤钨灯、荧光灯、高压汞灯等各种灯具的发光；反光器也可分为全反射和漫反射多种类型。人造光相对强度低、照度范围小，但其具有可调节性，不易受周围自然条件的制约，是人工塑造环境氛围的重要手段。例如在商店橱窗内，常对招牌商品进行重点照明，吸引人的注意，以获得突出宣传的效果。图 3-35 与图 3-36 分别展示人造光与自然光下的景观。

（二）光的强度和照度

光的强度描述的是光线的强弱程度。强光通常是由强光源发出的光线直接照射所造成的，另外较弱的光源通过集聚，光线也可以形成很强的光束。对景物来说，强而直接的光容易造成明显的阴影，并清楚呈现出景物轮廓，所以常用来勾勒景物边缘轮廓；强光还可增加景物的明暗对比，以强调景物表面的纹理、不同色彩或色调之间的反差。弱而散的光可以减弱景物的明暗对比，使景物表面看来平滑细致。对观景人来说，不同强度的光造成不同的生理和心理感受，因此在不同环境中需采用适当强度的光源，如图书馆的灯光强度比路灯的大，房间灯光的强度比厕所灯光的大等。

图 3-35 （左）
人造光下的景观
（法国巴黎橱窗，
2000 年 9 月）

图 3-36 （右）
自然光下的景观
（英国牛津，2002
年 9 月）

光的照度，即通常所说的勒克斯（lux），表示物体表面单位面积上受到的光通量[注4]。照度同光源的发光强度以及光源到物体的距离有关。光的强度一定时，光源离物体距离越近，照度越大；光源与物体距离一定时，光照越强，照度越大。照度越大，景物更容易被人眼辨认；照度越小，景物越难以被人眼辨认，越模糊。而且，当一个光源照射于前后两个主体上时，光源越近，那么这两个主体获得的照度差异越大；光源越远，这两个主体接受到的照度越接近。例如同样的物体，在阳光下清晰可见，但在只有烛光的屋子内则显得朦胧；而同在灯光下，为了更清楚地观察一个物体，人们会将物体靠近灯光。图3-37a及图3-37b展示的是不同光照度下的景观。

（三）光的颜色

光有多种颜色。太阳光就是由七种色光组合而成的白色光。不同的光色在空间中能给观景人不同的感受。例如清晨太阳光呈乳白色，给人柔和安详的感觉；正午太阳光呈淡黄色，给人热烈烦躁的感觉；黄昏太阳光呈橘红色，给人温暖舒适的感觉。在景观环境设计中，设计师们往往充分利用色彩心理学原理，借助不同的光色来营造和修饰冷、暖、热烈、宁静、欢乐、哀愁等不同感觉的氛围。例如在餐厅设计中一般使用茶色灯光，创造幽静温馨的气氛；办公室则使用白色亮光，能起到振奋和激励人心的效果；而歌舞厅等娱乐场所通常使用多彩变换灯光，符合欢乐兴奋的环境。另外，光的颜色还可以利用人工光，根据天气冷暖、季节更替等条件变化进行调节，以满足人的心理需要。例如冬天天气严寒，室内可使用暖色的白炽灯；夏天天气炎热，室内可使用偏冷的荧光灯。图3-38a、图3-38b、图3-38c及图3-38d展示的是不同有色光装饰的景观。

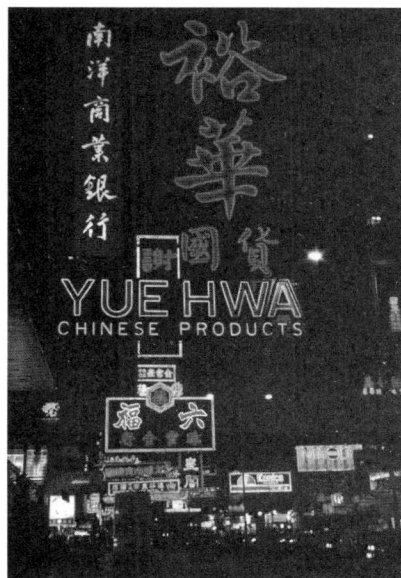

图3-37a（左）
光的照度（英国剑桥三一学院图书馆，2005年12月）

图3-37b（右）
光的照度（英国剑桥三一学院图书馆，2005年12月）

图3-38a（下）
光的颜色（香港夜间霓虹灯，2000年11月）

[注4]　1勒克斯相当于1流明／平方米，即每平方米的物体面积上，受距离为1米、发光强度为1烛光的光源，垂直照射的光通量。夏天中午阳光最强的时候，室外光照度可达到100000勒克斯以上，很容易形成明显的阴影；而大多数室内照度都在300勒克斯以下。

图 3—38b（左）
光的颜色（澳门夜间霓虹灯，2004 年 12 月）

图 3—38c（右）
光的颜色（七星岩公园牌坊夜间霓虹灯，2006 年 10 月）

图 3—38d（下）
光的颜色（辽宁丹东鸭绿江大桥，2007 年 6 月）

（四）投射方向

环境光线的投射方向取决于光源相对于景物的位置。根据投射方向的不同，环境光线可分为顺光、侧光、逆光、顶光、底光等几种，分别产生不同的景观效果。顺光能清楚显现景物的主体形态，使观景人对景物一目了然；侧光能使受照景物获得光的明暗对比效果，呈现出较强的质感和立体感；逆光可明显地勾勒景物轮廓，并突出景物庄重神秘的效果，教堂中对圣像的照明就是采用逆光效果；顶光和底光往往将景物塑造成上下明暗对比强烈，甚至于恐怖的光效果。

光线投射方向对人认识景观的影响作用主要体现在光影效果的变化上。景物在光线下形成阴影，阴影随光线的投射方向变化而变化。这种光影效果变化往往是奇妙而富于运动的，可以给人带来艺术的想象空间。一些著名的设计师对光影有独到的理解和诠释，创造出极有品位的景观。图 3—39a、图 3—39b、图 3—39c、图 3—39d、图 3—39e 及图 3—39f 展示了逆光景观；图 3—40a、图 3—40b、图 3—40c、图 3—40d、图 3—40e、图 3—40f、图 3—40g 及图 3—40h 展示的是不同光线投射方向的景观；图 3—41 展示的是利用光线投射方向变化制作的时钟。

图 3-39a（左上）　逆光景观（哈尔滨火车站，1991 年 8 月）

图 3-39b（右上）　逆光景观（沈阳东陵牌坊，1998 年 2 月）

图 3-39c（左中）　逆光景观（爱尔兰布拉尼古堡，2000 年 10 月）

图 3-39d（右中）　逆光景观（英国伦敦尼尔森纪念碑，2000 年 10 月）

图 3-39e（左下）　逆光景观（法国巴黎凯旋门，2000 年 10 月）

图 3-39f（右下）　逆光景观（英国伦敦议会大厦，2005 年 12 月）

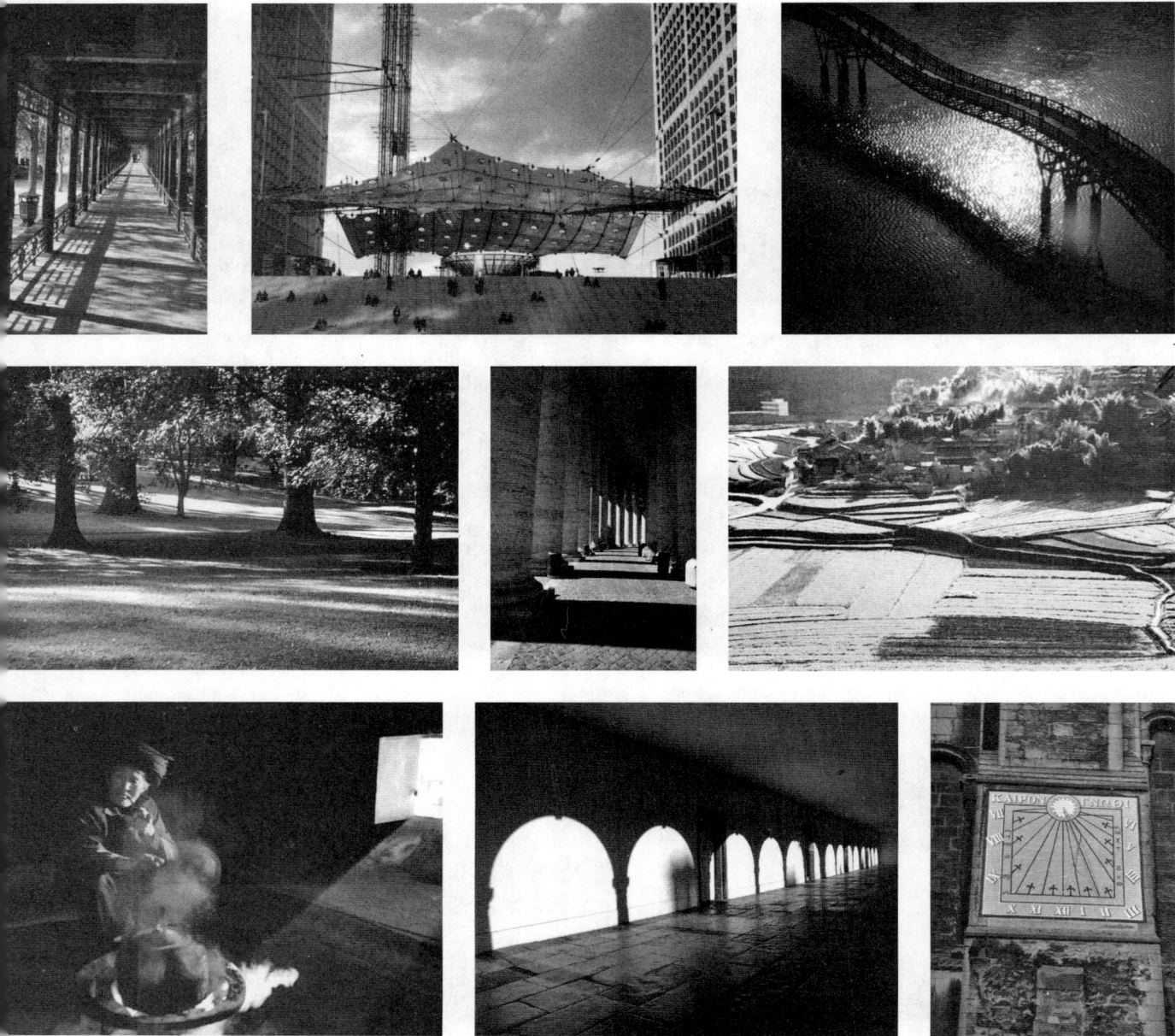

由上至下，由左至右

图 3—40a 光影与景观（北京颐和园长廊，1996 年 12 月）

图 3—40b 光影与景观（法国巴黎德方斯门，2000 年 9 月）

图 3—40c 光影与景观（水光桥影海南三亚河，2007 年 3 月）

图 3—40d 光影与景观（英国爱丁堡皇家公园，2000 年 8 月）

图 3—40e 光影与景观（梵蒂冈柱廊，2000 年 9 月）

图 3—40f 光影与景观（云南丽江，2002 年 12 月）

图 3—40g 光影与景观（云南玉龙雪山，2002 年 12 月）

图 3—40h 光影与景观（英国剑桥三一学院内廊，2005 年 12 月）

图 3—41 光线的利用（英国埃雷主教堂，2006 年 1 月）

图 3-42a（上）
光照方式与景观（香港沙田，2000 年 11 月）

图 3-42b（左中）
光照方式与景观（英国伦敦眼，2005 年 12 月）

图 3-42c（右中）
光照方式与景观（英国伦敦，2006 年 1 月）

图 3-42d（左下）
光照方式与景观（哈尔滨冰雪大世界，吴虑摄于 2007 年 2 月）

图 3-42e（右下）
光照方式与景观（哈尔滨冰雪大世界，吴虑摄于 2007 年 2 月）

（五）光照方式

环境光线在真空和均匀介质中是直线传播的，如果传播过程中遇到阻碍物，则发生反射或折射，光的散射、漫射和色散等现象本质上都是光的反射或折射的效果。根据光线传播方式，可将环境光线分为直射光、反射光和漫射光等几种，它们各自形成不同的景观效果。直射光的照度大、方向性强，具有强调景物、引人注目的作用。反射光比直射光稍为减弱，但更为均匀，具有一定的方向性，能使空间的统一效果加强。漫射光实质是光在大气中的漫反射，其特点是柔和、均匀，艺术效果好，但较为呆板。例如商业橱窗中对商品的重点和局部照明，使用的就是直射光；摄影中则常用反射光控制光照方向，突出景物局部特征；漫射光在生活中最为常见，适用于整体照明。图 3-42a、图 3-42b、图 3-42c、图 3-42d 及图 3-42e 展示的是各种光照方式的景观。

三、观景距离

观景距离即观景人与景观之间的空间相对位置。一般情况下，观景距离越近，景观的易见性和清晰度就越高，人为活动可能带来的视觉冲击也就越大。现将观景距离对景观的影响量化为视距敏感度进行分析。设能较清楚地观察某种景观元素、质地或成分的最大距离是 D，景观相对于观景人的实际距离 $d \leqslant D$ 时，该景观元素、质地或成分都能清楚地分辨，我们不妨规定这一范围以内的景观敏感度 (Sd) 为 1，则在 $d > D$ 的情况下，Sd 都取 0-1 范围内的值，可表示为：

$$Sd = \begin{cases} 1 & \text{当 } d \leqslant D \text{ 时} \\ D/d & \text{当 } d > D \text{ 时} \end{cases}$$

D 的取值可根据评价的不同精度要求来确定。如果要求在 D 值范围内能看清并判别植物的种类、岩相、建筑的材料和质地及细部，则 D 值较小（几米或十几米）；相反，则 D 值一般可取几百米到一千米左右。有关实验心理数据及实地观察，都可以为我们提供一定精度范围内的 D 值。依照以上公式，可算出视距敏感度表（见表3-14）。

视距敏感度与景观的关系表 表3-14

距离带 （Distance zones）	Sd 值	景观特性
D	1	能看清树体、岩体、建筑的大体结构
$2D$	1/2	能看到树木、岩体及建筑单体的整体轮廓
$4D$	1/4	只能看到山体、植被或建筑群的整体轮廓

由此可见，观景距离对可观察到的景观要素是有影响的。此外，观景距离还会影响人对景观的认知深度及景观给人的印象。例如观景距离影响景观在人心目中的尺度、体量等因素：遥远的景观给人以开阔、缥缈的心理感受，留给人们丰富的想象空间；中等距离的景观方便人们观察感受景观的整体结构，让人产生可进可退的观察空间；近距离的景观构建使人可以清晰地感受景观的细部结构，同时有一种与景观融合交流的感受。同时，景观的距离和体量必须紧密地结合考虑，远距离的景观如果体量过小则达不到观赏效果，近距离的景观如果体量过大则会让人产生一种压迫感，使人畏惧和感觉自身的渺小。在城市景观设计中灵活运用距离要素，以一定的规律安排景物的距离，可以让景物变得有层次感和韵律感，丰富整个景观画面。

第四节　人与景观互动的一般规律

观景过程中的人景互动关系是非常复杂的，受到主观、客观及中介要素三方面的影响。人与景观互动的一般规律可以归纳以下几个主要方面：

一、景观的认知过程是主体与客体相互作用的过程

在景观认知的过程中，观景人（主体）与景观（客体）构成相互依赖、相互统一的重要的两方面因素。首先，观景人认知景观不单单取决于景观客体，而且还受到观景人主体自身能动作用强弱的影响。如果景观客体所提供的信息量不足，或者观景人无法认

知景观所包含的信息，那么景观对于观景人也就没有价值可言了。

二、影响观景人的主观要素在于认知

观景人的生理、文化以及生活环境背景等基本要素及其心理的人格特征等方面存在着差异。正是这些差异的存在，使得观景人对于景观信息的获取、加工和处理上产生差异及不同的观景感受，最终影响到不同的观景人对景观的认知效果各异。

三、影响观景人的客观要素在于其运动速度与景观表象

观景人在观景时有处于静态与动态两种情况，在静态或动态观景时，观景人对景观的认知程度或深或浅。在动态观景过程中，由于观景人运动速度或慢或快，他们对景观的认知程度存在差异。通常，观景人移动的速度越快获得的景观信息量越少，对景观的认识越粗略，对景观信息的处理和加工程度越浅。而观景人移动的速度越慢获得的景观信息量越多，对景观的认识越细致，对景观信息的处理和加工程度越深化。

以景观为主体的客观要素是景观的表象。景观表象信息是由许多复杂的子信息构成，即通过景观的形体、色彩、材质、尺度和动态等要素表现出来。观景人通过景观客观存在的各子信息的组合来认知景观的基本特征。

四、景观中介对观景主体与景观客体均产生影响

景观中介是人与景观互动的媒体，它包括环境声音、环境光线、观景距离。它一方面影响着景观信息的传递，另一方面影响观景人识别景观的效果。它主要通过声音或光线对景观表象加以影响，或使景观表象变形，或使景观信息的强化与弱化，进而夸张景观表象特征。然而，它通常影响到观景人与景观双方面，只起到烘托景观的作用，相对于作为主体与客体的观景人与景观来说，其作用在影响要素中属于从属的地位。

五、人与景观互动是动态的过程

在观景的过程中，观景人与景观处于相互影响及相互协调的动态过程中。当观景人获得景观信息时，会感知到景观的基本特征，这时，观景人初级心理结构就发生了相应的变化，他所获取的景观信息量比其在观景前有所增加，并形成了景观审美的次级心理结构。而这一次形成的次级心理结构又将成为下次更高级别观景的初级心理结构，通过如此的循环认识过程，使观景人获取景观信息量不断增加，对景观的审美层次也不断提升。进而，提升了观景人的审美标准。

与此同时，一些观景人为一些极富美感的景观所感动，引发他们通过多种形式（如诗、画、散文、题刻、建筑等）来抒发自己的心理感受。这些文学艺术作品又丰富了景观信息内涵。当观景人观赏景观时，他们根据已间接地通过文学艺术作品接受了的景观信息，提升了他们对景观审美的心理结构。即在提升观景人的审美标准的同时也丰富了景观的内涵，形成人与景观互动的动态过程。见图3-43。

综上所述，对景观感知效果起主要作用的实体有两个：观景人和景观。介于这两者间，还存在着观景距离以及声、光、热等环境要素，影响着人对景观的感知（见图3-44）。三者共同构成了"人—景观"互动体。其中主观与客观要素是"人—景观"互动的主要方面，景观中介起着辅助的作用，是"人—景观"互动的次要方面。

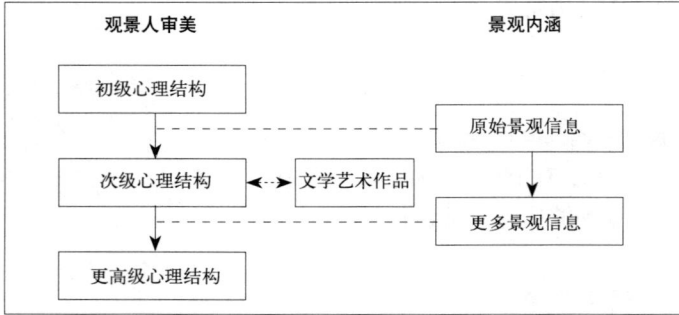

图 3—43　人与景观互动发展的过程示意图

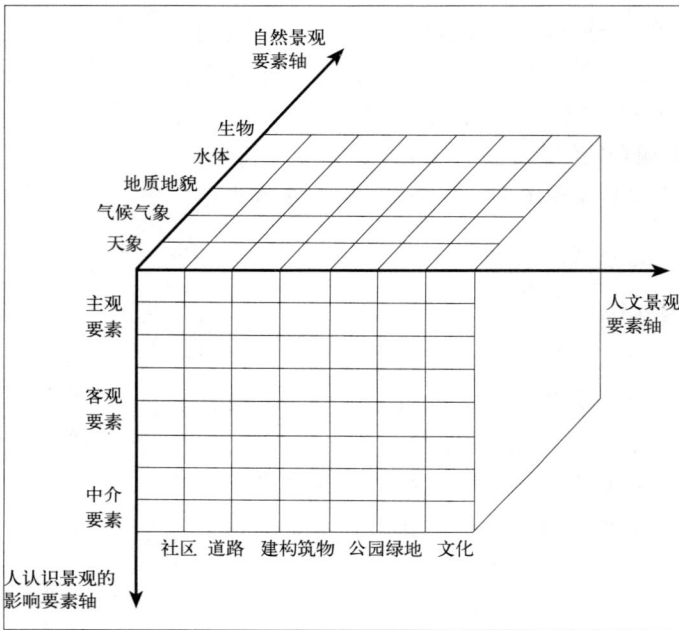

图 3—44　人类认识景观要素关联示意图

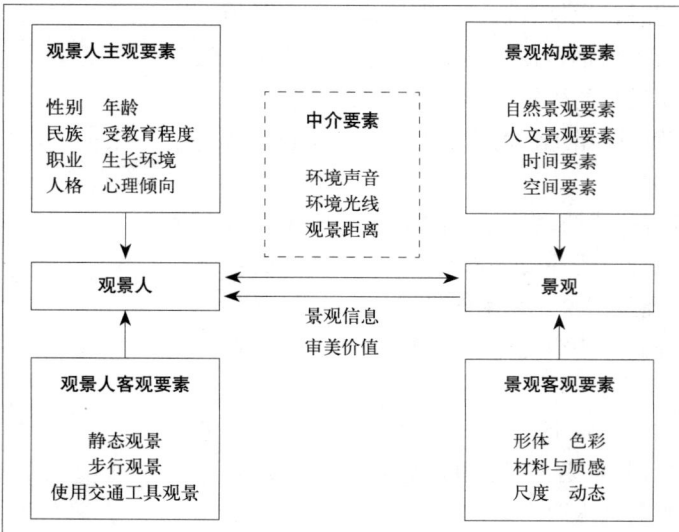

图 3—45　人与景观互动关系示意图

　　城市景观并不是独立存在的个体，它与城市中的人之间具有一定的互动联系。凯文·林奇（Kevin Lynch）在他的著作《城市意象》（*The Image of the City*）中曾经说过：城市形象不仅由客观的物质形象和标准来判定，而且由观察者的主观感受来判定。他初步提出了决定城市形象的两个要素：物质和观察者。随后，克里斯托弗·亚历山大（Christopher Alexander）在《模式语言》（*A Pattern Language*）一书中提出：单纯从形式变化去设计建筑将导致失败，建筑设计应该满足人们的活动和心理需要。荷夫（M.Hough）在《城市形态和自然过程》（*City Form and Natural Process*）一书中提出：以往那种对形成城市物质景观起主导作用的传统设计，对于创造一个健康的环境或是文明多样性的生活场所贡献有限。可见，过去单纯从物质形象的角度进行景观设计的思想已经过时了，景观研究的趋势是越来越重视人在景观设计中的作用。观景人、景观和中介要素是影响景观感知效果的三个要素，三者共同构成了观景人与景观的互动系统。其中观景人是人与景观互动的主体，他是认知并综合景观信息的观察者，观景人的个性特征影响其对景观信息的收集和认知效果；景观是人与景互动的客体，它是景观信息的承载体，景观要素的特征通过表象显现；观景人与景观的中介是人与景互动的媒介，承担信息在主体与客体间传递的媒体，它的特征影响观景人的身体和心理状态，干扰观景人对景观的认知效果。同时，也影响景观信息释放及特征显现的效果。正确、深刻地理解人景互动的三要素，综合分析观景人、景观以及中介要素对景观感知的作用，是进行城市设计、景观设计、园林设计的首要任务。见图 3—45。

166

第二篇

城市景观设计方法

本篇通过城市景观设计原则与方法、城市景观设计与色彩及城市景观中的植物景观设计等三章详述城市景观设计方法。

第四章　城市景观设计原则、方法与步骤

第一节　城市景观设计遵循的原则

一、生态原则

在城市建设活动的过程中，人们的建设行为无疑会对生态环境产生影响。因此在城市景观设计时，应充分考虑地域生态结构。首先，应协调设计地域的地形地貌，利用设计地域独具特征的要素，尽量保持原有地貌特征；第二，在功能上维护生态平衡，注意景观生态链的协调有序；第三，注重景观生态系统承载力，处理好自然景观与人工景观之间的良好关系。

二、系统原则

城市景观是一个由城市景观要素有机联系组成的复杂的、开放的及动态的系统，一个健康的城市景观系统应该具有功能上的整体性和连续性。城市景观的演变反映人类历史的进程，这要求城市景观建设中要突出重点，把握景观的主要结构，协调好景观系统中各子系统之间的关系，以强化城市景观的整体效果。进而强化城市景观的整体效果，以突出城市景观的特色。

三、地域原则

城市景观设计应充分考虑地域自然和人文景观特征，尊重地域的自然地理条件和社会文化背景，利用地域的自然地理地标（水系、山体和植物等）、地域文脉的延续及地方民风民俗，以强化地域特征。

四、时代原则

在城市景观建设中，应体现时代精神，不能人为地割裂历史。社会及科学技术发展的不同时期，人们的生活方式和价值取向存在差异。城市景观建设应符合时代特征，保持景观不同时期发展脉络特征（文脉）及多元并存，以满足人们在城市这座历史博物馆中舒适生活和工作的需求。

五、视域原则

良好的城市景观要能给观景人以适当的观赏空间，即视域。尤其是那些反映城市特色的标志性景观，应具有良好的视域环境，即能展示标志景观的全貌。在城市的重要景观节点之间，以及城市地标与人流集散地之间建立通视廊道，能提高城市地标的视线频率。

第二节　城市景观设计步骤与工作内容

城市景观设计可分为基础研究、方案设计和成果制作三个步骤。基础研究属于认知阶段，即对景观设计地区范围及其周边环境的自然与人文要素的认知；方案设计阶段包括提出设计原则、确定设计目标与设计主题、方案构思与方案设计、广泛征求意见与方案调整等工作，属于设计创作阶段；设计成果包括文字、图纸、模型及音像等文件，属于成果制作阶段。图4-1直观反映景观设计的三个工作阶段与工作内容。

城市景观设计的过程是动态发展的。在方案设计分析与公众参与的过程中，设计方案经过对多层次意见进行反馈与修改，最终制作完成设计成果。

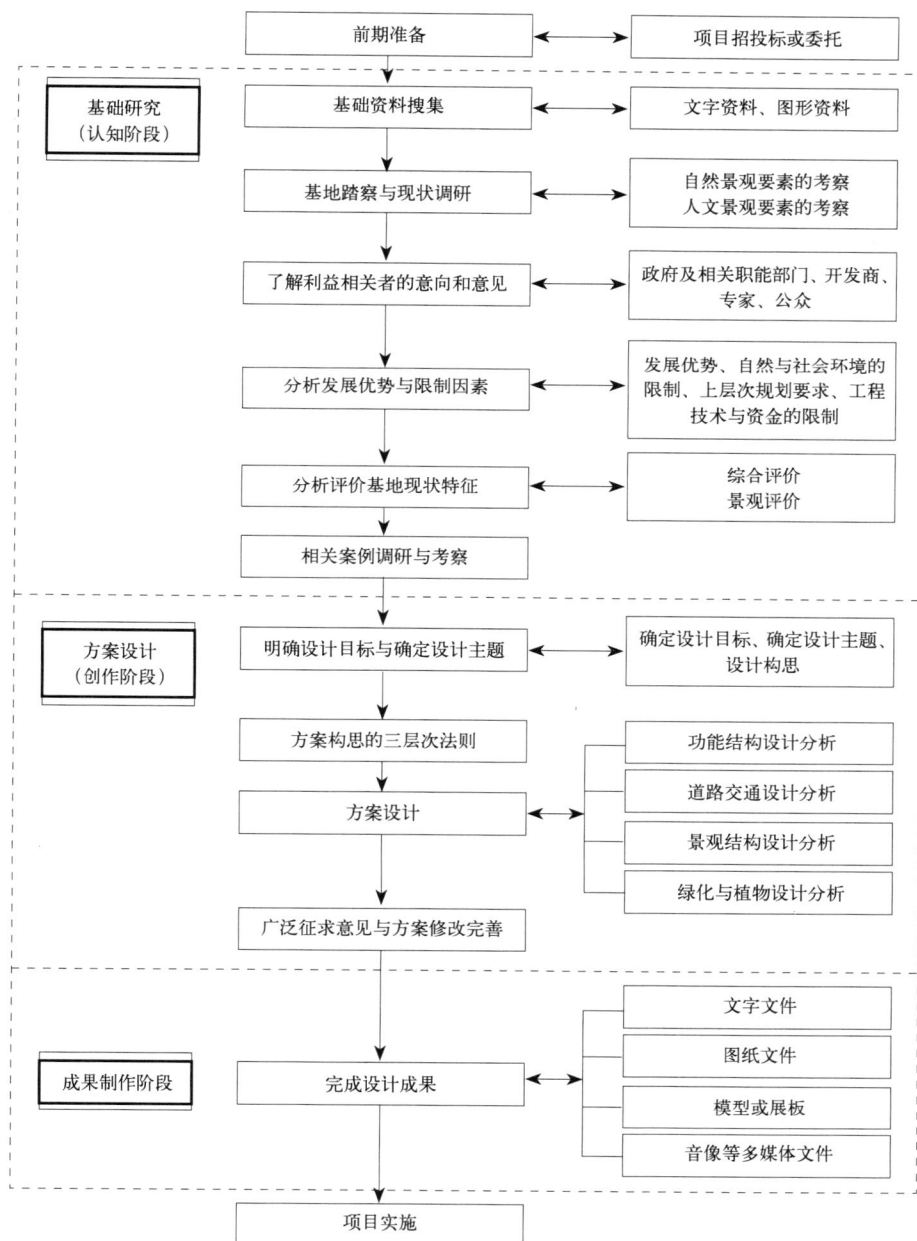

图4-1　景观设计程序与内容示意图

第三节　城市景观设计基础研究

城市景观设计基础研究属于认知阶段，是景观设计的基础，指对基地及周边环境的自然与人文要素的认知。基础研究包括搜集基地基础资料，基地踏察与现状调研，了解政府及各职能部门、开发商、专家及公众的意向和意见，分析基地发展的优势和限制因素，分析评价设计基地现状特征，以及相关案例调研与考察等环节。

一、搜集基础资料与现状调研

基础资料包括文字资料和图纸资料，对基础资料的搜集是城市景观设计认知阶段的重要环节。通常通过走访政府相关职能部门及当地居民来获取基础资料。

（一）文字资料

1. 自然条件资料

自然条件资料包括以下内容：

1）地理位置、设计区域周边环境及基地面积；

2）气候、气象条件：包括温度、湿度、风向、风速及频率、降雨量、日照、冰冻及小气候等；

3）地形地貌：包括大区域的地形地貌与设计基地的地形地貌条件；

4）地质：包括工程地质、地震地质和水文地质条件，即地质构造、地面土层物理状况、地基承载力、滑坡、崩塌、断裂带的分布与活动情况、地震烈度区划以及地下水的存在形式、储量、水质、开采与补给条件等；

5）水文：包括水系的流量或储量、流速或潮汐、常年水位、洪水和枯水位线、流域情况、河道整治规划、现有防洪设施、山洪及泥石流等；

6）土壤：包括土壤的构成、物理特性、化学特性及 PH 值等；

7）动植物：包括动植物种类、植被类型、乡土树种、当地园林树种及生物链等。

2. 历史资料

历史资料包括城市历史发展沿革、城址的变迁、历史文物、地域内的重要历史人物、重大历史事件等。

3. 经济资料

经济资料包括该城市经济总量历年变化情况、GDP 状况、财政收入、固定资产投资、产业结构及产值构成、城市优势产业、城市各部门经济情况、城市土地经营及城市建设资金筹措安排等。

4. 文化古迹资料

文化古迹资料包括文学艺术、民风民俗和历史文化古迹等内容。

1）文学艺术：包括当地歌词诗赋、神话传说、民间文学、民间工艺、音乐、舞蹈、戏曲、绘画及其他文学成就等；

2）民风民俗：包括民间节日、民族食俗、民族服饰、民族婚葬等；

3）历史文化古迹、历史街区及历史建筑遗存等。

5. 人口资料

人口资料包括基地人口统计及人口构成等。

6. 道路交通资料

道路交通资料包括城市道路网结构、交通枢纽及设施、客货运站场、交通流量、公共交通、基地居民出行规律调查、道路红线宽度及断面形式等。

7．城市环境资料

城市环境资料包括环境监测成果，区域各厂矿、单位排污及危害情况，城市垃圾的数量及分布及其他对城市环境质量有害因素的分布状况与危害情况，地方病及其他危害居民健康的情况等。

8．相关规划资料

相关规划资料包括基地所在区域的城市总体规划、分区规划、控制性详细规划及其他专项规划等文字文件。

9．其他资料

其他资料包括市政公用设施、市政管网布局、公共服务设施分布、建构筑物及土地权属等。

（二）图形资料

图形资料包括基地所在区域的城市总体规划、分区规划、控制性详细规划及其他专项规划等图形文件，基地的区位图、周边区域的现状地形图、反映基地及周边区域的图片（包括航拍图、历史图片和现状图片）及城市重要地标景观节点的相关图片等等。

二、基地踏察与现状调研

在搜集基础资料的同时，应踏察设计基地与现状调研，以熟悉设计基地的自然与人文景观要素及现状实际情况。基地踏察与现状调研的内容主要包括：

（一）自然景观要素的考察

考察了解设计基地所在区域的天象、气候气象、地质地貌、水体与生物等要素特征。

（二）人文景观要素的考察

考察人文景观要素包括物质与非物质景观要素。

1．物质景观要素的考察

（1）服饰与饮食的考察

通过实地考察了解当地居民服饰特征与饮食习惯。

（2）城市与历史场所的考察

1）土地利用与建设

考察基地的土地利用与建设现状，认识建构筑物的风格特征。

2）道路交通

考察基地所在区域的主、次干道及支路的分布，交通及道路状况。

3）公共服务与市政设施

考察基地所在区域的行政办公设施、商业设施、科教文卫设施、娱乐设施和体育设施等，以及市政管网（给排水管网、燃气管网、电力电信网等）布局与市政设施（包括燃气站、消防站、供电站及水厂等）的分布等。

4）绿化与水域

考察基地所在区域的公园绿地、道路绿化及水域的分布与面积等。

5）历史场所

考察基地所在区域可能存在的古人类遗址、古代城市遗迹、古建筑遗址、重要会议会址和历史名人出生地或故居等。

2．非物质景观要素的考察

考察基地所在区域的制度文化、行为与心理文化（语言、民族的风俗习惯、礼仪节日庆典及宗教文化等）与文学艺术等景观要素。

三、了解利益相关者的意向与意见

（一）政府及相关职能部门

政府与相关管理部门是所管辖区域的管理者。他们制定区域社会经济发展计划，熟悉区域现状及发展状况。他们有全局观点，对区域发展建设有意向，并能提出对基地设计有益的建议，是景观设计需参考的重要因素之一。

（二）开发商

通常开发商是设计项目的委托方，他是项目的直接利益相关者。所以，他们的目的在于经济效益或产生影响的广告效应，有明确的自我观点的开发意向。他们的意见会影响到基地景观设计全过程，乃至设计项目能否实施的关键问题，同样是基地景观设计重要参考因素之一。

（三）专家

专家通常在某个领域具有技术专长，他们从专业技术角度，客观地对设计提出可能存在的技术问题及解决途径，是设计项目质量及实施的技术保障。

（四）公众

公众是设计项目实施后的直接使用者或是广大的利益相关者，他们也会从自我角度考虑并提出相关问题。城市景观设计应充分考虑维护公众利益，满足公众的基本需求是设计项目实施的根本目的。

四、分析发展优势与限制因素

（一）发展优势

结合搜集基础资料、基地现场踏察和现状调研，在基地所在区域乃至更大的范围，从自然环境的资源要素到人文环境的历史背景、社会政治、经济与文化要素等方面分析设计项目发展的优势，趋利避害，以引导项目合理开发建设。

（二）自然与社会环境的限制

基地所在区域的自然地理条件、社会经济与文化发展水平以及城市发展状况等是影响项目设计及建设实施的重要因素。在设计中必须考虑这些限制因素，因地制宜，量入为出，避免盲目和过度开发。

（三）上层次规划要求

基地所在区域的城市总体规划、分区规划或控制性详细规划都会对基地的设计提出规划要求，通常包括功能定位、建筑红线退让、绿地率、容积率、建筑限高、城市设计指引及其他相关要求。

（四）工程技术的限制

工程技术条件包括相关专业的专项设计技术规范，以及施工机械、施工技术与建材等方面的限制。

（五）资金的限制

资金是设计项目实施的重要保障。开发建设资金会限制项目建设规模、所能采用的施工技术和材料以及建设时序等。

五、分析评价基地现状特征

在掌握基地现状基础资料、现场踏察和调研的基础上，需要对基地现状进行进一步综合分析与评价。包括对基地的自然环境与人文环境的综合评价，以及对基地的自然与人文景观要素的景观评价。

（一）综合评价

综合评价是对基地所在区域的自然环境（涉及自然地理的气候气象、地质地貌、水体与生物等）和人文环境（涉及历史背景、社会政治、经济与文化等）的综合分析。通常是从宏观、中观及微观三个层次进行综合分析与评价，以探讨影响基地设计的背景因素，从而引导设计与区域发展综合条件相协调。

（二）景观评价

景观评价是对基地所在区域的自然景观要素与人文景观要素的景观分析。通过对利用设计基地的自然景观要素及挖掘人文景观要素的景观评价，建构景观设计的基本框架，提炼出重要的景观要素，强化基地的景观特征，达到基地景观设计的最佳效果。

六、相关案例调研与考察

在基础研究阶段的相关案例调研与考察环节是景观设计不可缺少的。通常在完成现状调研，综合分析与评价，以及明确基地的使用功能与初步确定设计主题后，应考察相关主题设计案例的使用情况和景观效果，同时搜集相关景观设计素材。考察内容包括案例或素材的文字和图形资料，如景观案例设计成果、现场拍摄的影像资料及评价文章等。

第四节　城市景观设计方法

一、明确设计目标与确定设计主题

（一）明确设计目标

设计目标是对基地景观设计在功能和景观等方面所要达到的效果的目标，或是基地景观设计的时间期限目标。在基地使用功能和景观定位的目标涵盖较广，见仁见智，常无定式；而在时间期限方面，目标一般分近期、中期、远期，即分期进行目标确定。通常的景观设计目标多指基地景观效果的终极目标。

确定一个适当合理的设计目标是构筑良好城市景观的前提。确定设计目标时要考虑自然、社会、经济、文化等条件，充分利用区域自然环境，结合城市经济发展与城市文化水平等，并根据实施年限（时间）来确立适宜的设计目标，使得基地景观特征在一定时间内能够达到预定目标。

如果目标定得过高，而城市经济、文化水平滞后，那么，设计目标很难达到，设计成为理想的乌托邦，难以实现。反之，如果目标较低，城市经济、文化水平较高，将会使得城市景观无特征，成为匠气十足、品味平庸的城市景观。所以确定的设计目标应是一个既符合实际的、又能满足人们需求的和可以达到的目标。

（二）确定设计主题

设计主题是在对基地现状综合与景观评价的基础上，协调基地所在区域相关的背景因素，以及提炼其景观要素，尤其是能反映地域自然与人文特征的景观要素。在提炼出重要景观要素的基础上，发挥创造性思维，归纳概括出设计主题。确定设计主题是明确设计基地突出表现什么，通常是设计师对基地景观设计特征的概括或冠名。

设计主题的确定通常从不同层面去提炼突出。如从基地的自然生态、历史、功能、社会政治、科技及文化等多层面综合分析它是基地景观设计构思的主线。即根据目标要求，围绕突出设计主题进行方案构思。在景观设计全过程始终围绕主题展开，使景观设计主题特征在多种设计要素的烘托下，显得更加突出。

主题是基地景观设计的灵魂，是景观设计的抽象概括与特征提炼，是景观设计突出的重点，是方案设计构思的主轴线。在景观设计过程中，任何设计要素均应围绕主题循序渐进，逐步展开，最终达到突出主题的目的。

（三）设计构思

设计构思是设计者在对基地现状调研、分析与评价的基础上，根据设计目标，围绕设计主题而进行的一系列设计思维活动。通常它遵循相应的设计思路。方案构思的重要性表现在它的优劣，将直接影响到方案设计的效果好坏。

主题与设计构思是相互协调、相辅相成的。设计者可拟定设计主题，构思设计方案，或根据构思方案概括抽象出设计主题，这要求设计者应具备良好的专业素质和广博的知识。见图4-2《设计构思层次示意图》。

图4-3a与图4-3b围绕"机械与生命"主题设计线索构思解析。首先，图4-3a解析图谱分析了机械的功能较单一，有排他性，以及需注入活力。引喻现有街区存在的问题，并提出植入中枢进行系统升级。

然后，图4-3b解析图谱借用了生命体较强的包容性及复杂联系系统等特征，植入街区空间整合理念，最终创造人、建筑与植物共生共栖的城市空间。

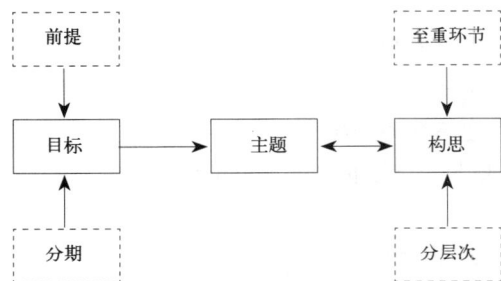

图4-2（上） 设计构思层次示意图
图4-3a（中） 主题线索的设计构思之解析图系
图4-3b（下） 主题线索的设计构思之解析图系

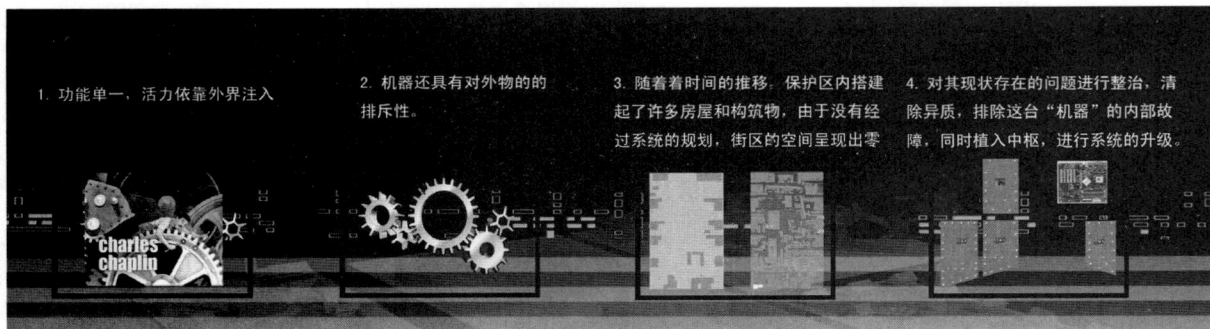

1. 功能单一，活力依靠外界注入
2. 机器还具有对外物的的排斥性。
3. 随着着时间的推移，保护区内搭建起了许多房屋和构筑物，由于没有经过系统的规划，街区的空间呈现出零
4. 对其现状存在的问题进行整治，清除异质，排除这台"机器"的内部故障，同时植入中枢，进行系统的升级。

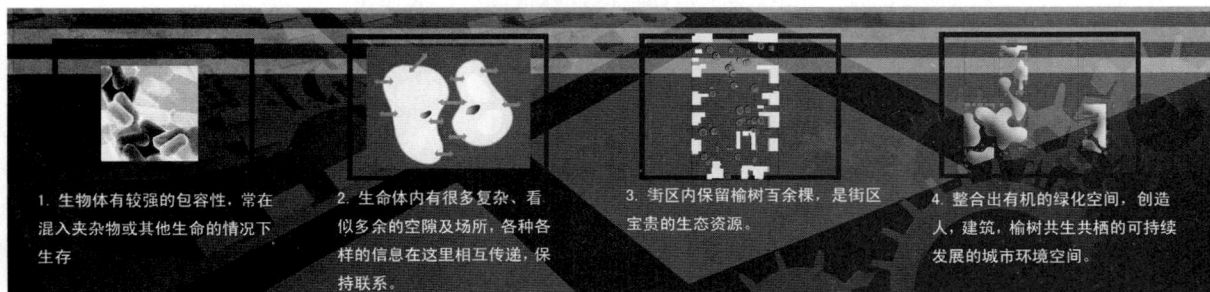

1. 生物体有较强的包容性，常在混入夹杂物或其他生命的情况下生存
2. 生命体内有很多复杂、看似多余的空隙及场所，各种各样的信息在这里相互传递，保持联系。
3. 街区内保留榆树百余棵，是街区宝贵的生态资源。
4. 整合出有机的绿化空间，创造人，建筑、榆树共生共栖的可持续发展的城市环境空间。

二、方案设计

（一）方案构思的三层次法则

通常我们在对基地进行设计方案构思时，应围绕设计主题，从不同角度进行宏观、中观及微观三个层面的设计分析，目的在于使设计者明确"森林与树木"的关系，即本书提出的"三层次法则"。宏观层面是指在对基地周边环境分析的前提下，构思基地设计区域的整体结构框架，相当于建构基地的结构；中观层面是指设计基地内的若干次级分区，在中观层面，我们应对次级分区进行结构构思，相当于建构基地次分区的结构；微观层面是指基地次级分区内的再分区，以及对再分区进行结构构思，相当于建构再分区的结构。三层次法则可在景观设计的用地功能结构、道路结构、生态绿地系统及景观结构等专项图设计构思时采用。它是梳理设计思路与方案构思的有效方法，使设计者，特别是初级设计者能分层次并清晰不同层面的设计重点，最终达到主题突出的设计构思与方案。宏观、中观及微观是相对的三个层次，它可以对任何设计区域从空间范围或等级进行划分。图4-4展示的是"三层次法则"的示意图。

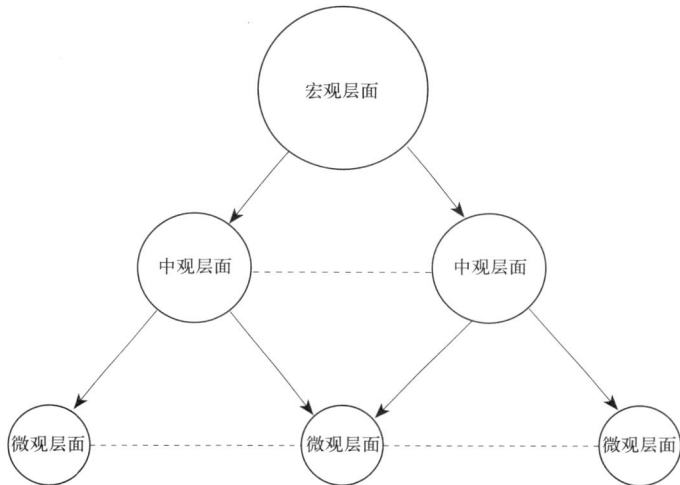

图4-4 "三层次法则"示意图

实际上三层次法则可以运用于城市规划与设计，乃至我们工作与生活的方方面面。本书中针对城市景观设计，利用宏观、中观与微观三层次法则解析景观设计方法。

通常在城市景观方案设计阶段主要包括功能结构设计分析、道路系统设计分析、景观结构设计分析及绿化与植物设计分析等内容。另外，设计者根据区域特征及个人设计侧重面的不同，亦可采用三层次法则予以专门设计分析。本书从功能结构、道路、景观及绿化植物几方面解析设计方法。

景观设计首先应满足所设计区域用地使用功能上的要求，以及方便快捷的区域内外交通联系。如果忽视使用功能及交通问题，则很难设计出好的景观设计佳作，或只是中看不中用的，内容与表象脱节的"形象"作品。

通常在空间上有功能与等级两个层面的分区。前者反映用地的使用功能，如在总体规划中的居住或公共建筑等用地功能；而后者则反映同一使用功能的用地级别的差异，如在修建性详细规划中的居住区或居住小区等。

（二）功能结构设计分析

任何设计基地的区域都具有某种用地使用功能，如居住、商业、工业或游憩等功能。功能结构划分的目的在于理顺设计区域内部用地布局与组织结构，是景观结构设计的依据。城市功能结构设计从以下两方面入手。一方面是进行土地使用功能布局，即功能区的划分；另一方面是用地组织结构，它包括区域内各功能区的空间组织及主要交通组织。

宏观层面功能结构设计重点考虑设计区域与相邻区域的相互关系，包括与相邻区域之间的功能及交通联系。中观层面重点考虑设计区域内部各次分区之间的相互关系，即各次分区的功能布局。微观层面考虑次分区内的各自再分区之间的相互关系，即各再分区的功能布局。如图4-5所示。

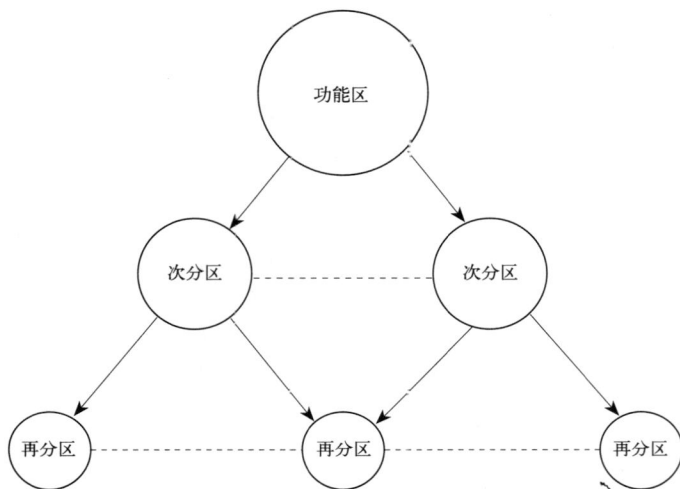

图4-5　景观区层次分析示意图

（三）道路交通设计分析

根据设计区域的地形地貌与功能结构，布置设计区域的道路交通系统。包括道路网结构及交通设施的布局。道路系统的设计应满足区域交通、游览和管理三方面的要求。第一，交通方面的要求，一方面要考虑设计区域与区域周边的道路衔接，即方便区域与外围的交通联系，提高设计区域的可达性。另一方面要完善设计区域内部道路网系统，以满足区域内部交通联系。第二，游览方面的要求，要考虑有利于游览观光者的游览与观景活动及其规律，以道路网结合自然要素布置区域的游览线路。第三，管理方面的要求，要考虑区域内施工、维修与设施的维护等工程材料的运输，日常商业服务等设施的货物与商品的运输，日常保洁及垃圾的运输，日常的行政与治安管理，紧急时消防与120急救的通道，以及紧急时避灾避险的疏散通道等交通组织。在此方面的交通组织要避免干扰平时游人的游览观光活动。

交通设施要结合设计区域的主要与次要出入口布置停车场位等。利用三层次法则布置设计区域的道路系统，从宏观、中观与微观等三个层面进行。如图4-6所示。

1. 宏观层面

在宏观层面要结合设计区域的地形地貌确定道路系统结构，处理好游览道路与车行

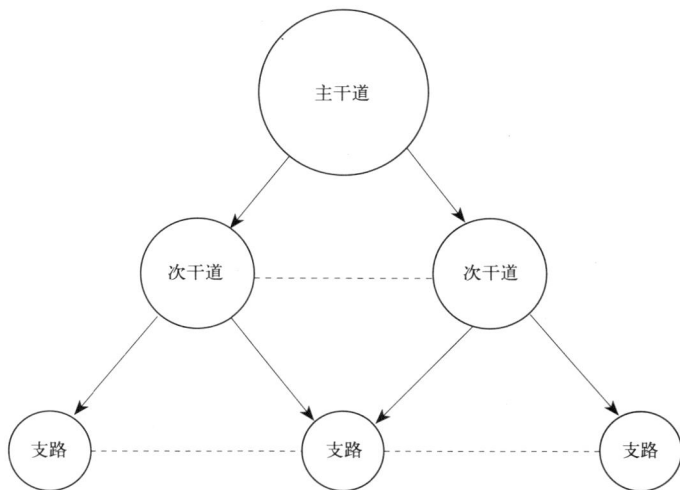

图4-6 功能分区分析思路示意图

道路的关系，以及游览步行系统与游览车行系统的关系。明确道路等级、使用功能与道路红线宽度等。确定区域主、次要出入口的位置及停车场的数量与位置等。

（1）道路系统结构

确定区域道路系统结构中的主干道网络布局形式，协调人流与车流的关系，避免互相干扰。明确主干道的使用功能，主干道的道路红线宽度与道路断面形式。主干道是设计区域的主动脉，它承担区域内各次分区的交通联系，以及通过主要出入口与外围地区的联系，是设计区域的重要景观节点组织与道路交通系统布置的关键。

（2）出入口布置

设计区域出入口的位置是根据区域周边的道路系统与其用地的空间形态确定的。出入口的布置一方面要有利于设计区域可达性的提高，另一方面要利于区域的管理。

（3）停车场布置

停车场的位置通常是结合区域的出入口进行布置，布置时要组织好人流与车流线路，避免两者的相互干扰，满足人们舒适的游览观光活动。

2．中观层面

根据设计区域道路结构系统的布局，组织设计区域的次干道的路网结构，并协调次分区与主干道的道路联系及其与次要景观节点的联系，设计次干道的道路红线宽度与道路断面形式。

3．微观层面

根据次分区道路网系统，组织再分区的支路网的小径等。设计道路绿化与道路铺装等。

（四）景观结构设计分析

设计区域可能已存在某些对景观构建的有利因素或限制因素，如设计区域周边道路、与其他区域的关系及设计区域的地形地貌特征等。设计区域内部的景观结构设计时首先要考虑上述因素的影响，然后根据设计区域的功能结构设计，进行景观结构设计，即对景观区、景观轴及景观节点进行设计。

1．景观区的划分

景观区划分有别于功能区划分。从自然景观到人文景观特征的视角出发，根据设计区域的功能区划分、各次分区的等级、生态及游览活动等特点可划分出多个景观特征区。景观区按分区使用功能的差异，可分为居住景观区、商业景观区及工业景观区等。多数景观区特征是功能特征的表现，即景观特征与功能特征的统一；按景观区的地位和影响范围的等级，可分为重要景观区、次要景观区和一般景观区；按景观区的植物配置特征，可分为密林与疏林等景观区；按景观区的地形地貌特征，可分为滨水与山地等景观区；按分区内布置活动类型，可分为动区与静区；另外，还可按分区形成的历史、居民民族类型及主要色彩色调等多方面进行划分。

设计区域的景观区划分利用三层次法则，从宏观的景观区、中观的次级景观区与微观的再划分的景观地带等三个层面进行（如图4-7）。景观区的设计的核心问题是强化与突出设计区域的景观特征。例如，在商业街区的景观设计中，就要组织利用商业店面、招牌、橱窗、广告牌甚至商品陈列、游人及交通工具这些要素来强化商业区繁华的景观特征。

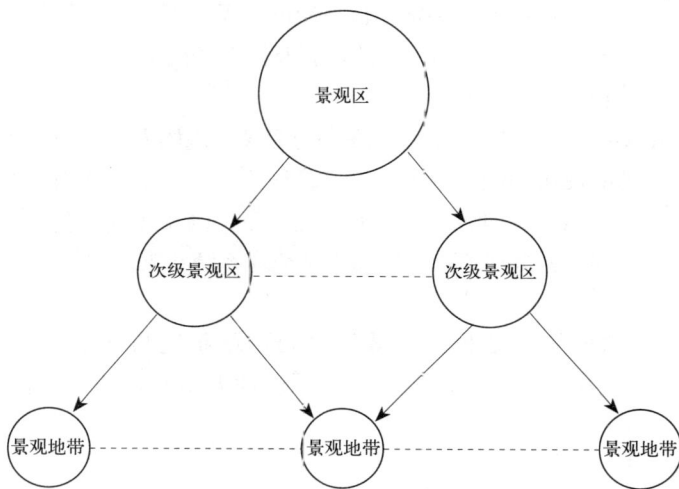

图4-7　道路结构分析示意图

2．布置景观轴线

景观轴线是设计区域内若干景观要素集中有序线性排列的带状空间，通常它是由若干个景观节点构成。它的空间构成并非是固定模式，可能是区域内的一条中轴线（如北京城中轴线），或是区域内的一条林荫大道（如巴黎香榭丽舍大街，见图4-8）；可能是可望而不可及的视觉通廊，或是人们可置身并游览的空间通廊。合理组织各景观节点，构成空间上的视觉次序（前奏、高潮与尾声）的景观轴线是区域景观设计的关键。

利用三层次法则布置设计区域的景观轴，从宏观的主要景观轴、中观的次要景观轴与微观的一般景观轴等三个层面进行。如图4-9所示。

（1）主要景观轴

它由若干个重要或次要景观节点呈带状有序排列构成，是景观区内的重要景观结构。

它突出表现设计区的景观特征，以及反映景观区线性空间序列。

（2）次要景观轴

它由若干个次要或一般景观节点呈带状有序排列构成，是景观区内的次要景观结构。它呼应主要景观轴以表现设计区的景观特征。

（3）一般景观轴

它由若干个一般景观节点呈带状有序排列。它衬映次要景观轴，但它是景观设计佳作不可缺少的组成部分。

3．景观节点的布置

景观节点是区域景观设计的基本要素，是反映区域特征的标识或地标。利用三层次法则布置设计区域的景观节点，从宏观的重要景观节点、中观的次要景观节点与微观的一般景观节点等三个层面进行。不同等级的景观节点在设计区域的地位存在差异，对所在设计区域整体的影响作用不同，布置要求亦存在差异。如图4-10所示。

（1）主要景观节点

在宏观层次，确定设计区域的主要景观节点或地标，突出区域景观特征，通常在设计区域中主要景观区域或重心位置布置主要景观节点。它是表现区域的设计主题及设计区域景观特征的重要景观要素，相当于设计区域的"红花"，亦是景观设计区域的重要景观标志（地标）。在城市景观设计中，首先要结合设计主题确定设计区域的标志性景观（地标），并突出地表现其特征，布置好观景人的观赏地点与景观的主视面，创造良好的视域条件，以突出主要景观节点（地标）形象特征。

地标有不同的影响范围。世界七大奇观是世界级地标。中国的长江、长城、黄山、黄河、法国的埃菲尔铁塔及美国的自由女神等是国家级的地标。广州五羊仙塑像，上海东方明珠塔，北京天坛，哈尔滨太阳岛、防洪纪念塔等均已成为所在城市的重要标志性景观（地标）。在城市各分区、

图4-8（上）
林荫大道形成的景观轴线
（法国巴黎香榭丽舍大街人行道，2000年9月）

图4-9（中）
景观结构轴线分析示意图

图4-10（下）
景观节点分析示意图

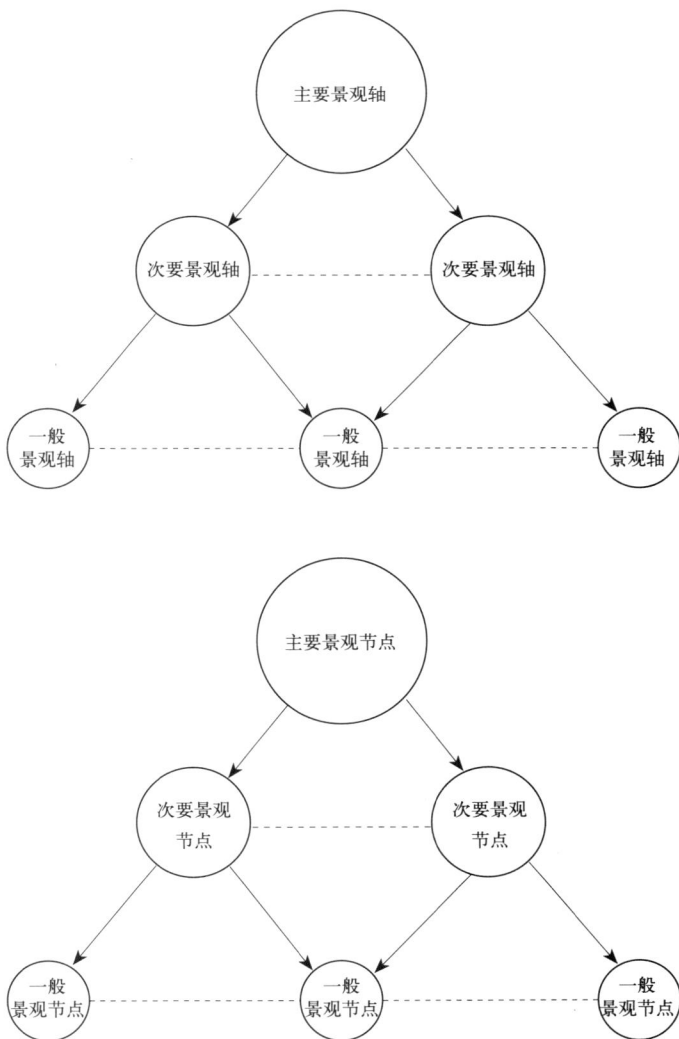

小区乃至街坊内，其标志性景观节点在城市或国家层面上无足轻重，它不被地区以外的人所熟悉，但在各自空间范围内的影响则是重要的，它属于区内重要的标志性景观（地标）。

（2）次要景观节点

在中观层次，确定设计区域的次要景观节点，即次分区中的主要景观节点。次要景观节点通常布置在设计区域次分区的重心位置。设计区域中的若干次要景观起到烘托设计区域重要景观节点（地标）的作用，相当于设计区域的"绿叶"，是设计区域的次要景观要素。但应是所在次区域的主要景观标志，它反映次要区域的景观特征。

（3）一般景观节点

在微观层次，确定设计区域的一般景观节点。一般景观节点布置在设计区域的再分区域内，烘托所在功能区内的重要景观节点，即设计区域的次要景观节点。

（五）绿化与植物设计分析

依据设计区域的功能结构、道路交通与景观结构的设计，根据三层次法则，从宏观、中观与微观等三个层面进行设计区域的绿化与植物设计。

根据设计区域的地形地貌、功能分区、景观分区与生态群落进行绿化或植物分区。在宏观层面，在区域内划分各植物特征区，同时设计区域主干道路网的道路绿化。在中观层面，划分植物的再分区与次干道的道路绿化（见图4-11）。微观层面则是植物群落的配植。

植物分区方法有：根据绿化密度差异可分为密林区与疏林区等；根据主要植物种类可划分为松树林与桦树林等；根据主要植被类型可分为乔木林、灌木林、草坪与花海等。还可根据植物在不同季节的叶、花、果与枝的颜色分区（详见第六章）。

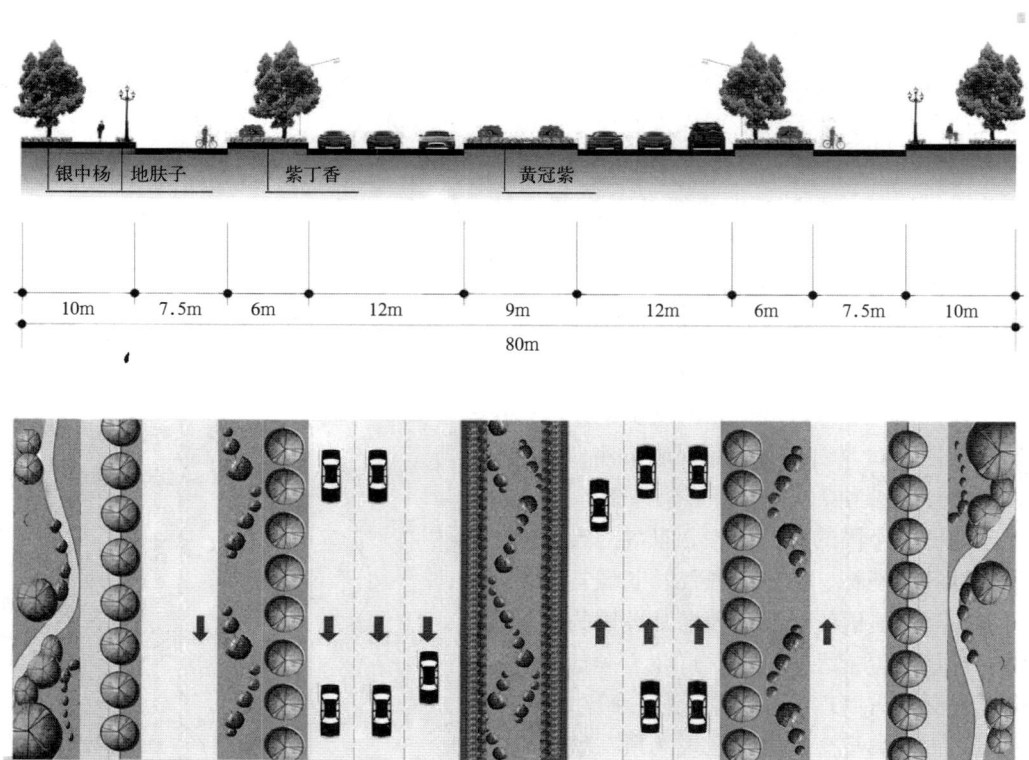

图4-11 道路断面形式与绿化设计

（六）小结

在城市景观设计的方案设计阶段，从功能结构、道路交通、景观结构到绿化系统分析等各主要环节并非是简单的单向递进设计关系，而是相互联系相互影响的双向反馈设计关系。所以在这一阶段的设计分析中，要始终根据各主要环节调整的反馈进行动态的设计平衡。见图4-12。

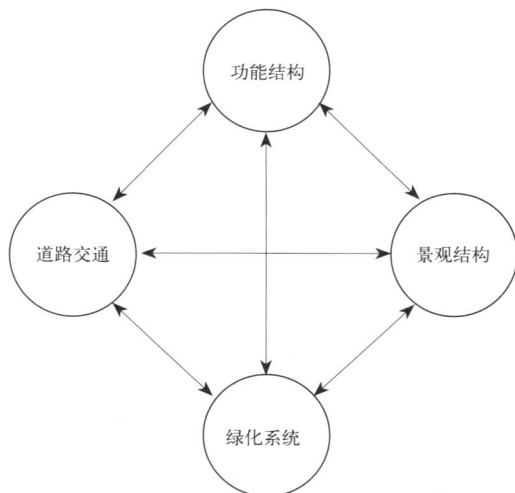

图4-12　景观设计构思阶段各主要环节相互影响反馈示意图

三、广泛征求意见与方案修改完善

景观设计方案完成后，需要听取开发商及公众等各方面的评价和意见，以及组织政府相关部门和专家综合的政策与技术评审。并根据各方面的意见，对设计方案进行调整、修改与完善，最终形成切实可行的城市景观设计成果，并提交成果。

第五节　城市景观设计成果

城市景观设计成果一般由文字、图纸、模型或展板及音像文件四部分组成。文字及图纸是景观设计成果的主要文件，是设计项目成果必不可少的组成部分。模型、展板及音像文件是直观表现景观设计的辅助形式，一般用于设计成果汇报或展示，可根据项目的需要来制作。

一、文字文件

文字文件主要包括景观设计说明书和根据项目要求而做的相关研究报告。说明书主要阐述关于设计区域的基础研究，对区域现状综合评价分析，明确设计目标、设计主题与构思，方案设计阶段的功能结构、道路交通、景观结构与绿化系统等环节的设计分析，以及设计成果的说明。它是城市景观设计的重要文件。根据设计项目特殊需要，有时可进行有针对性的相关专题的研究，并提出研究报告，为区域景观设计提供参考。

二、图纸文件

图纸是城市景观设计的图形文件，它与文字文件共同构成景观设计成果的主体文件。图形文件包括反映区域的区位图、现状图、现状综合评价图，景观设计的功能结构、道路交通、景观结构及绿化与植物等设计分析图，景观设计的总平面、道路、公共服务设施及植物配植等分项设计图，根据需要还可选取能表现区域景观设计特征的若干重要节点设计平面或透视图，设计区域主要沿街、沿江、沿河或沿海等滨水界面的立面图等等。通常景观设计分析图或效果图等图纸文件无比例条件限制，而设计平面图要按比例绘制。一般为 1∶500 ～ 1∶2000，常用的是 1∶1000 的比例，或根据设计区域已有地形图比例绘制。

三、模型或展板

通常模型或展板在设计成果汇报或展示时使用。按一定比例制作的模型可以直观地表现设计区域的空间效果，可根据需要制作设计成果的整体模型或局部模型。整体模型反映设计范围内各空间的道路、广场、绿化与建筑环境的关系；局部模型反映出空间要素的材料质感与空间尺度等。整体模型制作比例为 1∶500 ～ 1∶2000，局部模型比例为 1∶50 ～ 1∶300。

展板方便设计成果的展示，内容包括设计成果图纸，以及反映设计构思过程的若干分析图。结合简要的文字说明，展板全面展示了设计的现状分析、方案构思及成果，通常采用 A2 ～ A0 图幅。

四、音像等多媒体文件

音像等多媒体文件是通过声音与图像直观且动态地展示设计成果的文件形式。三维动画演示更直观生动地虚拟设计景观的效果，能给人身临其境的感受。另外，可利用 PPT 展示文件配以录音讲解。多媒体文件演示时间通常为 10 ～ 20 分钟，对突出设计成果的特征有锦上添花的作用。

第五章　城市景观设计与色彩

第一节　城市景观设计的色彩基础

色彩作为人类的视觉感知，是光线通过物体的反射，作用于人的视觉器官和大脑的结果。色彩的心理实验表明，在正常状态下观察物体时，首先引起视觉反映的是色彩。当最初观察一物体时，对色彩的注意力约为80%，而对形体的注意力仅占20%，这种情况一般持续20秒。两分钟后，对形体的注意力可增加到40%，对色彩的注意力会降到60%。5分钟后，形体与色彩则各占50%。由此可见，在形成物体的印象上，色彩具有独特的作用和效果。

人们通过形体与色彩等要素识别城市景观的特征。同其他物质实体一样，城市景观给人们的第一印象是通过人们的视觉感官获得的，城市景观的色彩与观景人有非常密切的互动关系，无论是城市中的自然景观还是人文景观，无论是在设计层面还是在审美层面，都离不开对于色彩的应用。所以，在诸多景观的形象因素中，色彩是人们识别景观形象的首要因素。

一、认识色彩

可见光照射物体进入人的眼睛，通过视网膜，经过神经细胞的分析，转化为神经冲动，由视神经传达到大脑皮层的视觉中枢，于是人就产生了色彩的感觉。

1666年英国物理学家牛顿通过三棱镜发现七色光谱，由七条按"红－橙－黄－绿－蓝－靛－紫"顺序排列的色带组成，这七种颜色称光谱色。七种光谱色波长的排列顺序依次为：红(780～620nm)－橙(620～590nm)黄(590～550nm)－绿(550～510nm)－蓝(510～480nm)－靛(480～450nm)－紫(450～380nm)。

二、色彩属性、类型与色立体

(一) 色彩三属性

1.色相

色彩的自身相貌即为色相，是色彩间相互区别的特征。将色相按波长依圆周的色相差环列，就形成色相环(色环)。见图5-1。

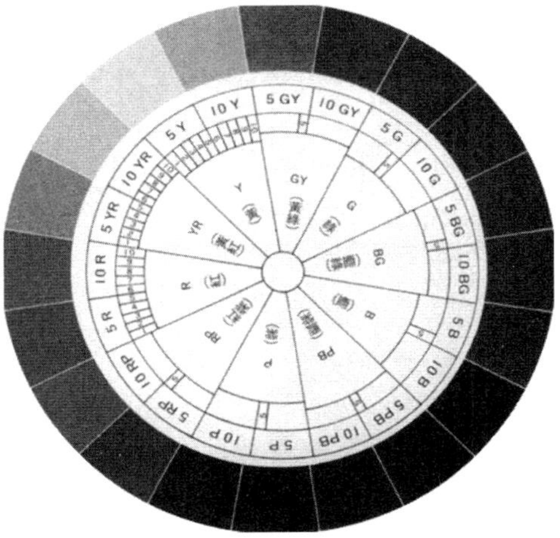

2.明度

色彩的明暗程度称为明度。白色是最明亮的色，黑色则是最深暗的色。

3.纯度(又称彩度、饱和度)

即色彩的纯净程度，可用数值来表示。

图5-1　二十色色相环

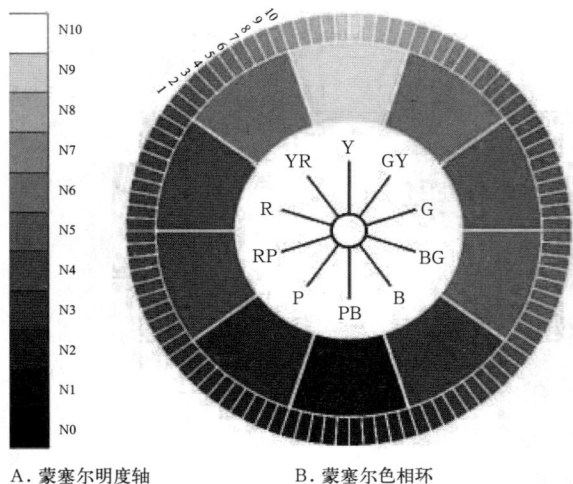

A. 蒙塞尔明度轴　　　　　B. 蒙塞尔色相环

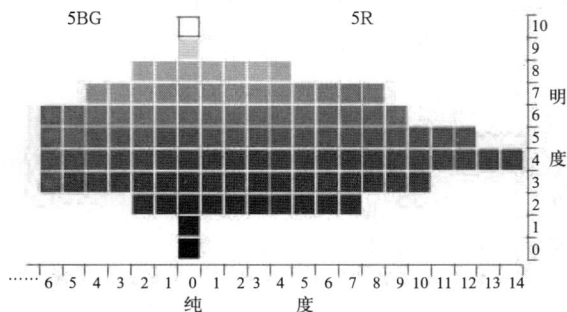

图 5-2 蒙塞尔明度轴、色相环与明度纯度坐标

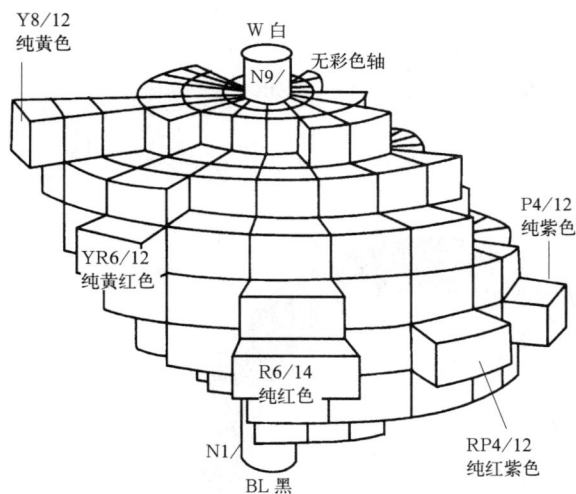

图 5-3 色立体

纯度越高，色彩表现越鲜明，纯度较低，表现则较黯淡。见图 5-2。

（二）色彩分类

色彩可以分为无彩色系和有彩色系两大类。

1. 无彩色系

从物理学的角度看，当投射光、反射光与透射光在视觉中并未显出某种单色光的特征时，就是无彩色，即白、黑、灰。无彩色系只有明度的差别，没有色相、纯度这两种属性。

2. 有彩色系

如果视觉能感受到某种单色光的特征，就是有彩色。即除无彩色系以外的所有色，都属于有彩色系，如红、黄、蓝等七种光谱色。有彩色系可分为以下几种：

（1）原色

原色是指能混合产生其他一切色彩，但其自身却不能由别的色彩混合产生的色彩，即红、黄、蓝三个基本色。原色有两个系统：一个是光学系统，其色光三原色为红绿蓝，另一个是色料系统，其色料三原色为红黄蓝。

（2）间色

间色是由两种原色混合而成。比如：红＋黄＝橙，黄＋蓝＝绿，蓝＋红＝紫，橙、绿、紫就是间色。

（3）复色

两个间色相加为复色。间色与原色相混均成黑浊色，而间色与黑浊色相混则成某种灰色。人们对色彩的感觉，一般是原色色感强，复色色感弱，间色居中。

（三）色立体

色立体是一个三维空间的立体形，它把色彩的色相、明度和纯度三种基本属性全部都表示了出来，是立体化的色谱。见图 5-3。

三、色彩对观景人的影响

（一）色彩对观景人的生理影响

色彩对人们视觉感官的刺激，影响人的情绪与健康，这就是色彩对人的生理作用。从生理学角度考察，对人的视觉生理最佳的色彩有淡绿色、淡黄色、天蓝色和白色等等。另外，根据生理学上对有色光线作用的研究，不同色彩的光线波长对人体生理影响是不同的（见表 5-1）。因此，在城市景观设

色彩对观景人的生理影响一览表　　　　　表 5-1

色彩	影　响
红色	最能刺激和兴奋心脏、神经系统及肾上腺，加强血液循环，容易使人感到疲劳
橙色	刺激腹腔神经丛、免疫系统、肺和胰腺，使人产生活力，诱发食欲
黄色	刺激大脑、神经和消化系统，加强逻辑思维
绿色	有益于消化，促进身体平衡，起到镇静作用
蓝色	影响咽部和甲状腺，有助于降低脉律和血压，调整体内平衡
紫色	对运动神经及淋巴系统有抑制作用

计中，如果能够合理地选择适当的色彩，美化我们的城市环境，将给我们的身心健康及工作、生活和学习带来积极的作用。

（二）色彩对观景人的心理影响

色彩的感知过程，是人们对色彩感觉所经历的"物理—生理—心理"的过程，是人的主观认识主体的创造性思维活动与客观认识对象色彩的相互作用，是一个辩证统一且复杂的心理活动过程。

色彩对观景人的心理影响作用主要表现在色彩的冷暖感、轻重感、进退感、运动感和兴奋、沉静感等几个方面。

1．色彩的冷暖感

冷暖感觉原本是人们在日常生活中对外界温度高低的反映，而色彩的冷暖感即为不同的色彩通过反射、折射或漫射，向周围环境放出热量、升高温度，或吸收周围环境热量、降低温度，而使人产生温暖或寒冷的感觉。例如，太阳、火炉等反射出的红色、橙色光可以使外界温度升高，因而我们在看到红色、橙色以及黄色等色彩时会产生温暖的感觉；反之，蓝天、海洋、冰雪和山峰等反射的蓝色光吸收外界的热量，因而让人感觉到寒冷。

色彩的冷暖感通常是由色相的差别决定的，即所谓的冷色或暖色。在不同色光的照射下，人们的肌肉机能、血液循环可引起不同的反映，其影响由弱到强的色光顺序是"蓝—绿—黄—橙—红"。在实际的色彩运用中，色彩的冷暖感觉不是绝对的，而是不同色相组合的相对比较关系。

色彩的冷暖感应用到城市景观设计中，主要是根据冷色与暖色给观景人以不同的心理感受（见表 5-2），为人们在不同场合与不同需要创造最适宜的色彩景观环境。

观景人对冷暖色心理感受一览表[注1]　　　　　表 5-2

冷 色	暖 色	冷 色	暖 色	冷 色	暖 色
阴影感	阳光感	微弱感	强壮感	冷静	热烈
透明感	混浊感	湿的	干的	理性的	感性的
镇静感	刺激感	理智的	感情的	被动的	主动的
浅的	深的	圆的	方的	瘦小的	肥胖的
远的	近的	曲线的	直线的	内向的	外向的
轻的	重的	缩小的	放大的	文静的	开朗的
空气感	沉闷感	退缩的	前进的	肃穆的	辉煌的
女性感	男性感	流动的	稳定的	严肃的	活泼的

［注1］　表 5-2 资料来源：张继渝．设计色彩[M]．重庆：重庆大学出版社，2002．

2. 色彩的轻重感

我们看到黑色、暗褐色等深暗的颜色会产生"重"感；而看到白色、黄色和淡绿等明亮的颜色则会有"轻"感，这就是色彩的轻重感引起的人的心理感受。

色彩轻重感是由明度决定的，明度高的色彩有轻感，明度低的色彩有重感。例如，色彩不同的相同材料物体，黑色感觉重，红色次之，白色感觉最轻。

3. 色彩的进退感

色彩的进退感，主要是由于色彩对人视觉器官刺激程度的不同而造成的视觉假象。以色相环为例，这些色彩虽然位于同一个平面上，但是整体看上去有些暖色凸出平面，如红、橙、黄等颜色；有些冷色则凹进去，如蓝、绿等颜色。这些色彩在人的视觉感知中并不位于同一个平面，这就是色彩的进退感。

色彩进退的感觉是偏向于对物理方面的假象，而不是物理的真实，它属于一种心理错觉。应用到城市景观设计的色彩搭配中，我们可以利用色彩的进退感调节景观物体给人的空间距离感，形成一定的空间层次。

4. 色彩的运动感

我们观察色相环，随着视线的移动，各种色相冷暖相异、轻重有别、进退不同，共同组合成有规律起伏的色环，从而体现了色彩的运动感。在色立体中，我们可以感觉到色彩存在着两种起伏：一种是在色相环平面上形成的疏密变化，这种变化表现为色相的对比、各色相范围的间隔距离以及不同色相连续的明暗起伏；另一种是在垂直轴上形成的连续不断的变化，即由于各个色相的进退感不同，而形成具有节奏感的起伏跃动。

5. 色彩的兴奋与沉静感

色彩的兴奋、沉静感与色彩的三属性均有关联（见表5-3），而纯度的影响最大。高纯度或高明度的色彩为兴奋色，而中、低纯度或中、低明度的色彩是沉静。以色相为例进行分析，紫、绿为中性色，蓝紫、蓝和蓝绿属沉静色，而红、品红、红紫、橙、黄以及黄绿都属于兴奋色。

观景人对色彩属性的基本感应一览表[注2]　　　　　　　　　　　　表5-3

色彩属性		基本感应
色相	暖色系	温暖、活力、喜悦、热情、积极、活泼、华美
	中性色系	温和、安静、平凡、可爱
	冷色系	寒冷、消极、沉着、深远、理智、休息、幽静、素净
明度	高明度	轻快、明朗、清爽、单薄、软弱、优美、女性化
	中明度	无个性、随和、附属性、保守
	低明度	厚重、阴暗、压抑、坚硬、迟钝、安定、个性、男性化
纯度	高纯度	鲜艳、刺激、新鲜、活泼、积极、热闹、力量
	中纯度	日常、中庸、稳健、文雅
	低纯度	陈旧、寂寞、老成、消极、朴素

[注2]　表5-3资料来源：吕文强. 城市形象设计[M]. 南京：东南大学出版社，2002：106

186

（三）色彩的联想与象征

1．色彩的联想

色彩的联想有两种情况，一种是通过色彩产生具体实物的联想，一种是产生抽象的联想。一般看来，人们对色彩的联想具有基本的共同性，被视为一种客观的倾向，但同时也受人的经验、记忆和知识等因素影响。不同的民族、年龄、性别、性格、生长环境、受教育程度、职业以及不同时代的人对色彩产生的联想会存在差异。见表5-4。

不同年龄与性别的色彩联想一览表[注3]　　　　　　表5-4

具体联想	小学生（男）		小学生（女）		青年（男）		青年（女）	
白	雪	白纸	雪	白兔	雪	白云	雪	砂糖
灰	鼠	灰	鼠	天空	灰	混凝土	云天	冬天
黑	炭	夜	毛发	炭	夜	洋伞	墨	套服
红	苹果	太阳	郁金香	洋服	红旗	鲜血	口红	红鞋
橙	蜜橘	柿子	蜜橘	胡萝卜	香橘	肉汁	蜜橘	砖
褐	土	树干	土	巧克力	皮包	土	栗	鞋
黄	香蕉	向日葵	菜花	蒲公英	月亮	鸡雏	柠檬	月亮
黄绿	草	竹	草	叶	嫩草	春	嫩叶	衣服里
绿	树叶	山	草	矮草	树叶	蚊帐	草	毛衣
蓝	天空	海水	天空	水	海洋	秋空	大海	湖水
紫	葡萄	董菜	葡萄	桔梗	裙子	礼服	茄子	藤
抽象联想	青年（男）		青年（女）		老年（男）		老年（女）	
白	清洁	神圣	清白	纯洁	洁白	纯真	洁白	神秘
灰	忧郁	绝望	忧郁	阴森	荒废	平凡	沉默	死灭
黑	死亡	刚健	悲戚	坚实	生命	严肃	阴沉	冷淡
红	热情	革命	热情	危险	热烈	卑俗	热烈	幼稚
橙	焦躁	可怜	低级	温情	甘美	明朗	欢喜	华美
褐	涩味	古朴	涩味	沉静	涩味	坚实	古雅	朴素
黄	明快	泼辣	明快	希望	光明	明亮	光明	明朗
黄绿	青春	和平	青春	新鲜	新鲜	跳动	新鲜	希望
绿	永远	新鲜	和平	理想	深远	和平	希望	公平
蓝	无限	理想	永恒	理智	冷淡	薄情	平静	悠久
紫	高贵	古雅	优雅	高尚	古风	优美	高贵	消极

　[注3]　表5-4资料来源：（日）琢田敢等著．色彩美的创造[M]．易利森编译．长沙：湖南美术出版社，1986：87-88

2．色彩的象征

色彩的象征意义是人们在长期的社会生活经历中逐渐形成的。很多色彩的象征意义也是约定俗成的，不同的国家、民族或是不同的地域，都会有自己的色彩象征意义。例如，白色在西方国家中是婚礼礼服的专用色，象征着圣洁、高雅和大方；在中国，白色则很少在传统的婚宴上使用，中国民间常用的传统色彩为代表喜庆、热情的红色。见表5-5。

各种色彩象征一览表　　　　　　　　　　　　表5—5

色彩	象征
白	云彩、冰雪、纯洁、明亮、卫生、素雅
灰	灰尘、单调、枯燥、平凡、忧郁、朴素、含蓄
黑	庄重、肃穆、黑暗、死亡、恐怖、神秘
红	火焰、消防设备、喜庆、积极、革命、危险、警告
橙	火焰、果实、光明、热量、温暖
黄	光明、希望、明朗、庄严、高贵、酸涩、病态、颓废
绿	植物、理想、和平、青春、蓬勃、镇定、健康
蓝	天空、海洋、宇宙、沉静、理智、深远、忧伤、冷漠
紫	高贵、奢华、优雅、镇静

第二节　城市景观的色彩设计

城市景观的色彩设计，是利用色彩对城市整体或局部布局的影响，进行城市形象的塑造。色彩除了具有本身的艺术性，而且还是人们获取日常生活信息的手段之一。城市景观色彩设计主要是充分利用色彩对人、对城市形象以及对空间的信息传达与表现来进行。城市景观色彩所要强调的是和谐统一。这就需要运用色彩的设计方法，即色彩的对比、调和与调节来实现色彩的平衡与统一，并为城市景观创造良好的节奏感与韵律感。

中华民族自古以来就是一个注重色彩的民族，历史上的中国在长期的社会生活中积淀了独特的色彩魅力，其色彩丰富、用色鲜明，并形成了完整的系统。如黑、白、赤、青、黄五色系统是中华民族色彩体系的代表，它具有特定的寓意与象征（见图5-4）。许多城市在发展过程中，形成了既与自然条件相协调，同时又蕴含着独特历史文化的色彩景观，其中最具有代表性的是古城北京故宫的红墙黄瓦以及江南水乡苏州的粉墙黛瓦。见图5-5与图5-6。

图5-4（上）
四灵与五行方位图

图5-5（左下）
红墙黄瓦（北京故宫，1997年1月）

图5-6（右下）
粉墙黛瓦（苏州网师园，吴虑摄于2007年11月）

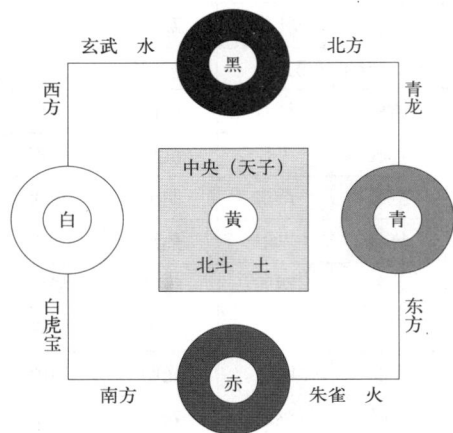

色彩的基本理论是进行城市景观设计与创造良好城市形象必需遵循的依据。只有掌握色彩特性，了解色彩与观景人的互动规律，熟练地掌握运用色彩设计的方法，才能在城市景观设计中，实现景观色彩内涵与外显的完美统一，让色彩为人类服务，给人们以美的享受。

一、色彩设计方法

（一）色彩对比

1. 色相对比

色相对比是指色与色之间最基本的对比。色相对比的强弱，决定于色相之间差值的大小。在各种色相之间，对比效果最强烈的是红、黄、蓝三原色之间的对比（见图5-7），间色橙、绿、紫则对比效果较弱（见图5-8），由两种间色相混的复色之间的对比更弱。按照色相环上不同相互对比色相之间的距离大小，色相对比可分为同类色对比、类似色对比、邻近色对比、对比色对比和互补色对比五种类型。详见表5-6。图5-9展示的是我们日常生活中各种蔬菜的色彩对比。

2. 明度对比

明度对比是指明暗差别的对比。在色彩对比中，色彩间明度的差别越大，对比则越强烈。自然界中存在大量的明度对比，例如，物体的受光面与阴影部分体现强烈的明度对比。图5-10展示的是同一色彩的明度对比。

3. 纯度对比

纯度对比是指色彩的纯度差别的对比。利用纯度不同色彩的对比，可以增强或减弱色彩的表现力，并形成色彩纯度上的多样变化。图5-11展示的是色彩的纯度对比。

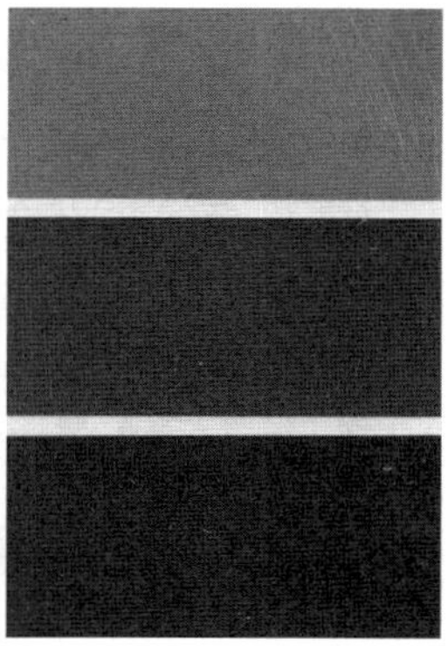

由左至右，由上至下

图5-7　原色对比

图5-8　间色对比

图5-9　各种蔬菜色彩对比（贵州贵阳菜摊，2006年11月）

图5-10　明度对比效果图

图5-11　纯度对比效果图

色相对比的分类表　　　　　　　　　　　　　　　　　　　　　表5-6

同类色对比	色相环上相距 0°～15° 左右的色相之间的对比，是微弱的色相对比，常作为调和的因素
类似色对比	色相环上相距 15°～30° 左右的色相之间的对比，色相对比不明显
邻近色对比	色相环上相距 30°～60° 左右的色相之间的对比，对比既有变化又有统一，配色效果佳
对比色对比	色相环上相距 60°～120° 左右的色相之间的对比，对比色彩效果鲜明，变化丰富
互补色对比	色相环上相距 120°～180° 左右的色相之间的对比，对比色彩效果极富刺激性

（二）色彩调和

色彩调和是强调色彩诸要素的统一与和谐。在色彩的色相、明度和纯度三要素中，只要有两种因素同一，就可以达到统一调和的景观色彩效果；凡是有一种因素同一，而其他两种因素有不同程度的变化，则能够得到有一定变化的色彩调和；若是三种因素均缺少共性，那么色彩间的搭配就很难取得调和。图 5-12a、图 5-12b 及图 5-12c 展示色彩的调和。

（三）色彩调节

色彩调节主要是针对色彩三个属性的调节。色彩调节易于形成良好的气氛，增强识别性，减轻人的生理及心理疲劳。城市景观色彩设计中的色彩调节，首先是色相调节，即色相的选取。由于不同环境的功能性质以及使用目的的不同，相对应的色彩选择也不尽相同。除此之外，还要考虑色彩的明度和纯度上的调节。在配色调节上，色彩的统一性是很重要的因素。以公共活动空间的色彩设计为例，通常公共活动空间是人流比较集中的地方，所以采用同等色相但明度有差异的一系列配色，最容易营造出热闹繁荣的气氛。图 5-13a、图 5-13b、图 5-13c 及图 5-13d 展示色彩的调节。

图 5-12a（上）　色彩调和（广州中山大学，1999 年 10 月）
图 5-12b（中）　色彩调和（英国剑桥，2005 年 12 月）
图 5-12c（下）　色彩调和（英国埃雷建筑局部，2005 年 12 月）
图 5-13a（左下）色彩调节（爱尔兰高韦小镇商业街景，2000 年 10 月）
图 5-13b（右下）色彩调节（英国伦敦维多利亚与阿尔伯特展览馆
　　　　　　　　玻璃画，2006 年 1 月）

二、城市景观色彩设计构成

不同的城市具有不同的景观色彩，城市中的各种景观交织，组合成一幅绚丽灿烂的色彩图谱。仔细分析不难发现，城市景观的色彩中蕴含着独特的组织结构，各种色彩的搭配都有其特有的规律和准则。城市景观色彩由基调、主色调、辅色调和点缀色这四种色调构成。

（一）基调

基调是组成城市景观色彩的背景色调，多为自然景观本身的色彩，即自然原生色所组成的色调。由于城市的地理位置和气候等条件的不同，天空、土地、山石、植被、河湖以及海滨等等的色彩都能构成城市景观色彩的基调。例如，滨海城市以蓝色为基调，内陆黄土高原上的城市则以土黄色为基调。图 5-14 展示的是以蓝色为基调的滨海城市。

（二）主色调

主色调，是指在城市景观中起视觉主导作用的色调，一般以区域景观主体的色彩为该区的主色调。只有确定了主色调，才能在此基础上确定主次景观色彩的色相、明度与纯度。鲜明突出的主色调能够充分体现景观的用途，更好地表达场地的气氛。城市中建筑的立面色调，常常成为构成城市景观主色调的主导因素。根据具体情况，城市景观的主色调可以是单一的某个色相，也可以是一组和谐的色彩关系。城市景观色彩的设计都要以主色调为基准，根据色彩对人的生理和心理影响的规律，选择与主色调相匹配的色彩。图 5-15a 展示的是以绿色为主色调，色调统一的车站站台。图 5-15b 展示的是以白色为主色调的冰雪景观。

由左至右，由上至下

图 5-13c　色彩调节（西藏拉萨罗布林卡彩绘石狮，2005 年 10 月）

图 5-13d　色彩调节（广西南宁，2004 年 3 月）

图 5-14　滨海城市基调（海南三亚，2006 年 3 月）

图 5-15a　主色调（上海磁悬浮龙阳车站，2003 年 9 月）

图 5-15b　主色调（哈尔滨太阳岛，2006 年 12 月）

（三）辅色调

辅色调是指城市景观色彩中与主色调相匹配的其他色调。辅色调使用的面积相比主色调使用的面积要小，多为道路、铺地、建筑屋顶或墙面装饰的色彩等等。辅色调的选取需遵循与主色调相配合的原则，在色相、明度和纯度上与主色调相协调，并允许在一定范围内的色彩变化。通过利用色相环及色立体等色彩标尺进行选取搭配，使城市景观色彩取得视觉和谐统一的效果，令人赏心悦目。图 5-16a 及图 5-16b 展示辅色调在建筑立面上的运用。

（四）点缀色

点缀色是指在城市景观中面积较小、色彩突出并且醒目明快的色彩，多为建筑入口、市政公共设施、广告牌、雕塑以及灯箱等建筑小品的色彩，也包括汽车、人流等流动的色彩。作为城市景观点缀色的色彩可以在色相、明度和纯度上与主色调和辅色调有较大的差别，以起到识别强调的作用，但也要遵循色彩搭配的规律。点缀色运用得恰当，对创造丰富生动的城市景观色彩有举足轻重的作用；反之，若点缀色运用不当，会破坏城市景观的主色调，产生不协调的城市景观，容易导致色彩污染。图 5-17a、图 5-17b、图 5-17c 及图 5-17d 展示的是城市景观中点缀色的使用。

由上至下

图 5-16a　辅色调（英国剑桥工商学院，2005 年 12 月）

图 5-16b　辅色调（上海磁悬浮浦东车站，2003 年 9 月）

图 5-17a　点缀色（海口海滩，2004 年 10 月）

图 5-17b　点缀色（英国剑桥，2005 年 12 月）

图 5-17c　点缀色（英国剑桥，2005 年 12 月）

图 5-17d（右下）　点缀色（英国温莎城堡外，2000 年 6 月）

（五）各种色调关系分析

构成城市景观色彩的四种色调——基调、主色调、辅色调和点缀色之间，具有心理和设计两个层面的关系。

1. 心理层面的图底关系

城市景观色彩的组合在城市中的整体呈现，还可以运用格式塔心理学中的"图形与背景"的关系进行分析。具体来说，基调是主色调、辅色调与点缀色的"底"，主色调、辅色调与点缀色都可以成为基调的"图"；主色调可以是辅色调与点缀色的"底"，辅色调与点缀色则是主色调的"图"；辅色调也可以是点缀色的"底"，点缀色则可以成为辅色调的"图"。这样的图底关系，使得景观色彩在城市中存在着层层内在的规律与秩序，因此在进行色彩设计时，应当考虑到相应的图底关系，以形成良好的视觉秩序感。见图5-18。

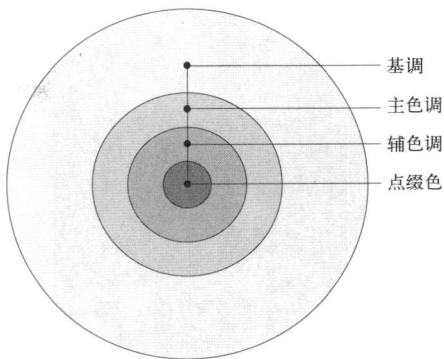

图5-18　各种色调图底关系示意图

2. 设计层面的递进关系

从色彩设计的层面来看，各种色调之间构成一种递进关系。在城市景观的色彩设计中，首先要分析城市的自然地理条件，了解城市的基调，作为城市景观色彩的"底"，主色调的选择要与其相协调；其次，选择城市的主色调，则需要了解区域的主体景观，尤其是建筑立面色彩；确定主色调之后，最后，才能进一步根据色彩搭配的基本方法，选择相应的辅色调以及点缀色。通过这种递进式的选择，最终实现城市景观色彩的整体效果。

城市景观的色彩是一个整体的概念。城市景观色彩设计应考虑整体与联系的因素，使基调、主色调、辅色调和点缀色在同一城市环境中和谐共存，不能孤立或是分散各种色调。同种色调之间和不同色调之间，都要注意和谐搭配关系。运用好各种色调的搭配，体现出城市景观色彩悦目的整体形象。

三、城市景观色彩设计层次构成

对城市景观色彩设计划分层次，是为了使城市景观的色彩设计更容易被操作、控制与管理。应用第四章所述宏观、中观到微观的"三层次法则"，城市景观的色彩设计主要划分为城市整体、功能区局部以及建（构）筑物个体三个层次。在实际城市景观设计中，无论是设计区域从大到城市，还是小到某个街区都可划分为三个基本层次，甚至可以细分为更多的层次。在每个层次中所考虑的色彩设计的内容和方法各不相同，即每个层次中有各自的设计分析重点。以下以城市为设计主体，分别论述城市、功能区及建（构）筑物三层次的设计重点。

（一）城市层次

城市层次的色彩设计是一个整体的、综合的设计过程，在此设计过程中，主要考虑当地的自然与人文景观因素的特点。通常，通过规定城市主色调来突显城市的个性，并对整个城市从宏观层面进行景观色彩的设计引导与控制，因此城市层次的色彩设计也称作城市的"色彩规划"。由于城市色彩的主色调一般为一种色调或几种色调组成的复合色系，而整个城市的所有景观层面都应采用这几种色调或色系，它们属于抽象的色彩，所以应对城市色彩从宏观层面进行引导与控制。作为整体城市景观，抽象的城市色彩只能是宏观控制层面的色彩规划，是原则性的色彩系列引导与控制。图5-19展示的即为宏观层次的城市色彩景观。

图 5-19（上）
宏观层次城市色彩景观（圣马力诺，2000 年 9 月）

图 5-20（中）
功能区层次城市色彩应用（广东深圳，2006 年 12 月）

图 5-21a（下左）
城市中建、构筑物的色彩运用（法国戛纳电话亭，2000 年 9 月）

图 5-21b（下中）
城市中建、构筑物的色彩运用（海口琼州大桥，2004 年 10 月）

图 5-21c（下右）
城市中建、构筑物的色彩运用（英国格林威治千禧村，2006 年 1 月）

（二）功能区层次

功能区是城市中按不同职能划分的次区域，它们主要有居住区、商业区及工业区等等。功能区是城市景观色彩设计分区的主要依据。首先，功能区是日常人们生活活动最频繁的城市空间，它的景观特征会给人们留下最深的印象；第二，功能区是城市中相对独立区域，其内部城市景观要素关联性较强，可塑造独具色彩特征的景观环境，亦可达到丰富的色彩效果；第三，功能区是构成城市景观的重要组成部分，各功能区之间色彩相互协调，会影响到城市整体景观的色彩效果。因此，功能区的色彩设计就显得尤为重要。与宏观的城市层次色彩的设计相对应，功能区景观的色彩设计属于中观层次。图 5-20 展示的是城市中功能区的色彩使用。

（三）建（构）筑物层次

建（构）筑物层次的色彩设计属于微观层次。建（构）筑物色彩设计的混乱，最容易引起城市景观色彩杂乱无章的感觉，也是导致目前城市景观色彩混乱的主要原因。这主要是由于建（构）筑物的色彩设计受开发商或是业主个人色彩喜好影响较大，单体色彩之间各自为政。这种情况若要得到根本解决，从理念上来讲，需要设计师、开发商及业主以对环境负责的态度，带着整体的眼光，不能过于独树一帜；从政策上来讲，则需要规划建设部门，对建筑单体的色彩设计有详细而明确的规定，如根据不同的建筑功能或环境，推荐相应的多种搭配色系，并明确规定哪些色彩能使用，哪些色彩不能使用。国外就曾有过这样的先例，例如，巴黎对城市建筑景观的色彩明确规定：屋瓦为黑色，墙体或墙面为淡茶色，即黑色与淡茶色为城市建筑景观的基本色调。巴黎这样的明文规定，使日本航空公司在巴黎的分店不得不把其作为标志的"红鹤"改为"金鹤"。虽然规划建设部门的管理对建筑单体的色彩可能会有所控制，但是就目前来看，国内管理体制的改变，与开发商或业主的思维转变都是需要时间的。图 5-21a、图 5-21b 及图 5-21c 展示的是城市中建（构）筑物的色彩运用。

（四）不同层次之间关系

城市景观色彩设计的三个层次是相互作用与相互影响的（见图 5-22）。城市中的各类建、构筑物群体的有机组合形成功能区，各类建、构筑物的色彩构成功能区的景观色彩。城市中不同的功能区的有机组合构成整个城市，功能区的色彩会影响整个城市的色彩图谱与效果。相对应地，宏观城市色彩主色调的原则性确定，会影响功能区甚至建（构）筑物的色彩设计。但从操作的角度来看，功能区的色彩设计无疑最具有可操作性。

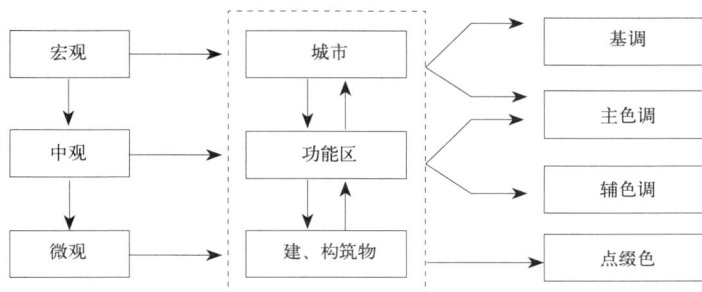

图 5-22 城市景观色彩设计分层示意图

四、城市景观色彩设计分区

城市中景观色彩的特性反映出城市景观的特征。城市功能区性质不同，对景观色彩要求各异，景观色彩的设计应服从于功能区的性质要求。景观色彩设计分区是对城市中不同的功能区所具有的景观特征进行色彩分区设计，在色彩分区时，需要考虑色彩对人的生理及心理影响，以及色彩的联想与象征等因素。如在城市中居住区、工业区及商业街等不同的功能区内，人们的活动规律及其对环境色彩的要求不同，从而形成景观色彩各异的景观区域。各色彩景观区共同构成城市整体丰富的色彩景观。

在功能区内色彩应协调统一。在色彩搭配时，保证色相上尽量统一，明度与纯度相近，营造和谐统一之感的色彩景观区。色彩设计应服从不同区域的使用功能要求，不同的功能区采用不同的色调来体现不同的环境氛围与不同的功能。通常，居住区的色彩应以宁静、素雅为主。商业区的色彩以鲜艳为主，以体现繁荣景象。工业区的色彩以体现环境洁净的冷色为主等等。城市中各主要空间场所与之相呼应的色调及色彩设计见表 5-7。图 5-23、图 5-24、图 5-25a 及图 5-25b 展示的是城市中不同空间场所的色彩设计。

城市中主要空间场所的色彩设计表　　　　　　　　　　　　　　表 5-7

空间场所	人的感受	主色调选用	设计要点	举例
居住区	舒适、安静	黄、绿、蓝	明度偏高、纯度偏低	民用建筑
生产场所	效率、安全	蓝、灰、绿	明度偏高、低纯度	厂房
办公场所	冷静、理智	绿、蓝、紫	中性偏冷色调	政府大楼
商业场所	醒目、热闹	红、橙、绿	高明度、高纯度	商业街
娱乐场所	活泼、鲜明	红、橙、黄	明度、纯度偏高	游乐园
文化场所	别致、淡雅	灰、蓝、白	明度、纯度偏低	博物馆
医疗机构	洁净、淡雅	白、绿、灰	高明度、低纯度	医院

图 5-23（左上）　居住区色彩设计（北京顺义东方太阳城，2004 年 7 月）

图 5-24（右上）　办公场所色彩设计（哈尔滨黑龙江省委，2007 年 2 月）

图 5-25a（左下）　商业场所色彩设计（上海南京路商业步行街，2004 年 9 月）

图 5-25b（右下）　商业场所色彩设计（广州天河城商业广场，吴忠摄于 2006 年 1 月）

五、城市景观色彩设计相关要素

城市景观色彩设计主要是协调城市景观色彩设计的影响要素、设计层次与设计构成等相关要素的关系。三者相互影响与作用，它们之间的相互关联性是城市景观色彩设计的重要依据。第一方面，影响景观色彩的因素有自然景观、人文物质景观及人文非物质景观三个要素；它们是影响城市景观色彩的基调、主色调、辅色调和点缀色等设计构成的重要因素，同时也影响城市的宏观、中观与微观各层次的色彩景观特征。第二方面，景观色彩设计层次包括城市的宏观、功能区的中观及建（构）筑物的微观三个层次；它受各种景观因素的影响，在不同的设计层次采用不同的色彩设计构成。第三方面，景观色彩设计构成由城市景观色彩的基调、主色调、辅色调和点缀色等有机构成；它依据城市自然与人文景观等因素的色彩特征，在城市中宏观、中观与微观等层次分别采用不同组合，构成丰富的景观色彩。

在城市景观色彩设计中，综合分析影响因素、设计层次与设计构成三者的相互关系，梳理城市景观色彩设计相关的重要因素，是城市景观色彩设计的前提。影响因素、设计层次与设计构成这三者的相互关系比较复杂，各种关系之间也存在差异。例如影响因素中的自然景观在城市设计层次作为色彩设计构成中的基调，考虑得较多，因此自然景观与城市层次及基调两个因素的关联较强。图 5-26 采用直观的图示，表现了城市景观色彩设计各相关要素之间的关联性。图5—27、图5—28及图5—29展示的是我们生活环境中景观色彩各要素的关联。

城市景观色彩设计是从城市景观整体效果、景观色彩对人们的心理影响以及展示城市景观特征等方面共同达到最佳状态的色彩景观设计。首先，要使各种色彩共同构筑城市整体和谐的色彩图谱，各种色调搭配合理，形成城市整体和谐统一的景观色彩表象；其次，要充分体现色彩对人们的联想象征等作用，避免对人身心产生负面色彩影响，即色彩污染现象；第三，结合城市地域自然与人文等景观要素特征，塑造独特的城市色彩景观。

城市景观色彩设计中应把握好以下几点：第一，首先考虑区域的基调。第二，主色调的确定要考虑区域的功能性质、自然景观、人文物质景观与人文非物质景观等要素。第三，根据主色调选择辅色调与点缀色，通常采用色彩的对比与协调的搭配方法，从色立体上可以找出相应的色彩搭配，制定推荐色谱或图谱。辅色调与点缀色也可以选用无彩色系，如用白、黑及灰等色彩充当补色，来协调区域的色彩。第四，点缀色可采用色彩的明度与纯度的属性调节，使色彩醒目，以达到标志、引导及警醒的作用。

六、城市景观色彩设计个案图谱解析

城市商业步行街作为城市中最有活力的街道空间，除了为人们提供购物休闲的空间以外，还具有观赏的价值，是构成城市景观环境的重要因素。商业步行街的设计，是现代城市景观设计最基本的要素之一。商业步行街应充分体现以人为本原则，即注重宜人的街道尺度及齐全的服务设施。同时，商业步行街还必须突出浓厚的商业氛围，设计中一般通过景观色彩设计来实现。商业步行街的空间主要是由街道两侧的建筑立面与地面所组成，因此行人在其中所感受的景观色彩主要是两侧连续不断的建筑立面的色彩。商业步行街色彩的设计首先要表现出繁荣热闹的气氛，符合商业街的功能；其次要表现出亲近感，符合人们的心理需求，给人以悦目欢快的感觉。例如商业街色调中的主色调多采用暖色系、高明度、高纯度色彩来营造其活跃的气氛。一般通过使用符合商业性场所的醒目、动态及热闹愉快氛围的丰富色彩，来满足人们游览观光与逛街购物的欲望。下文以哈尔滨中央大街的商业

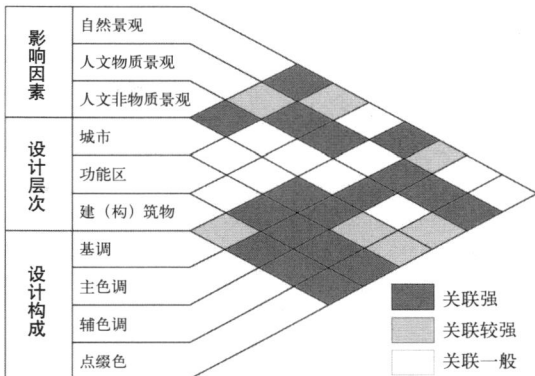

由上至下

图5—26 城市景观色彩设计的相关要素关联性示意图
图5—27 自然景观色彩（黑龙江海林农场，吴忠摄于2003年8月）
图5—28 自然景观色彩（四川九寨沟，2005年10月）
图5—29 自然景观色彩（英国剑桥圣约翰学院，2005年12月）

步行街为例，进行建筑色彩设计的图谱解析。

历经百年的哈尔滨中央大街是市内最繁华的商业步行街，北起松花江畔的防洪纪念塔，南到新阳广场，全长约 1400 米。街道两旁汇集百年来形成的欧式古典建筑，其单体体型比较简单、规整与封闭，建筑平面呈周边式布置，体量较统一协调，比例严谨，色彩鲜艳。色彩分析通过对建筑的立面、屋顶、廊柱、窗、线脚、广告牌、商标等进行色彩取证，提炼出建筑的主色调、辅色调与点缀色，据此绘成色彩图谱。中央大街主要建筑景观色彩分析图谱如图 5-30 所示。

从图 5-30 色彩分析图谱可见，中央大街各建筑景观色彩有粉红、黄、黑、蓝、灰、白、赭等多种色调，其色彩设计恰如其分地体现了前文所述商业街色彩景观的特征，满足了人们观光与购物的心理需求，是一个较为典型的城市景观色彩设计案例。

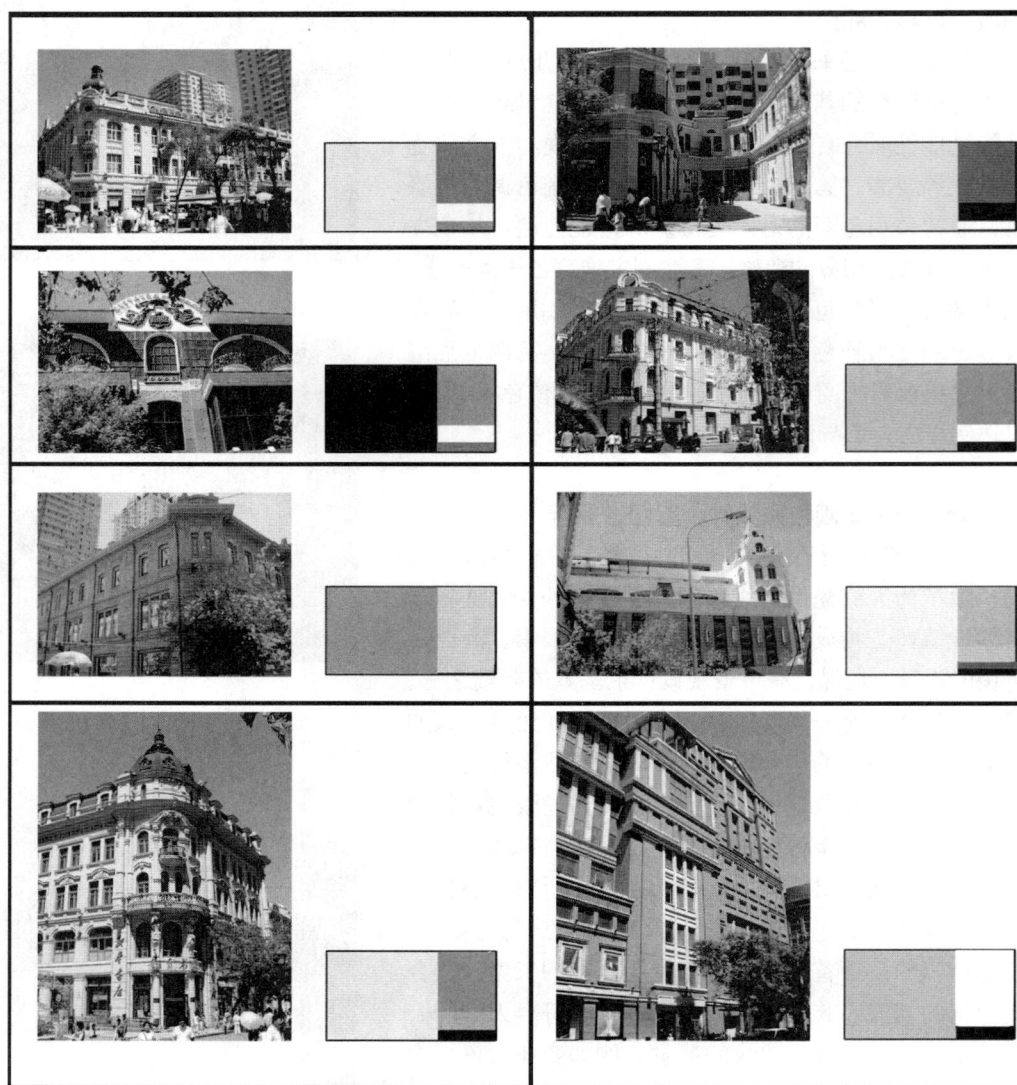

图 5-30　中央大街主要建筑景观的色彩分析图谱

第六章 城市景观中的植物景观设计

植物是景观构成的重要要素，是城市景观设计中有生命的题材。植物与地形、水体、建筑、山石以及雕塑等其他景观要素有机配合，能塑造出优美、典雅和生态的城市空间，这是由植物具有区别于其他景观要素的特性所决定的。

第一节 城市植物

一、城市植物景观的特征

（一）植物景观的生命性

在构成城市景观的要素中，植物具有生命性。植物的生长构成动态景观，例如植物随自身的生长周期和季节的变化改变其色彩、体形及全部特征。因而当植物要素构成景观时，能够演绎出无限的生机与美感，使人们感受到生命的律动。

（二）植物景观的功能性

植物具有改善生态环境的功能。相关研究表明，地球60%以上的氧气来自陆地植物，植物还被誉为是"生物过滤器"和"城市的肺"，它能有效地吸收、过滤、阻挡或吸附二氧化硫、氯气、汽车尾气以及尘埃、油烟等。植物在降低城市热岛效应、调节空气温度和湿度上效果也十分明显，例如，在夏季城市气温为27.5℃时，草坪表面的温度只有22～24.5℃，比裸露的地面低6～7℃，比柏油路面低8～20.5℃。此外，植物还有诸如隔音减噪、杀菌消毒、隔热保温、防火避灾以及保持水土等功能。

在作为城市景观的组成要素，植物还具有塑造建筑外部环境和分隔城市空间的功能。用植物分隔空间，可以引导人们的视线；用植物标记空间，可以帮助人们辨别地区方位，使空间具有方向感，富有可识别性。

二、植物类型

植物的分类有多种方法，其中有根据植物学中的自然分类系统进行的植物等级分类，也有按照植物的生长习性和适宜生长环境进行的生长类型分类，还有根据植物在城市景观塑造过程中所起作用进行的植物用途分类等等。

（一）植物分类等级系统

自然分类系统，是以客观地反映出植物界亲缘关系和演化关系为目的的分类体系。各系统统一用以下的等级顺序，即界（Regnum）、门（Division）、纲（Classis）、目（Order）、科（Familia）、属（Genus）和种（Species）等级次；各级又可根据情况再分亚级，即在级次单位前加亚（sub-）字来表示。

植物等级分类即是按照上述的等级次序，以"种"作为分类的起点，把"种"定为基本单位，然后集合相近的种为属，类似的属为科，集科为目，集目为纲，再集纲为门，集门为界，形成完整的植物分类系统。图6-1所示为以桃树为例的植物等级分类示意图。

```
界……植物界  Regnum Plantae
  门……种子植物门  Spermatophyta
    亚门……被子植物门  Angiospermae
      纲……双子叶植物纲  Dicotyledoneae
        亚纲……离瓣花亚纲  Archichlamydeae
          目……蔷薇目  Rosales
            亚目……蔷薇亚目  Rosineae
              科……蔷薇科  Rpsaceae
                亚科……李亚科  Prunoideae
                  属……梅属  Prunus
                    亚属……桃亚属  Amygdalus
                      种……桃  Prunus Persiaa
```

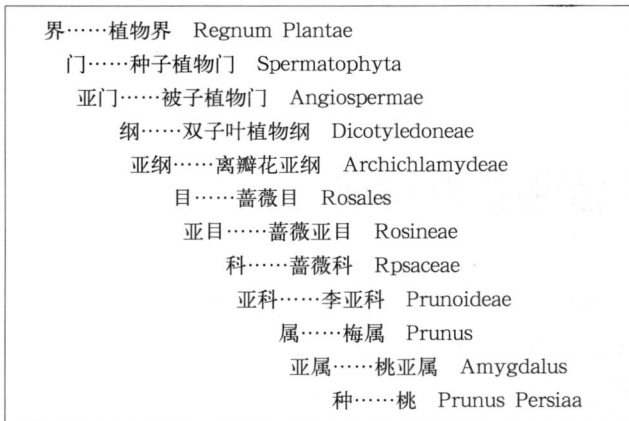

图 6-1　桃树的植物等级分类示意图

（二）植物生长类型分类

根据植物的生长类型，可分为乔木、灌木、攀缘植物、花卉、地被植物和水生植物等。

乔木树体高大（通常高六至数十米），具有明显的高大主干。依其高度可分伟乔（31m以上）、大乔（21～30m）、中乔（11～20m）和小乔（6～10m）四类；依其生长速度可分速生树（快长树）、中速树和缓生树三类；依其四季景观可分常绿针叶树、落叶针叶树、常绿阔叶树和落叶阔叶树等。常见乔木类型见附表6-1。

灌木树体矮小（通常在6m以下），主干低矮。依据其四季景观可分常绿针叶灌木、常绿阔叶灌木和落叶阔叶灌木。灌木树体矮小，干茎自地面呈多数生出状而无明显的主干。在城市植物景观设计中，它可作为绿篱或者矮树丛进行配植。常见灌木类型见附表6-2。

攀缘植物能缠绕和攀附它物而向上生长。依其生长特点可分为绞杀类（利用缠绕性和较粗壮、发达的吸附根而向上攀缘）、吸附类（借助吸盘，或吸附根向上攀缘）、卷须类和蔓条类（利用枝上的钩刺而向上攀缘）等类别。常见攀缘植物见附表6-3。

花卉具有斑斓多样的色彩，不少花还具有特殊的香味，在城市景观设计中能够起到极佳的前景或点缀作用。常见花卉类型见附表6-4。

地被植物的干、枝等均匍地生长，与地面接触部分可生出不定根而扩大占地范围。在城市景观设计中，处处都离不开地被植物，尤其是草种的铺设，可作为景观背景。地被植物可用作城市开放空间观赏草坪，或是运动场所的践踏草地。常见草种见附表6-5。

水生植物根据其与水的亲近程度，可分为亲水植物、浮水植物、挺水植物等等。相对于城市中其他静态景观，水是较为活泼的动态景观，水生植物有助于塑造别有一番风趣的城市水生环境景观。常见水生植物见附表6-6。

（三）城市植物用途分类

作为城市景观构成要素之一的植物，可根据其在城市景观设计中的各种用途，分为观赏植物、环保植物、空间隔离植物、绿荫植物、经济植物等等。见附表6-7。

观赏植物一般种植在公园、风景林或建筑庭院，为人们提供可观赏的城市植物景观，愉悦身心。根据其具有观赏价值的部分，可分为观叶植物、观花植物、观果植物、观枝植物以及芳香植物等等。

环保植物可种植在工业、仓储、交通或居住隔离带，具有保护环境、清新空气的作用；根据其在环境保护中所起的作用，可分为防风沙植物、抗污染（大气污染、噪声污染等）植物、抗灾植物（如抗燃防火、抗旱耐涝、耐贫瘠等植物）、卫生保健植物等等。

空间隔离植物一般种植在公园、广场等公共空间，主要起到分割空间，为各功能区划分界线的作用；其表现形式一般为绿篱或绿墙。

绿荫植物一般孤植于城市开敞空间或建筑庭院空间，主要供遮荫用，大多选用树干高大、分枝点高、树冠扩展、树叶浓密的乔木。

经济植物为实用型植物，可供食用或药用，一般集中种植于城市或城郊的经济植物园区。

第二节 城市植物的观赏

植物种类繁多，它们形态、色彩、风韵和芳香等特性各异，随着四季的轮回，年龄的增长，植物的形、色、香、韵等差异与变化，给人的视觉、嗅觉、味觉等感受也有着相应的差异与变化。这无论在空间和时间上，还是在对人的心灵和情绪的影响上，都为城市植物景观的设计提供了观赏意义。城市植物的观赏包括植物色彩、外形、香味、质感、音响、动态和意境等美感的观赏。

一、植物色彩观赏

植物的色彩美，是植物景观美的组成部分，是植物景观设计的重要因素。不同植物的叶、花、果、干，或同一植物在不同季节所呈现的色彩都是千差万别的，即使相同的色彩，由于物种的不同，也会呈现不同的色相、明度和纯度。这就给植物景观设计提供了丰富的色彩设计源泉。

（一）叶的色彩

植物叶片的生长期长、量大，通常是占整株植物色彩面积最大的要素，因此叶片的色彩往往成为植物景观的基本色调。

绝大多数植物的叶片是绿色的，但有深浅和明暗之差。可分为深绿、浅绿、灰绿、蓝绿、红绿和黄绿多种，能产生各异的景观效果。深绿色稳重但显阴沉，宜与建筑搭配，也可作白花、白色雕塑或建筑小品的背景材料，代表植物有针叶树、常绿阔叶树等；浅绿色给人以空间扩大、光线明亮之感，可作深色雕塑、紫色花的背景，代表植物有落叶树、芭蕉等；灰绿色给人空间扩大及寒冷的感觉，宜与色彩鲜明的建筑物配合，代表植物有银桦、日本五针松等；蓝绿色给人凉爽、宁静之感，可与其他叶色配合，代表植物有云杉、蓝桉等；红绿色提供活泼氛围，给人温暖之感，也有空间缩小的感觉，代表植物有欧洲山毛榉、红叶桃等；黄绿色有亮化空间的作用，给人愉快的感觉，可与其他色彩调和，代表植物有金边大叶黄杨等。

植物叶片的色彩大多都能随季节变化，如垂柳初发叶时由黄绿逐渐变为淡绿，夏秋变为浓绿；银杏和乌桕的叶在春季均为绿色，到秋季则银杏叶为黄色，乌桕叶为红色；鸡爪槭的叶在春天由红转绿，到秋季又复转红。这些观叶植物可丛植、群植或林植，利用植物叶片色彩的季相变化设计各异的植物景观，展示出植物群体形成的复杂的色彩观赏效果。图6-2a、图6-2b、图6-2c、图6-2d、图6-2e、图6-2f、图6-2g、图6-2h、图6-2i及图6-2j分别展示的是各种植物叶片的色彩。

（二）花卉的色彩

花卉色彩斑斓，是叶片色彩这一背景要素所衬托的前景要素。植物中花卉的色彩千变万化，不同的花色，带给人不同的心理感受，赋予人以不同的美感。如火红的石榴花如火如荼，形成热情兴奋的气氛；紫色的丁香花有着悠闲淡雅的气质；六月雪、薄皮木雪青色的繁密小花构成一副恬静自然的图画。图6-3a、图6-3b、图6-3c、图6-3d、图6-3e、图6-3f、图6-3g、图6-3h、图6-3i、图6-3j、图6-3k、图6-3l、图6-3m及图6-3n展示的是各种色彩的花卉。

图6-2a
植物叶片的色彩
（爱丁堡皇家公园，2002年10月）

由左至右，由上至下

图 6-2b 植物叶片的色彩（广西德保，2003 年 12 月）

图 6-2c 植物叶片的色彩（英国剑桥，2005 年 12 月）

图 6-2d 植物叶片的色彩（英国剑桥植物园，2005 年 12 月）

图 6-2e 植物叶片的色彩（英国剑桥植物园，2005 年 12 月）

图 6-2f 植物叶片的色彩（英国剑桥，2005 年 12 月）

图 6-2g 植物叶片的色彩（吴虑摄于 2006 年 5 月）

图 6-2h 植物叶片的色彩（吴虑摄于 2006 年 9 月）

图 6-2i 植物叶片的色彩（广州中山大学，2007 年 6 月）

图 6-2j 植物叶片的色彩（香港太平山，2007 年 12 月）

对页图，由左至右，由上至下

图 6-3a 花卉的色彩（黑龙江海林农场，吴虑摄于 2003 年 8 月）

图 6-3b 花卉的色彩（黑龙江海林农场，吴虑摄于 2003 年 8 月）

图 6-3c 花卉的色彩（黑龙江海林农场，吴虑摄于 2003 年 8 月）

图 6-3d 花卉的色彩（广西百色，2004 年 3 月）

图 6-3e 花卉的色彩（西藏拉萨罗布林卡，2005 年 10 月）

图 6-3f 花卉的色彩（西藏拉萨罗布林卡，2005 年 10 月）

图 6-3g 花卉的色彩（广州华南植物园，吴虑摄于 2006 年 5 月）

图 6-3h 花卉的色彩（广东肇庆七星岩公园，2006 年 10 月）

图 6-3i 花卉的色彩（广东肇庆七星岩公园，2006 年 10 月）

图 6-3j 花卉的色彩（黑龙江宁安，吴虑摄于 2007 年 8 月）

图 6-3k 花卉的色彩（广东珠海，2007 年 12 月）

图 6-3l 花卉的色彩（广州花市，2008 年 1 月）

图 6-3m 花卉的色彩（广州，2008 年 2 月）

图 6-3n 花卉的色彩（深圳莲花山，2008 年 5 月）

 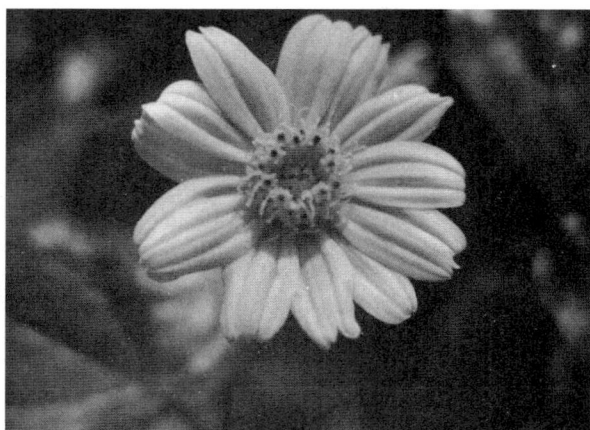

另外，由于各种花卉具有不同的花期，花期相互交叠错落，在不同的季节组合在一起，形成四季各异的植物色彩景观：春季山茶烂漫、芍药素雅，夏季粉荷含羞、白兰端庄，秋季白桂飘香、金菊持节，冬季红梅傲雪、白梅竞霜。

（三）果实的色彩

果实与花一样，是植物景观中色彩最丰富、也最鲜艳美丽的构成要素，是植物景观中的点睛之笔。苏轼的"一年好景君须记，正是橙黄橘绿时"，正是描绘果实的色彩带给人的心理和视觉上的美好感受的诗句。果实的色彩，以红色、黄色、黑色和白色为主。除了颜色外，果实花纹、光泽和透明度的不同，也能带来人们视觉上的细微变化，给人以更为丰富多变的心理感受。因此，果实色彩在城市景观中也具有很高的观赏意义。图6-4a、图6-4b、图6-4c、图6-4d及图6-4e展示的是果实的色彩。

（四）枝干的色彩

植物枝干的色彩具有很高的观赏意义，也是植物景观设计的基本要素。尤其在北方地区深秋叶落后，枝干的颜色更为醒目。因此对于冬季落叶的城市来说，树枝、树干的色彩是冬季的重要色彩。常见的可赏红色枝条的有红瑞木、红茎木、野蔷薇、杏、山杏等；可赏古铜色枝条的有山桃等；冬季可赏青翠碧绿色枝条的有梧桐、棣棠等。

树干表皮的色彩对美化植物景观以及对城市其他景观要素所起到的实际作用也不容忽视。如在街道上用白色树干的树种，可产生极好的美化道路以及测量路宽的实用效果；黄色、红色树干可起到丰富道路景观和美化环境的功效。在进行树木的丛植配景时，要注意各种树干颜色之间的关系，合理搭配色彩。图6-5a、图6-5b及图6-5c展示的是枝干的色彩。

图6-4a（上左） 植物果实的色彩（广州花都菠萝蜜，2003年9月）

图6-4b（上中） 植物果实的色彩（贵州贵阳大果榕果实，2006年12月）

图6-4c（上右） 植物果实的色彩（浙江余姚河姆渡遗址公园内杨梅，2007年6月）

图6-4d（下左） 植物果实的色彩（江苏姜堰白果，2007年6月）

图6-4e（下右） 植物果实的色彩（山东威海松塔，2007年6月）

图6-5a（左） 植物枝干的色彩（英国剑桥贡维力凯奥斯学院，2005年12月）

图6-5b（中） 植物枝干的色彩（黑龙江鹿园，战凌霄摄于2006年8月）

图6-5c（右） 植物枝干的色彩（黑龙江鹿园，战凌霄摄于2006年8月）

二、植物外形观赏

植物一般由冠部（包括枝、叶、花、果）、干部和根部组成，其外形轮廓与形象和城市建筑群、道路、广场及其所在地域环境中的地形、地貌、水面等，共同构成城市景观的整体。植物的外形，给人的视觉感受是对植物景观要素的整体印象，因此人们对植物外形的观赏效果，影响着由它塑造的城市整体景观效果。

（一）植物冠形的美感

植物的冠形，可分为乔木的尖塔形、圆锥形、椭圆形、圆球形、圆柱形、伞形、倒钟形、覆盆形和匍匐形、藤本的攀缘形以及灌木的团簇丛生等形式。图6-6展示各种类型的乔木树冠。

1．尖塔形　枝条略向下伸展，枝叶分段构成层次，向上生长时作塔形内收。规则应用时多形成庄严、肃穆的气氛，适宜用在规则式园林或纪念性区域，与阔叶树搭配形成多变的天际线。代表植物有雪松、金钱松、冷杉、云杉和幼龄的松树等。

2．圆锥形　枝叶生长规则，成圆锥体几何形发展，树冠高在冠径的3倍以内。规则应用时气氛庄严、肃穆、端庄，最适宜在规则式园林或纪念性区域中应用。代表植物有圆柏、洋蒲桃和广玉兰等。

3．椭圆形　顶部枝叶构成规则的圆弧形，整齐、规则，又不失活泼，多用在草坪、广场上。代表植物有洋紫荆和米仔兰等。

4．圆球形　植物的整个冠部呈圆球形或近圆球形。规则种植形成整齐、规则的形态，有着较严肃的气氛，多在入口、花坛、草地以及角隅等处布置。代表植物有海桐、大叶黄杨、臭椿、香樟、悬铃木和龙眼等。

图6-6 乔木的树冠类型

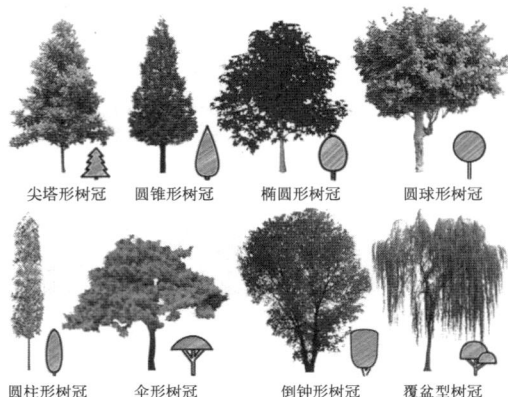

5．圆柱形　树形主干直、分枝短，枝叶生长呈圆柱体上升，树冠高在冠径的三倍以内。该树形给人向上的方向感，形成高耸静谧的气氛，列植形成背景，或与其他形状的树木配植形成多变的林冠线。代表植物有落羽杉、木麻黄、钻天杨和毛白杨等。

6．伞形　主干下部直立，约在上部三分之一处作45°角向四处分枝、支撑半弧形冠部。由于其分枝点较高，其下可供活动，外形活泼，多栽植在草坪、广场、建筑物等前，或作行道树。代表植物有合欢、龙爪槐、凤凰木、国槐和棕榈科植物等。

尖塔形树冠　　圆锥形树冠　　椭圆形树冠　　圆球形树冠

圆柱形树冠　　伞形树冠　　倒钟形树冠　　覆盆型树冠

7．倒钟形　外形似一倒挂的大钟，雄伟、浑厚、朴实，可作风景林、行道树和庭荫树，用以形成实的空间。代表植物有槐树、银杏和侧柏等。

8．覆盆形　枝叶构成圆弧形，冠径大于冠高两倍。形态轻盈、优雅活泼，适合在水边、草坪或广场前种植。代表植物有垂柳、迎春、榕树和馒头柳等。

9．匍匐形　枝干无直立性，匍匐在地面，多用作地被。代表植物有铺地柏等。

10．藤本　茎无直立性，需借助其他物体支撑，形成空间多层次景观。代表植物有紫藤、葡萄、凌霄和爬山虎等。

11．灌木、丛木　外形呈团簇丛生，给人素朴、浑实之感，最宜在树木群丛的外缘布置，或装点草坪、路缘等；种植成拱形及悬岩状，姿态潇洒，可供点景用，或适当配植在自然山石旁。

图 6-7a 及图 6-7b 展示的是各种乔木树冠类型组合形成的景观。

植物冠部类型多样，美观大方，是构筑景观的基本因素。合理利用其冠形，配植在适当的场合和恰当的氛围中，可充分发挥其特殊的美化功能。不同冠部的植物合理配植，与周围环境完美结合，可产生空间感、韵律感和层次感等良好的艺术效果。例如，尖塔形、圆锥形和圆柱形等长尖形的树种在山丘上种植，可加强土丘的高耸感；矮小扁圆灌木在山丘基部种植，可对比和烘托以增加土丘的高耸；广场四周种植圆球形的乔灌木，可突出中心喷泉的高耸；高耸乔木在广场通道的两旁种植，可与远景联系呼应，显现出景观的层次感。

（二）植物枝部的美感

植物尤其是乔木、灌木等，其枝部因生长习性的差异而呈现出不同姿态，具有很强的艺术效果。植物的枝条呈规则或不规则状向上生长，给人以奋发向上之感；枝条呈规则或不规则状向下生长，给人以婀娜清新之感；植物冠部呈半圆形、枝条规则或不规则状下垂，给人以纤细、柔美及飘逸之感，形成轻盈、优雅或活泼的气氛；植物干部直立、侧枝水平地向四方伸展，十分规则，给人以安全之感，形成肃穆、庄严的气氛；植物干部直立、倾斜或弯曲，枝条向一侧生长，呈扯旗式，视觉震撼效果强烈；植物枝条前后左右对称生长或放射伸展，给人以舒展之感。尤其在冬季，北方的植物叶已落尽，在蓝天的衬托下，植物的枝部显得格外清晰，其美感一览无余。图 6-8a、图 6-8b、图 6-8c 及图 6-8d 展示的是植物枝部的美感。

（三）植物干部的美感

植物干部的形态也给人带来美的感受。或直立，给人挺拔之感；或微曲，给人随意之感；或弯曲，给人深邃之感；或双株并立、双株一体，相辅形成，构成完整图案；或林立，多株成林；或多株丛生，如灌木；或上述多种姿态共存。图 6-9a、图 6-9b、图 6-9c 及图 6-9d 展示的是植物干部的美感。

图 6-7a（左）
乔木树冠景观（英国剑桥植物园，2005 年 12 月）

图 6-7b（右）
乔木树冠景观（英国剑桥植物园，2005 年 12 月）

左图由上至下

图6—8a 植物枝部景观（英国剑桥植物园，2005 年 12 月）

图6—8c 植物枝部景观（英国剑桥植物园，2005 年 12 月）

图6—9a 植物干部景观（广州中山大学，2004 年 5 月）

图6—9c 植物干部景观（四川九寨沟，2005 年 10 月）

右图由上至下

图6—8b 植物枝部景观（英国剑桥植物园，2005 年 12 月）

图6—8d 植物枝部景观（江西南昌，2007 年 4 月）

图6—9b 植物干部景观（四川九寨沟，2005 年 10 月）

图6—9d 植物干部景观（英国剑桥女王学院，2005 年 12 月）

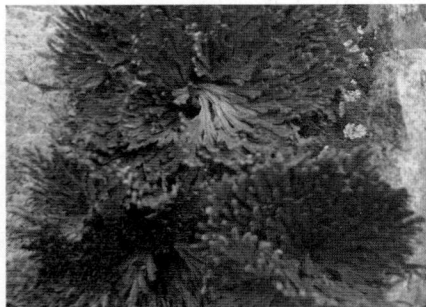

由上至下

图 6-10a　植物叶的景观（黑龙江长汀石花，吴虑摄于 2003 年 8 月）

图 6-10b　植物叶的景观（英国剑桥植物园，2005 年 12 月）

图 6-10c　植物叶的景观（英国剑桥植物园，2005 年 12 月）

图 6-10d　植物叶的景观（英国剑桥植物园，2005 年 12 月）

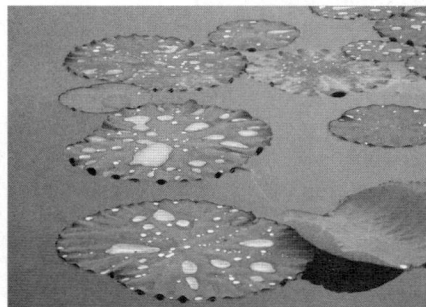

图 6-10e　植物叶的景观（广州中山大学，2007 年 6 月）

（四）植物叶的美感

植物的叶具有极其丰富的形貌，是植物构景的基本元素之一。叶的大小、形状、色彩的不同，能形成不同美感的植物景观；叶的随风招展与枝部和干部的屹立不摇相互映衬，使得植物景观具有更为丰富的观赏意义。

叶的大小差异很大，叶大者可长达 20m 以上，如巴西棕榈叶片；叶小的仅长几毫米，如侧柏的鳞片叶。叶的形状有针形叶、掌状叶与卵形叶等单叶和羽状复叶、掌状复叶等复叶。由于叶片的大小与形状的不同，使其具有不同的观赏特性。图 6-10a、图 6-10b、图 6-10c、图 6-10d 及图 6-10e 展示的是植物叶的美感。

三、植物质感观赏

植物的质地、成分和特征能带给人不同的心理感受，从而引起质感上的观赏效果。在城市景观设计中，合理地应用植物质感进行景观设计，能开拓和加强植物景观的整体视觉效果。（见表 6-1）

植物的质感，因观景者离植物的距离远近不同而不同。近看的质感，主要是由于树干的光滑与粗糙、叶片的质地各异，而产生不同的观赏效果：光滑的树干给人年轻、活力之感；粗糙的树干给人年代久远之感；革质叶片较厚、颜色浓暗，有光影闪烁的效果；纸质、膜质叶片常呈半透明状，常给人恬静之感；粗糙多毛的叶片，则富于野趣。远看的质感，主要是由于整株树木或树丛的亮度和阴影产生的效果，或者是由叶片的细部质感与叶形结合形成的整个树冠的质感效果。例如，绒柏的树冠有如绒团，柔软秀美；枸骨的树冠坚硬多刺，有剑拔弩张之感。图 6-11a、图 6-11b、图 6-11c、图 6-11d、图 6-11e 及图 6-11f 分别展示了各种质感的植物景观。

不同类型植物的质感及应用一览表[注1]　　表 6-1

质感	植物类型	设计应用
亲切、甜美	浅色 小花型 细叶型	居住区、医院、学校等
热烈、粗犷	深色 大花型 大叶型	公共绿地，以渲染繁荣景象

[注1]　表 6-1 资料来源：王钰. 园林花卉植物色彩及配置艺术探讨 [J]. 林业调查规划. 2004 年 5 月：170-172

图6-11a（左上） 植物质感景观（英国剑桥植物园，2005年12月）

图6-11b（右上） 植物质感景观（英国剑桥植物园，2005年12月）

图6-11c（左中） 植物质感景观（广州中山大学，2004年9月）

图6-11d（右中） 植物质感景观（浙江雁荡山，2005年5月）

图6-11e（左下） 植物质感景观（广州中山大学，2004年9月）

图6-11f（右下） 植物质感景观（广州越秀公园明城墙，2006年4月）

　　一般来讲，质感细的植物有后退之势，恰当地布置于某些背景中，可以明显增大空间范围。如果近距离孤植、丛植或林植如垂柳、鸡爪槭等外表精细的植物，可使建筑群的粗糙线条变得柔和、协调。质感粗的植物有前进之势，在一定空间内种植，具有缩小区域面积的倾向，可与外观处理细腻的建筑物或建筑小品搭配。如果将麻栎、栓皮栎等外表粗糙的植物与粗重的材料协调，即使从远处看去仍很醒目。

　　根据植物的自然质感及其带给人的情感，一般将植物景观分为3类：粗质型、中粗型和细质型。质感不同，人的感受不同，景观效果自然也不同。（见表6-2）

植物景观质感分类表^[注2]

表6-2

类型	代表植物	联想与感受	空间效果	景观效果	设计应用
粗质型	大而多毛的叶片，疏松而粗壮的枝干	强壮、坚固、刚健、男性	空旷、疏松，空间产生前进感	轮廓鲜明，明暗对比强，形象醒目，常作为视觉焦点	在不规则景观中，缩小空间尺度，突出尺度感、动感及野趣
中粗型	中等大小叶片、枝干及适当密度	过渡性			
细质型	小叶片、微小脆弱的小枝，整齐密集	柔软、细腻、精致、单纯、优雅、女性	封闭、密实，空间产生后退感	轮廓光滑，纹理变化柔和，明暗对比弱，感觉平淡，不易引起注意	在整齐规则的景观中，扩大空间尺度和景深，形成整齐、正式和严肃的气氛

　　[注2] 表6-2资料来源：胡江，陈云文，杨玉梅. 植物景观设计观念与方法的反思——以植物材料的质感研究为例[J]. 山东林业科技. 2004（4）：52-54

四、植物芳香欣赏

　　植物的芳香除了能够调动人的嗅觉和味觉，使人能够全方位、多感觉地欣赏、感受环境景观外，对其他生物同样极具诱惑力，如吸引蜂蝶虫鸟。植物芳香结合其形态美感，与人和其他动物共同形成鸟语花香、人与自然和谐共处的祥和气氛。

　　植物散发的香气以花香、果香最为吸引。花的芳香种类繁多，一般可分为清香（茉莉）、甜香（桂花）、浓香（白兰花）、淡香（玉兰）以及幽香（树兰）等等。花的香气也吸引了蜜蜂和蝴蝶，为静态的景观增添了生气，更增添了花卉的美感。果实的香气对人、对鸟兽都是一种诱惑，给城市景观带来生动活泼的气氛，也实现了城市中人们亲近自然、融入自然的目的，营造出清香舒心、美妙怡人、富有韵味和情调的城市环境。

　　除此以外，某些植物的叶子也会挥发出香气，如松树、柠檬桉及樟属树种等，它们散发出的清凉、清爽的香气，让身处其下的人有精神舒畅、心旷神怡之感。

五、植物景观的音响美

　　植物在自然界中的风、雨等外力作用下，枝叶摆动、互相摩擦所产生的声响，能给人听觉上的音响美感欣赏。例如，松树的针形叶在微风吹拂下哗哗作响，有如大海波涛之声，俗称"松涛"；雨打芭蕉之声，重如山泉泻落，轻如珠玉弹跳，更是千古传唱的美妙享受；柳丝拂风，柳絮飘飞，仿佛轻音乐的弹奏，温柔缠绵，依依惜别；唐朝诗人李商隐的"秋阴不散霜飞晚，留得残荷听雨声"则描绘了秋雨落打残荷的一番诗情画意。

六、植物景观的动态美

　　城市景观的四季、四相动态变化，主要源于植物的季相变化。随着植物的生长，其个体表现出发芽、新叶、开花、结果、落叶的循环往复，以及植株由小到大的生理变化过程；另外，光线、气温、风、雨、霜、雪等外部气象因子作用于植物，丰富和发展着植物的美，形成了叶容、花貌、干姿、枝态，以及色彩、芳香等一系列色彩与形象的变化，

图 6-12a（左上）　植物四季动态景观图——春（广州华南植物园，吴虑摄于 2006 年 5 月）

图 6-12b（右上）　植物四季动态景观图——夏（广州中山大学，2007 年 6 月）

图 6-12c（左下）　植物四季动态景观图——秋（黑龙江宝清公园，2006 年 10 月）

图 6-12d（右下）　植物四季动态景观图——冬（哈尔滨太阳岛，战凌霄摄于 2006 年 12 月）

并形成"春花含笑"、"夏绿浓荫"、"秋叶硕果"和"冬枝傲雪"的四季景象变化，给人们带来城市植物景观的动态美感欣赏效果。图 6-12a、图 6-12b、图 6-12c 及图 6-12d分别展示了植物的四季动态景观。

七、植物景观的意境美

植物有一种比较抽象的、却极富于思想感情的美，是人们对植物长期形成的带有一定思想感情赋予的意境美。在城市景观设计中恰当精巧地运用植物的意境美，充分发挥植物对城市精神文明的建设作用，对环境的优化可起到画龙点睛的效果。植物意境美的形成与民族的文化传统、各地的风俗习惯、文化教育水平以及社会历史发展等有关。中国具有悠久的文化，在欣赏、讴歌大自然中的植物美时，将许多植物的形象美概念化或人格化，赋予丰富的感情。如松、竹、梅被称为"岁寒三友"，象征着坚贞、气节和理想，代表着高尚的品质；松、柏因四季长青，象征长寿延年，常用作祝寿；紫荆象征兄弟和睦；含笑象征深情；红豆寓意相思、恋念；垂柳依依，则表示惜别。图 6-13a、图 6-13b、图 6-13c、图 6-13d、图 6-13e 及图 6-13f 表达的均为植物景观的意境美。

图 6-13a（上左） 植物景观的意境美（杭州西湖，1996 年 4 月）
图 6-13b（上中） 植物景观的意境美（英国伦敦海德公园，2000 年 10 月）
图 6-13c（上右） 植物景观的意境美（英国剑桥植物园，2005 年 12 月）
图 6-13d（下左） 植物景观的意境美（英国剑桥植物园，2005 年 12 月）
图 6-13e（下中） 植物景观的意境美（英国剑桥植物园，2005 年 12 月）
图 6-13f（下右） 植物景观的意境美（海南博鳌，2006 年 3 月）

第三节 城市植物景观设计

一、植物景观的时序组织

植物景观的时序动态变化，极大地丰富了城市景观季相构图，给常年不变的建筑和山石等硬质景观赋予了生机。植物景观的时序组织，即根据植物的季节变化，将不同花期的植物，不同时期观形、取色、闻香、品味及听声的植物合理地配植在一起，组成四时有景且四时景异的城市景观，使人们在不同的季节都能观赏到丰富优美的植物景观。

我国古代就已将一年的不同时期与花卉相联系，以花卉名称命名十二个月份。从表6-3 可以看出我国农历各月份的花卉景观特征。

中国农历各月份以花名称谓一览表　　　　　　　　　　表 6-3

月份	称谓	景观特征	月份	称谓	景观特征
正月	柳月	银柳插瓶头	七月	巧月	凤仙节节开
二月	杏月	杏花闹枝头	八月	桂月	桂花遍地香
三月	桃月	桃花粉面羞	九月	菊月	菊花傲霜雪
四月	槐月	槐花挂满枝	十月	阳月	芙蓉显小阳
五月	榴月	石榴红似火	十一月	葭月	葭草吐绿头
六月	荷月	荷花满池放	腊月	梅月	梅花吐幽香

组织好植物的时序景观，不仅可以人为地延长植物群落的观赏期，表现出城市四季、四相的变化，还能够强调出城市或地域的特色风光。许多城市都有极具城市特色的市树和市花（见附表6-8），它们与城市中其他植物在不同季节组合，呈现出丰富的景观特色。以北京为例，春季有色彩艳丽、芳香浓郁的月季；夏季有黄白色槐花点缀枝头；秋季有色泽金黄、优雅高贵的菊花；冬季有侧柏枝干屹立于苍茫白雪中。又如西湖风景区苏堤春晓桃、柳蓓蕾含笑、青丝拂堤；夏日芙蓉挺水、风摇荷盖；中秋树洒桂雨、芳香飘逸；冬季寒梅怒放、迎霜傲雪。苏州拙政园春景有"海棠春坞"、"兰雪堂"，夏景有"荷风四面亭"，秋景有"待霜亭"，冬景有"雪香云蔚亭"等等。

二、植物景观设计层面

根据"三层次法则"，城市景观中的植物景观设计也应从宏观的城市整体、中观的功能区和微观的节点设计三个层次入手。

每个层面相对应的设计重点及内容虽然在范围和深度上不尽相同，却又是紧密联系、相互影响的。节点植物景观的有机组合构成城市各功能片区的植物景观，节点植物景观设计是功能片区植物景观设计的深化，功能区的植物景观设计又为节点植物景观设计提供指导；多个不同功能的片区植物景观有机组合构成城市整体的植物景观，片区植物景观搭建了城市整体植物景观的骨架，而城市整体植物景观设计又是片区植物景观设计的前提。见图6-14。

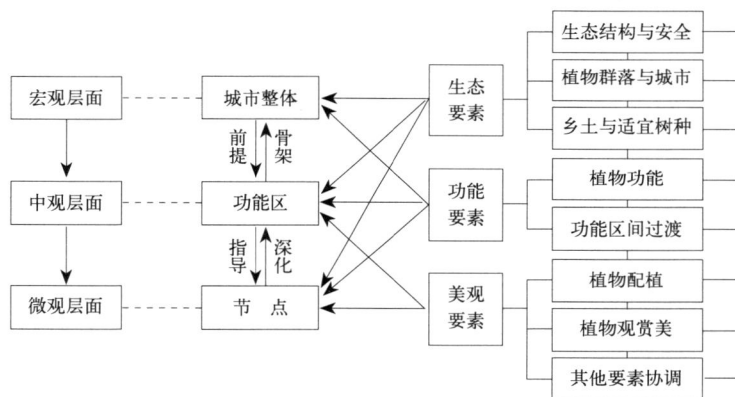

图 6-14 植物景观设计层面关系示意图

明确三个层面的设计内容，总结各层面的植物景观设计规律，是植物景观设计应用的理论指导。

（一）宏观的城市整体层面

城市景观中植物景观设计的宏观层面，是从城市整体的尺度上出发，主要考虑城市植物景观的生态要素方面，以维持整个城市生态系统的良性循环，保障植物景观生态安全，改善城市生态环境，维持植物景观系统的自我循环、自我演替及延续。

宏观层面的植物景观设计的主要内容包括：考察城市或区域的气候、气象、地形等自然地理条件，尤其是基础植物资源条件；确定构成城市生态结构的斑块、廊道和衬质，以及城市植物景观的总体生态空间布局；确定适应当地生态环境的植物群落的种类范围，优先考虑当地乡土树种，可引进少量的外来树种，但必须保证植物群落的生态安全，避免出现生物入侵现象；配合城市主色调，确定作为城市基调色的植物群落景观的基本色彩等等。

（二）中观的功能片区层面

城市景观中植物景观设计的中观层面，是围绕各功能片区的主要职能及不同的景观特征，设计与之相适应的植物景观，主要考虑城市植物景观的功能要素方面，选择能满足不同功能片区职能需求的植物。

中观层面的植物景观设计的主要内容包括：根据功能分区的要求选择不同功能和用途的植物，例如在工业区隔离绿化区选择具有防污染、吸收有害气体、净化空气的树种，在居住区、商业区或公园选择具有观赏意义或能够遮荫的树种等；确定各片区的主体植物景观类型，从而为植物景观的细部节点设计提供指导；确定各片区内植物的主要色彩和形体，与功能区内建筑与设施相协调，在不同片区之间起到空间隔离和过渡作用等等。

（三）微观的节点设计层面

城市景观中植物景观设计的微观层面，是对植物景观的节点进行细部设计，主要考虑城市植物景观的美观要素方面，即设计遵循自然规律，符合人们视觉、听觉、嗅觉、味觉等感官的美感要求，还兼顾考虑植物的生态健康因素和功能因素，设计稳定持续的、能满足功能需求的、美观的城市植物景观。

微观层面的植物景观设计的主要内容包括：确定节点内使用的具体植物种类，并对同一树种或不同树种进行具体的配植设计；综合考虑植物叶、花、果和枝干的色彩和形体等的搭配，设计具有季相变化的丰富的植物景观；与节点内其他景观要素，如建筑、山水、道路等的色彩、质感等因素进行协调设计，创造宜人的景观环境等等。

三、植物景观的空间围合

城市中的空间不仅能用建筑、山水等来分割，利用植物材料也能达到同样的效果。植物种类繁多，外貌形态各异，其不同种类、不同形态的组合，可塑造出不同的城市绿色景观空间。由植物景观要素组合构成的城市景观空间比其他硬质景观要素构成的空间更为柔和、温暖，是宜人、怡人的空间。植物景观的空间围合类型有围合空间、覆盖空间和开敞空间等手法（见表6-4）。在这些围合形式中，植物布局应疏密有致、高低错落，以达到障景、框景、借景和导景的景观效果。

（一）围合空间与垂直空间

围合空间私密性强，能满足人们心理上所需要的安全感要求。它给人向心、内敛的心理感受。叶丛密集、分枝低的植物，易形成闭合空间。阔叶和针叶植物枝叶越浓密，体积越大，其围合感越强。常绿树形成周年稳定的闭合效果，而落叶树则在冬季形成开敞空间。因此，城市景观设计要充分考虑植物的叶枝疏密度和分枝高度，选择适宜的植物组织和设计合理的围合空间，以满足人的心理需要。

此外，还可以利用高大的尖塔形、圆锥形或圆柱形乔木组合形成方向直立、朝天开敞的室外空间，即垂直空间。由于上方是开场空旷的，可伸展到天际无穷远处，给人肃穆感，此空间围合手法多用在纪念性场合。图6-15、图6-16分别是围合空间和垂直空间的示意，图6-17展示的是垂直空间景观。

不同植物形成的空间类型表   表6-4

植物类型	植物组合方式	空间			应用	常见植物景观
		类型	特点	空间效果		
攀缘植物	丛植、群植、绿墙	围合空间	四周用植物封闭	加强近景感染力，亲切感、宁静感和私密性强	森林公园、植物园及部分防护林带	花架
乔木	孤植	覆盖空间	分枝点高、树冠庞大的植物，树冠下形成树荫	为人们提供较大的活动空间和遮荫休息的区域	庭院	供人们纳凉或下棋等的树荫
灌木 — 大灌木	列植、绿篱、绿墙	垂直空间	两侧封闭，顶平面开敞，分枝点低、树冠紧凑的中小乔木树列或高树篱	庄严、肃穆；有"夹景"效果，障丑显美，突出尽端景观；引导行走路线；加深空间感	纪念性园林、名胜古迹园林中的主干道	栽植在园路两侧的松柏类植物
灌木 — 大灌木	丛植	半开敞空间	四周不全开敞，有部分视角阻挡了人的视线	引导空间方向，抑制视线，产生"障景"的效果，是先抑后扬的手法	公园的入口，景点的转换处	—
灌木 — 小灌木 / 花卉 / 草本 / 地被植物	草坪、花坛、花境、花群	开敞空间	人的视线高于四周景物	视线通透、视野辽阔，使人心胸开阔、心情舒畅，产生轻松自由的满足感	公共绿地、城市公园及交通绿地的草坪	大面积开阔草坪、开阔水面等

图6-15（左上） 围合空间
图6-16（左下） 垂直空间
图6-17（右） 垂直空间景观（广州中山大学马岗顶，2007年3月）

215

由上至下

图 6-18　覆盖空间

图 6-19　覆盖空间景观（深圳莲花山，2008 年 5 月）

图 6-20　开敞空间

图 6-21　半开敞空间

（二）覆盖空间

覆盖空间是顶部覆盖、四周开敞的空间类型，主要是利用植物浓密的树冠构成的空间。该空间夹在树冠和地面之间，人能够站立或穿行于其中，利用覆盖空间的高度，可形成水平尺度的强烈感觉。覆盖空间的典型应用是为人遮阳的行道树，行道树树冠交接遮荫形成街道"隧道式"空间，增强了道路延伸的运动感。图 6-18、图 6-19 分别为覆盖空间示意及景观。

（三）开敞空间与半开敞空间

开敞空间是城市空间的重要类型，四周开敞、外向、无隐秘性，视线不受限制是其主要特征，给人以扩散、开阔的心理感受。一般情况下，选择低矮灌木、花卉及地被植物作为空间的限制因素，能形成完全暴露在天空和阳光之中的开敞空间类型。草坪、灌木丛和花园即属于此类空间。

半开敞空间非全方位开敞，其一面或多面受到较高植物的封闭，限制视线的穿透。植物所起的作用一般是分割空间，作为多个空间的界线，以丰富空间类型，塑造多样景观。见图 6-20、图 6-21、图 6-22a 及图 6-22b。

图 6-22a（左）
半开敞空间景观（东莞，2006 年 11 月）

图 6-22b（右）
半开敞空间景观（广州中山大学，2007 年 3 月）

四、植物的配植

（一）配植原则

植物给予人们的美感效应，是通过植物固有色彩、姿态、风韵等个性特色和群体景观效应所体现出来的。植物景观设计就是应用乔木、灌木、藤本与草本植物及它们之间的合理配置来创造景观，充分发挥植物本身形体、线条、色彩等自然美，配植成一幅幅美丽动人的画面，供人们欣赏。因此，植物的配植是城市景观中的植物景观设计的主体部分。

由于植物种类繁多，功能各异，所配植的植物群落景观也各不相同，因此，必须掌握好以下三个植物配植的基本原则，才能合理运用各种植物景观要素，创造出优美的城市绿色景观。

1. 选择适当的植物种类，满足城市植物的生态要求

植物是具有生命力的有机体，每一种植物对其所处的生态环境都有特定的要求。不同的自然环境造就不同的植物，温度、水分、光照、土壤以及空气等环境因素都制约着植物的正常生长发育，因此在城市景观的植物景观设计中，必须考虑当地的自然条件，根据植物的生态习性，选择适宜的植物种类进行造景。一般情况下，优先选择当地的乡土植物作为基调植物，一方面能适应当地环境，一方面可体现地方特色。

2. 考虑植物物种间的关系，建立相对稳定的植物群落

植物与植物之间也存在错综复杂的关系，相互搭配形成各种植物群落景观。其中包括群落中植物共同生存、共同发展的附生景观和共生景观。附生景观是指某些植物常以其他种植物为栖居地，如寒冷地区苔藓、地衣附生在树干、枝桠上。共生景观是指某些植物，如松树、葡萄等具有菌根，这些菌根能为其他植物的吸收传递营养物质，或使其他植物适应贫瘠不良的土壤条件，如松与蕨类植物的配植、豆科与禾本科植物的配植等。

对于植物之间有对抗性的，宜分开种植，如榆属与栎树、白桦与松、松与云杉等。某些植物的分泌物可能会对周围植物的生长产生抑制作用，如刺槐、丁香等，配植时宜各自丛植或片植；而某些植物的分泌物有杀菌作用，有益于相邻植物的生长，如松、桉树、核桃、肉桂、垂柳、臭椿，配植时可考虑与其他植物相搭配。

3. 发挥植物的观赏美感，满足艺术构图的要求

充分利用植物本身的观赏美感，如色彩、外形、质感、芳香、音响、意境等来促进特定环境的风景效果。例如，乔木、灌木、攀缘植物、花卉、地被植物和水生植物适当搭配，能形成相对稳定的复层混交林，成为构图的主景。设计中还必须着重群体美，设计好林缘线和林冠线，利用植物的四季景观变化，结合快生与慢生植物，搭配常绿与落叶植物，形成长期稳定、美观的植物群落。

（二）植物与其他城市景观要素

1. 植物与建筑

植物与建筑搭配得体，可相互衬托，体现自然美与人工美的融合，使城市景观变得更为完美。植物具有突出建筑主题、协调建筑与周围环境的关系、丰富建筑的艺术构图、赋予建筑时空的季相感、完善建筑物的功能要求等作用。例如，植物在时间节律上的形体和色彩变化，与固定不变的建筑物产生不同的空间比例关系和色彩对比关系，使植物与建筑共同构成的景观变得生动活泼、富于变化。

植物对建筑还有柔化作用。植物的形体和质地，比起建筑形体生硬的几何线条，显然柔和多变化。如果在建筑旁种植植物，可柔化建筑线条，使这部分空间和谐而有生气。如在建筑的墙壁上，用紫藤、木香、凌霄、地锦、爬山虎、蔓生月季等植物垂直绿化，

则自然气氛倍增。一般在体型较大、立面庄严、视线开阔的建筑物附近，要种植一些干高枝粗、树冠开展的树种；在结构细致精美的建筑物四周，要选栽一些叶小枝纤、树冠致密的树种。图6-23a、图6-23b、图6-23c、图6-23d、图6-23e、图6-23f、图6-23g、图6-23h及图6-23i展示的是植物与建筑构成的景观。

由左至右，由上至下

图6-23a　植物与建筑景观（英国小镇，2000年9月）

图6-23b　植物与建筑景观（爱尔兰都柏林，2000年10月）

图6-23c　植物与建筑景观（广州中山大学北门牌坊，吴虑摄于2005年1月）

图6-23d　植物与建筑景观（西藏拉萨，2005年10月）

图6-23e　植物与建筑景观（英国剑桥圣约翰学院，2005年12月）

图6-23f　植物与建筑景观（英国剑桥杰素斯学院，作者摄于2005年12月）

图6-23g　植物与建筑景观（英国剑桥科雷斯特学院，2005年12月）

图6-23h　植物与建筑景观（东莞松山湖科技园区，2006年10月）

图6-23i　植物与建筑景观（苏州拙政园，吴虑摄于2008年6月）

图 6-24a（上左）　植物与水景观（四川九寨沟草海，2005 年 10 月）
图 6-24b（上中）　植物与水景观（广州中山大学，2007 年 6 月）
图 6-24c（上右）　植物与山水景观（广西桂林漓江，2002 年 11 月）
图 6-24d（左下）　植物与山水景观（四川九寨沟长海，2005 年 10 月）
图 6-24e（右下）　植物与山水景观（四川九寨沟草海，2005 年 10 月）

2. 植物与山水

植物对山水可起到衬托作用，俗话说："山因水活，石因树灵"。山水是自然的骨架，但如果没有植物的点缀，山水就不能成为山水。与山石配植的植物，一般选用姿态优美的树木，配合山石的高低变化，可乔木、灌木错落配植，塑造出山石与花木相互融合、和谐统一的优美景观。与水体结合配植的植物，多选用适合水边或水上生长的水生植物，结合水体形状灵活种植，以显示出水体的灵性，使规则的几何形水池活泼生动起来；例如，在水面栽植荷花，形成"接天莲叶无穷碧，映日荷花别样红"的优美意境。图 6-24a、图 6-24b、图 6-24c、图 6-24d 及图 6-24e 展示的是植物与山水构成的景观。

3. 植物与道路

道路材料一般为水泥、柏油或碎石，光秃的路面呈现的是坚硬呆板的道路景观，让路人望而生畏，直接影响路人的心情。如果能在道路中间隔离带或是道路两侧种植上乔木、灌木或者草坪、花卉，则能为生硬暗灰的道路增添质感与色彩上的生趣，还能起到遮荫以及减轻城市道路废气污染和噪声污染的现实作用。例如，在城市干道两侧种植绿色树木，可缓和司机的视觉疲劳，增强道路沿路的可观性。在曲折道路两侧栽种植物分隔空间，可达到"曲径通幽"的意境，也可达到"草路幽香不动尘"的环境效果。另外，与道路配植的植物还能起到引导的作用，与道路形成动态的连续构图，达到步移景异的效果。图 6-25a、图 6-25b、图 6-25c、图 6-25d 及图 6-25e 展示的是植物与道路构成的景观。

图 6-25a（左上）
植物与道路景观（英国剑桥植物园，2005 年 12 月）

图 6-25b（右上）
植物与道路景观（英国剑桥植物园，2005 年 12 月）

图 6-25c（左中）
植物与道路景观（英国剑桥，2005 年 12 月）

图 6-25d（右中）
植物与道路景观（广州华南植物园，吴虑摄于 2006 年 5 月）

图 6-25e（下）
植物与道路景观（广州华南植物园，吴虑摄于 2006 年 5 月）

（三）植物配植方法

在城市景观中的植物景观设计中，可利用植物枝、叶、花、果的丰富色彩和各异姿态，巧妙配植，形成各种不同的植物艺术效果，塑造具有强烈感染力的植物景观。植物配植方式主要有可以显示植物个体美的孤植（见图 6-26a 和图 6-26b）；有规则式种植植物的对植（见图 6-27）与成行栽植植物的列植（见图 6-28a 和图 6-28b）；有三株以上不同植物种类组合配植的丛植；有模拟自然群落的将单一或多种植物种类进行群体组合的群植或林植（见图 6-29a 和图 6-29b）；有以相等的株行距，单行或双行排列而构成的绿篱或绿墙。另外，还有为建筑阻挡日晒、降低气温、吸附尘埃与增加绿化率等的攀缘植物的种植设计。它可以装饰建筑立面与改善城市环境质量（见图 6-30）。花坛、花境、花丛及花群主要是为了表现植物开花时的整体效果（见图 6-31）。草坪的种植主要在房前屋后、山坡林下、岸边路旁、大型建筑周围以及城市广场等处（见图 6-32）。水生植

图 6-26a（左）
孤植的树木（英国爱丁堡皇家植物园，2002 年 9 月）

图 6-26b（右）
孤植的树木（广东深圳莲花山公园，2008 年 5 月）

图 6-27（左）
对植的树木（英国韦林，2002 年 9 月）

图 6-28a（右）
列植的树木（英国韦林，2002 年 9 月）

图 6-28b（左）
列植的树木（英国埃雷，2006 年 1 月）

图 6-29a（右）
群植植物景观（英国爱丁堡皇家植物园，2002 年 9 月）

图 6-29b（左）
群植植物景观（英国剑桥植物园，2005 年 12 月）

图 6-30（右）
攀缘植物景观（英国剑桥杰素学院，2005 年 12 月）

221

物的种植是为了丰富水面、美化水面、净化水体、使堤岸与水面之间产生联系和过渡的作用（见图6-33）。植物专类园是以极其丰富的植物品种作为主要构景元素进行布置的植物主题园（见图6-34a、图6-34b及图6-34c）。

植物配植的设计重点是通过选择植物种类、确定植物数量与位置突出主体景观，做到主次分明，以表现景观的特色和风格。在植物配植设计时要权衡对比和衬托、动势和均衡、起伏和韵律、层次和背景、色彩和季相等问题，以塑造优美的城市中植物景观，强化城市景观特征。

图6-31（左上） 花坛景观（澳门大三巴，2007年12月）
图6-32（右上） 草坪景观（英国剑桥三一学院，2005年12月）
图6-33（左中） 水生植物景观（广东肇庆七星岩公园，2006年10月）
图6-34a（右中） 植物园景观（英国牛津植物园，2002年9月）
图6-34b（左下） 植物园景观（英国爱丁堡皇家植物园，2002年9月）
图6-34c（右下） 植物园景观（英国剑桥植物园，2005年12月）

附　录

植物类型	植物名称	属名	科名	形态特征	生态习性	适宜地区	观赏特性和园林用途
常绿针叶树	油杉、铁坚杉	油杉属	松科	高达 30m，胸径达 1m；树皮粗糙，暗灰色；枝条开展，树冠塔形；叶条形	喜光，好温暖，不耐寒，幼龄树不耐阴，生长较快，30 年成材	海拔 400～1200m，气候温暖，雨量多的浙江南部、福建、广东及广西南部沿海山地	树冠优美，作园景树和营造风景林的树种
	臭冷杉、杉松、冷杉	冷杉属	松科	高 30～50m 左右，枝条斜向上伸展或开展，树冠尖塔形至圆锥形	阴性树，抗寒性强，根系浅，幼苗期生长缓慢，十余年后加速，喜温凉湿润的气候	东北、华北、西北、西南及浙江、江西、台湾的高山地带	宜丛植、群植、和列植，形成庄严、肃静的气氛
	黄杉、花旗松	黄杉属	松科	高达 50m，胸径 1m；树干通达高大，树冠尖塔形，叶淡黄绿色	喜温暖、湿润气候，要求夏季多雨，能耐冬、春干旱。适应性强	台湾至广西，两湖至云南、西藏及长江以南山区	黄杉可作风景林绿化树种；花旗松是良好的孤植树
	铁杉	铁杉属	松科	高达 30m，胸径 40～80cm；树干直，冠大，枝叶茂密整齐	喜凉润气候、酸性土山地，最适深厚沃土；耐阴；抗风雪能力强	云南东南部，浙江、安徽、福建、江西、湖南、广东、广西、贵州中部	外形蔚然挺拔，用于营造风景林及作孤植树等
	银杉	银杉属	松科	高达 24m，胸径通常达 40cm，稀达 85cm；树干通直，叶螺旋状排列	阳性树，喜气候夏凉冬冷、雨量多，湿度大、多云雾，和排水良好的酸性土壤	广西北部、湖南及四川东南部、贵州等山区；海拔 940～1870m	可植于南方湿地的风景区及园林中
	云杉、红皮云杉、白杆、青杆、鱼鳞云杉	云杉属	松科	高可达 30m，树冠广圆锥形，树姿优美，树形整齐；枝下垂，叶针状	阴性树，耐寒性强，喜排水良好的微酸性土壤，适应性强，抗二氧化硫能力强	东北、华北、西北、西南及台湾等地区的山地，北方城市及西南地区城市园林中也有应用	用于寒冷地区的风景林，为园林观赏树，白杆最适孤植，也可作绿化树种
	雪松、北非雪松、黎巴嫩雪松	雪松属	松科	树体高大，高可达 50 余米，树冠圆锥形，枝条横展，小枝下垂，叶针形，雌雄异株，雄的顶较高，雌的顶较矮，而且分叉	阳性树，有一定耐阴、耐寒能力，喜温凉气候；畏烟，含二氧化硫气体会使嫩叶迅速枯萎，浅根性，生长速度较快	原产于喜马拉雅山西部，北京、青岛、上海、西安、昆明等城市均有分布；垂直分布高度为海拔 1300～3300m	观赏树，最宜孤植于草坪中央、建筑前庭之中心、广场中心或主要建筑物的两旁及园门的入口等处；或列植于园路两旁，形成甬道
	红松、偃松、华山松、日本五针松、北美乔松、马尾松、油松等	松属	松科	高可达 50 米，胸径 1m；树皮灰绿色或灰褐色；树冠圆锥形或柱状塔形，枝条平展，叶针状	阳性树，稍耐阴。华山松和油松等对二氧化硫抗性较强	东北长白山到小兴安岭一带，山西、河南、陕西、甘肃南部，四川、湖北、贵州西部	用作园林树，寓意深刻，多配植在宫庭、寺院及名园之中
	金松	金松属	杉科	高达 30～40m，胸径 3m，树干端直，叶狭长线形或黄褐色鳞状	阴性树，有一定的抗寒力，不适于过湿及石灰质土壤	原产日本，青岛、庐山、南京、上海、杭州、武汉等地均有分布	世界五大公园树之一，观赏树种，是著名的防火树

植物类型	植物名称	属名	科名	形态特征	生态习性	适宜地区	观赏特性和园林用途
常绿针叶树	杉木	杉木属	杉科	高达 30m，胸径可达2.5～3m；树冠尖塔形或广圆锥形，主干端直；叶在主枝上辐射伸展	阳性树，喜温暖湿润气候，不耐寒、旱，喜深厚肥沃排水良好的酸性土壤，为速生树种	分布广，北自淮河以南，南至雷州半岛，东自江苏、浙江、福建沿海，西至西藏高原东南部河谷地区	最适于园林中群植成林丛和列植道旁
	柳杉	柳杉属	杉科	高达 40m，胸径可达2m 多，树冠塔、圆锥形，树干粗壮，树皮红棕色；大枝平展或斜展，小至细长下垂，叶钻形	中等的阳性树，略耐阴、寒，喜深厚肥沃排水良好的沙质壤土，根系不深，抗暴风雨能力不强，生长速度中等	浙江、福建、江西、江苏东南部、安徽南部、四川、贵州、云南、湖南、湖北、河北、广东、广西及河南等地	适宜园林绿化和行道种植；最适孤植、对植，亦宜丛植和群植
	巨杉	巨杉属	杉科	高可达 100m，胸径可达 10m；树冠圆锥形，叶呈鳞状钻形	阳性树，生长快而树龄极长。播种繁殖，但幼苗易生病害	原产于美国加利福尼亚地区，在杭州等地区有引进	可作园景树，为世界著名树种之一；在园林中常丛植或孤植
	水松	水松属	杉科	高 8～10m，少数可达 25m；树冠圆锥形，树干基部膨大成柱槽状，树皮褐色或灰白色而带褐色；枝条稀疏，大枝近平展	强阳性树，喜暖热多湿气候，喜多湿土壤，对土壤适应性强，在沼泽和排水良好土地上均能生存，根系发达，不耐低湿	主要在广州珠江三角洲、福建中部及闽江下游、广东东部及西部、福建西部及北部、江西东部、四川东南部、广西、云南东南部等地有零星分布	最宜河边湖畔绿化和暖地的园林绿化用，宜于低湿地片造林，或用于固堤、护岸、防风，可作防风护堤树
	东北红豆杉等	红豆杉属	红豆杉科	高达 20m，胸径达1m；树冠阔卵形或倒卵形，树形端正；树皮红褐色，枝条平展或斜上直立	阴性树，耐阴性强，浅根性，性耐寒，喜湿，生长迟缓，怕涝，忌盐碱	产于吉林老爷岭、张广才岭及长白山区海拔 500～1000m，气候湿冷，酸性土地带；山东、江苏、江西等省有栽培	可孤植或群植，可植为绿篱或绿雕塑，也可作高山园、岩石园材料或盆栽装饰用，是高纬度地区园林绿化的良好材料
	榧树	榧树属	红豆杉科	高达25m，胸径55cm；树冠开张整齐，树皮浅黄灰色、深灰色或灰褐色；枝条繁密，叶条形	阴性，喜温暖湿润气候，不耐寒，耐阴性强，喜酸性肥沃土壤，抗自然灾害性强，生长慢，病、虫亦较少	江苏南部、浙江、福建北部、安徽南部、江西北部及湖南、贵州等地一带	大树宜孤植作庭荫树或与花灌木配置作背景树，可在草坪边缘丛植，大门入口对植或丛植于建筑周围，是抗烟害较强的树种
	侧柏	侧柏属	柏科	幼树树冠尖塔形，老树广圆形，枝干苍劲，气魄雄伟，高 20m 左右	喜光，喜温湿气候，亦耐多湿，耐旱，较耐寒，适应力强，喜湿润的深厚土壤，抗盐性强	除青海、新疆外，全国均有分布	是我国最广泛应用的园林树种之一，常栽植于寺庙、陵墓地和庭园中
	华北落叶松、落叶松、黄花落叶松、日本落叶松、红杉	落叶松属	松科	高达 30m，胸径1m；树冠圆锥形，树皮暗灰色、灰褐色；枝平展，叶窄条形、针状条形	强阳性树，喜光性强，耐寒，耐贫瘠和湿地，适应性强，生长迅速，抗病性和抗烟能力强	东北大、小兴安岭、华北及西南高山等寒冷地区	可做庭荫树、风景林，于庭园、公园处作孤植、丛植、群植、片植和背景林（黄花落叶松抗二氧化硫能力较强）

植物类型	植物名称	属名	科名	形态特征	生态习性	适宜地区	观赏特性和园林用途
落叶针叶树	落羽杉、池杉	落羽杉属	杉科	树冠圆锥、伞、圆柱形不等，叶近羽毛状，入秋变为红褐色和棕褐色	强阳性树，耐涝，抗风性强，耐水湿，生于沼泽地区及水湿地上，速生树种	江苏、浙江、河南、湖北等地区，长江流域及华南广州等大城市地区	秋色叶树种，最适水滨湿地成片栽植，有防风护岸之效；孤植或丛植为园景树
	水杉	水杉属	杉科	高近40m，树冠圆锥形，叶条形、羽状，交互对生成两列，秋叶转棕褐色，雌雄同株	阳性树，喜温暖湿润气候，喜湿润而排水良好，不耐涝，对土壤干旱也较敏感；属速生树种	原产华北、西南、华南、东北、辽宁、西北部分地区，四川、湖南、湖北等地，现在各地广泛栽植	宜在园林中丛植、列植或孤植，也可成片林植，是郊区、风景区绿化中的重要树种
	落叶松	落叶松属	松科	高达35m，胸径60～90cm，树冠圆锥形，枝斜展或平展，叶倒批针叶形	强阳性，不耐海潮，忌大风，喜光性欠强，对水分要求高，适应性较强	东北大、小兴安岭，华北高山、京、沪、杭	可做庭荫树、风景林，于庭园、公园处作孤植、丛植、群植、片植和背景林
	金钱松	金钱松属	松科	高达40m，胸径达1.5m，树干端直，树皮灰褐色；叶条形，柔软，入秋叶色为金黄色	性喜光，喜温凉湿润气候和中性或酸性壤土，稍耐寒，抗风力强生长速度中等偏快	安徽南部、江苏南部、浙江、江西、湖南、湖北利川至四川万县交界地区，海拔100～1500m	世界五大公园树之一，可孤植和丛植，常与银杏、柳杉、毛竹等混生形成美丽的自然景色
	木松		松科	花期2月，树冠尖塔形	强阳性，喜湿润土壤	华南、桂、赣	庭园、护堤
常绿阔叶树	银桦	银桦属	山龙眼科	高10～25m；树皮暗灰色或暗褐色，花橙黄	阳性，喜温暖凉爽环境和微酸性沙土，不耐寒	云南、四川西南部、广西、广东、福建、江西南部、浙江等省	宜作行道树、庭荫树，低山营造速生风景林、用材林
	甜橙、红桔、柚	柑橘属	芸香科	高5～8m，叶卵状或椭圆形状，花白，果橙黄	阳性，宜温暖、不耐寒、较耐阴，要求土质肥沃	秦岭南坡以南的甘肃、陕西、西藏一带，长江以南各省	适宜作庭园、风景林
	大叶桉	桉属	桃金娘科	高25～30m，树冠卵形，树皮暗褐色，叶卵状披针形	阳性，喜温暖湿润气候	粤、闽、桂、滇	适宜作庭园、道路、风景林
	蒲桃	蒲桃属	桃金娘科	高10m；树冠半圆形，主干极短，叶披针形或长圆形，果淡黄色	喜暖热气候，适宜生长在河边及河谷湿地和湿润河畔	福建、广东、广西、贵州、云南等地区，华南地区常见野生	护岸、防风
	大麻黄	麻黄属	小麻黄科	枝灰绿，高10～20m	耐湿，抗风	华南	庭园、道路、水土保持
	木麻黄	木麻黄属	木麻黄科	高可达30m，树冠狭长圆锥形树干通直；枝红褐色，叶鳞片状	喜光、炎热气候，耐干旱，抗风沙，耐盐碱，也耐潮湿，生长迅速	广西、广东、福建、台湾等地区普遍栽植	是南方滨海防风固林的优良树种
	台湾相思	金合欢属	豆科	高约6～15m，枝灰色或褐色，叶披针形，花金黄色，微香	耐干旱，抗风，生长迅速	福建、广东、广西、云南等华南地区以及台湾地区	宜作庭园、行道树，在华南地区为荒山造林、水土保持和沿海防护林的重要树种

续表

植物类型	植物名称	属名	科名	形态特征	生态习性	适宜地区	观赏特性和园林用途
常绿阔叶树	大叶榕、细叶榕	榕属	桑科	高15～20m，胸径50cm，树冠伞形，直径8～15m，叶互生，纸质	喜湿暖热气候，宜植于湿润肥沃土壤，抗烟性和耐土壤酸度强	中国南方广东、广西、福建各省西南地区	多作孤立树，也可丛植、行植，或作行道树、庭园种植
	石栗	油桐属	大戟科	高可达30m，树冠半圆形，指状复叶具小叶，花白	喜光，喜温热气候及沙壤土，抗风，耐旱不耐湿	华南热带季雨林及雨林区	宜作庭园、道路绿化
落叶阔叶树	枫香	枫香属	金缕梅科	高达30余米，胸径最大可达1m，树冠广卵形，秋后叶红色	阳性，喜阳光，多生于平地，幼略耐阴，不耐寒、盐碱及干旱	秦岭及淮河以南各省、河南、山东、台湾、四川、云南及西藏长江以南各省	道路、庭园，在园林中为良好庇荫树种
	杜仲	杜仲属	杜仲科	高达20m，胸径约50cm，树冠球形，叶椭圆形或卵形	阳性，喜阳光充足，温和湿润气候，耐寒，不耐阴	山西、甘肃、河南、湖北、四川、云南、贵州、湖南及浙江等省区	可作庭园绿荫树或行道树
	悬铃木	悬铃木属	悬铃木科	高可达30余米，树冠阔球形，枝条开展，叶3～5掌状分裂	阳性，不耐阴，抗烟，生长迅速，易成活，耐修剪	广泛分布于世界各地，我国华北南部至长江流域广泛栽培	宜作庭园、工厂行道绿化树种，对二氧化硫、氯气等有毒气体有较强的抗性
	泡桐、毛叶泡桐	泡桐属	玄参科	高达20m，树冠圆锥形、伞形或圆柱形，叶对生，花紫白	阳性，对热量要求较高，耐旱，对土壤的肥沃程度有较高要求	东北北部、内蒙古、新疆北部、西藏、华东、华中、西南等各个地区	宜作庭荫树、行道树、工厂绿化及造林
	珙桐	珙桐属	珙桐科	高15～20m，可达25m，胸径约1m，树冠圆锥形，叶宽卵形	阳性，喜半阴；要求较大的空气湿度	湖北西部、湖南西部、四川、云南北部及贵州北部，海拔700～1600m	常植于高山区庭园、池畔溪旁及疗养所、宾馆、展览馆附近
	白蜡树	白蜡树属	木犀科	树高15m，树冠卵圆形，奇数羽状复叶，秋叶黄色	阳性，稍耐阴，耐旱，喜深厚肥沃湿润土壤	东北中南部、广东、广西、福建、甘肃等省，经长江、黄河流域	宜作行道树和遮荫树，可用于湖岸绿化和工矿区绿化
	银杏	银杏属	银杏科	高达40m，胸径可达4m，树冠圆锥形或广卵形，枝叶斜上伸展，叶扇形	阳性，喜温暖湿润气候，喜光，喜肥沃湿润、排水良好的土壤，不耐湿及盐碱土	沈阳、广州、贵州、云南西部等地区，及华东海拔40～1000m地带	可净化空气、涵养水源、防风固沙、保持水土、改善农田小气候，宜作"四旁"绿化树种
	旱柳	柳属	杨柳科	高达18m，胸径达80cm，树冠广圆型，树皮深灰色，大枝斜上，叶披针形	阳性，喜光，喜水湿，耐干旱，较耐寒，对病虫害、大气污染抵抗性强	东北、华北平原、西北黄土高原、甘肃、青海、浙江、江苏、及淮河流域等地	宜作防护林及绿化、道路、庭园、防护
	馒头柳	柳属	杨柳科	树冠半圆形，状如馒头，枝条开展斜出，分枝密，端稍齐整	阳性，喜水湿及温凉气候，耐寒，耐湿，耐旱，耐污染，不耐庇荫	东北、华北、西北、华东	庭荫树，行道树，护岸树，街路树，可孤植、丛植及列植

续表

植物类型	植物名称	属名	科名	形态特征	生态习性	适宜地区	观赏特性和园林用途
落叶阔叶树	绛柳	柳属	杨柳科	枝长而下垂	阳性，不耐阴，喜水湿	华北，西北，辽、吉	道路、庭园
	条柳（旱柳变种）	柳属	杨柳科	高达18m，胸径达80cm，树冠广圆型，树皮深灰色，大枝斜上，叶披针形	阳性，喜光，喜水湿，耐干旱，较耐寒，对病虫害、大气污染抵抗性强	东北、华北、西北、上海等地区	宜作防护林及绿化、道路、庭园、防护
	龙爪柳（旱柳变种）	柳属	杨柳科	达18m，胸径达80cm，树冠广圆型，树皮深灰色，枝条卷曲，叶披针形	阳性，喜光，喜水湿，耐干旱，较耐寒，对病虫害、大气污染抵抗性强	东北、华北、西北、华东等地区	宜作防护林及绿化、道路、庭园、防护
	核桃（又称胡桃）	胡桃属	胡桃科	高20～25m，树冠广阔，树皮灰绿或灰白色，奇数羽状复叶	阳性，喜光，耐寒，抗旱、抗病能力强，喜深厚肥沃土	东北、西北、西南、华中、华南和华东，海拔400～1800m地带	可作庭园、道路绿化，起防护作用
	麻栎	壳斗科	山毛榉科	高达30m，胸径达1m，树冠广卵形，树皮深灰褐色，叶多为长椭圆状披针形	阳性，喜土壤肥厚、排水良好的山坡，不耐碱土	辽宁、河南、河北、山西、山东、江苏、安徽、浙江、江西、福建、湖南、湖北、广东、广西、四川、云南、贵州等省	可作庭荫树、行道树及工厂绿化
	海棠果	苹果属	蔷薇科	花白带红，花期4～5月，树冠球形	阳性	华北、东北、西北	庭园树
	杏	梅属	蔷薇科	高5～12m，树冠圆形、扁圆形或长圆形，枝横生，叶宽卵形或圆卵形	阳性，耐寒力较强，耐高温，对土壤、地势的适应能力强，不耐涝	全国各地均有栽培，以华北、东北、西北地区种植较多	可作庭园、道路观赏树
	桃	梅属	蔷薇科	高3～8m，树冠广而平展，树皮暗红褐色，叶长圆、椭圆或倒卵状披针形	阳性，喜光、耐旱、耐寒力强，稍耐阴，怕渍涝，宜择沙质微酸性土壤	东北南部至广东的全国大部分省区	可作庭园、道路观赏树
	梨	梨属	蔷薇科	树冠卵圆形、长圆形，单叶，互生，花白	阳性，耐湿，耐涝性及对土壤的适应能力	东北南部及以南河北、山东、辽宁、江苏、四川、云南各省	可作庭园、道路观赏树
	复叶槭	槭树属	槭树科	高达20m，小枝绿色，奇数羽状复叶，秋叶黄色	阳性，喜光，喜干冷气候，耐烟尘，耐寒，耐旱	东北、华东、内蒙古、新疆至长河流域	可作庭园、道路观赏树
	枣	枣属	鼠李科	高达10m，树冠长圆，叶互生，卵形，花黄绿	强阳性，适应性强，生山野荒地、山坡阳处	全国各省区	可作庭园、道路观赏树
	糠椴	椴树属	椴树科	高达20m，树皮灰白；叶互生，卵圆形，花黄	阳性，喜光，喜湿润气候，耐阴，耐寒，不耐盐碱	东北小兴安岭，长白山林区落叶滋长叶林中	可作庭园、道路观赏树

植物类型	植物名称	属名	科名	形态特征	生态习性	适宜地区	观赏特性和园林用途
落叶阔叶树	刺楸	刺楸属	五加科	高约10m，胸径达70cm以上，属偏灰棕色，叶近圆形，花白	阳性，稍耐阴，多生于阳性森林、灌木林或水湿丰富的密林	东北、广东、广西、云南、四川等省区	可作庭园、道路观赏树和造林
	灯台树	灯台属	山茱萸科	树冠圆锥，树枝层层平展，叶阔卵形至椭圆状卵形，花白，果蓝黑	阳性，喜温暖气候及半阴环境，适应性强，耐寒、耐热、生长快	辽宁、华北、西北至华南、西南等地区	可作庭园、道路观赏树
	柿	柿属	柿树科	高达10～14m，胸径达65cm，树冠球形或长圆形，枝开展，叶卵状至倒卵状	阳性，喜温暖气候，喜光及中性土壤，耐寒、耐旱、耐贫瘠，不耐盐碱土	长江流域及辽宁、甘肃、四川、云南、台湾等地区	可作庭园观赏树
	君迁子	柿属	柿树科	高可达30m，树冠近球形或扁球形	阳性，耐寒，耐旱耐贫瘠耐半阴	辽宁、河北、山东、陕西、中南及西南各地	可作庭园、道路、湖岸观赏树
	重阳木	重阳木属	大戟科	高达15m，胸径50cm，树冠伞形，树皮褐色，三出复叶	阳性，喜光，喜温暖气候，耐旱、耐湿、耐瘠薄，稍耐阴，耐水湿	秦岭、淮河流域以南至广东北部，海拔1000m以下山地林中或平原	可作庭园、道路观赏树及堤岸绿化
	小叶杨	杨属	杨柳科	高达20m，胸径50cm，树冠近圆形，叶菱状卵形、椭圆形或倒卵形	阳性，喜光，耐寒，耐旱，耐瘠薄或弱碱性土壤适应性强，抗风，固沙	东北、华北、华中、西北及西南各省区	可作庭园、道路观赏树及防护林
	钻天杨	杨属	杨柳科	高达30m，树冠圆柱形，叶扁三角形或菱状三角形，叶背银白	阳性，喜光、抗寒、耐旱，稍耐盐碱及水湿，不耐病虫害	在长江、黄河流域广为栽培	可作庭园、道路观赏树及防护林
	黄连木	黄连木属	漆树科	高达20余米，树冠近圆球形，树干扭曲，树皮鳞片状，奇数羽状复叶，秋叶金黄色	阳性，喜光，喜温暖，畏严寒，耐干旱瘠薄，湿润而排水良好的石灰岩山地生长最好	长江以南及华北、西北、黄河流域各省区，海拔140～3550m的石山林中	可作庭园、道路观赏树
	木棉	木棉属	木棉科	高达25m，树皮灰白色，树干有圆锥状粗刺，分枝平展，掌状复叶，花红	阳性，深根性，耐旱，适生于亚热带、干热谷、稀树草原及沟谷季雨林地带	云南、四川、贵州、广西、江西、广东、福建、台湾等省区亚热带地区，海拔1400～1700m	可作庭园、道路观赏树

常见灌木分类表　　　　　　　　　　　　　　　　　　　　　　　附表 6-2

分类	植物名称	科名	形态特征	生态习性	适宜地区	观赏特性和园林用途
常绿针叶灌木	千头柏	柏科	植株丛生，树冠长圆形，高 3～5m 左右	阳性，耐干	全国各地	庭园配植、绿篱
	鹿角松	柏科	枝匍匐地面或斜上，高 1m 左右	阳性，耐阴性强	东北南部至华南	坡地、岩石间，可固沙保土
	偃柏	柏科	匍匐小灌木，枝干近地而伏生，高 0.5m 左右	阳性，耐干燥	各地普遍栽植	岩石间、草皮角，可固山坡
	翠柏	柏科	枝丛生，大枝斜生，高 1m 左右	阳性，喜湿润空气	华东、华中	庭园
	线柏	柏科	系花柏变种，小枝细长下垂，高 3～5m 左右	阳性	华中、华东	庭园
常绿阔叶灌木	苏铁	苏铁科	花黄褐色，树冠棕榈状，高 5m 左右	喜暖热潮湿气候	华南、西南地区	庭园、盆栽
	十大功劳	小檗科	花黄、果绿、蓝色，叶形秀丽，高 1.5m 左右	耐阴，喜湿润	长江以南各省	庭园、绿篱
	阔叶十大功劳	小檗科	花黄，果黑，高 4m 左右	耐阴，喜湿润	华中	庭园、绿篱
	含笑	木兰科	花淡黄，芳香，高 2～5m 左右	弱阳性，不耐旱	长江流域及其以南各省	香花植物，庭园栽植
	火棘	蔷薇科	花白，果红，高 3m 左右	阳性，稍耐修剪	长江流域各省	庭园、绿篱
	石楠	蔷薇科	花白，果红高 12m 左右	阳性，稍耐阴	长江流域及其以南各省	庭园
	锦熟黄杨	黄杨科	花淡绿	耐阴，畏烈日	华北、华东至华南各省	庭园、绿篱、盆栽
	枸骨	冬青科	花黄，花期 4～5月；9月结果，果红	阳性	华东、华中	庭园、盆栽
	大叶黄杨	卫矛科	花绿白，花期 5月，高 5～6m 左右	阳性，稍耐阴	长江流域及其以南各省	庭园、盆栽
	云锦杜鹃	杜鹃花科	花淡玫瑰红，花期 4～6月，高 4m 左右	喜半阴及酸性土	长江及珠江流域，滇、川	庭园、盆栽
	山茶	山茶科	高 8～15m；花紫、红、白	喜半荫及湿润空气，不耐碱土	长江流域及以南	庭园、山林
	金丝桃	金丝桃科	花黄，花期 6～9月；在北方落叶	阳性，稍耐阴，不耐积水	华东、华中及华南	庭园
	瑞香	瑞香科	高 2米；花淡红、紫，芳香	阳性，好酸性土	长江流域	庭园

分类	植物名称	科名	形态特征	生态习性	适宜地区	观赏特性和园林用途
常绿阔叶灌木	桂香柳	胡颓子科	高4～7m；花银白、白黄，芳香，花期10～次年1月；果红、橙黄	阳性，耐干旱，耐水浸	长江流域，华北，西北	庭园，绿篱，固沙，保水
	女贞	木犀科	高6～12m；花白、黄白	阳性，稍耐阴，耐修	长江以南各省，西南	庭园，绿篱
	鸡蛋花	夹竹桃	高3～7m，树冠半圆形；花白黄，花期8月	耐湿，稍耐干	华南	庭园
	栀子	茜草科	高2～3m；白花，芳香，花期6～7月，果10月	阳性，稍耐阴，忌碱土	长江以南各省	庭园、花篱
	珊瑚树	忍冬科	高6m；花白，花期6月，芳香；果红	稍耐阴，喜肥湿土	长江以南各省	庭园，绿篱，防火树
	海桐	海桐花科	高6m；花白，花期4月，花香	阳性，略耐阴	长江以南各省	庭园、绿篱
	一品红	大戟科	高1～3m；冬季顶叶朱红色	阳性，不耐旱	华南	庭园
	米蕉	龙舌兰科	叶青绿或深红	阴性，喜湿润	华南	庭园，盆栽
	吊灯花	锦葵科	高1～4m；花红，花期全年	喜温暖，忌寒冷	华南	庭园，花篱
	米仔兰	楝科	高4～7m；花黄，花期夏秋，极香	喜湿润，忌干旱	华南	庭园
落叶阔叶灌木	无花果	桑科	高10m；叶果美丽，树冠球形	阳性，稍耐阴，耐旱	长江流域以南各省	庭园，高篱
	牡丹	毛科	高2m，花紫红、白、黄绿，花期4～5月	阳性，不耐渍水	华北、西北	庭园
	小檗	小檗科	花黄，花期5月；果红，秋叶红色	阳性，耐修剪	华北，西北	庭园，刺篱
	玉兰	木兰科	高15m；花白，花期3～4月，树冠球形、长圆	阳性，稍耐阴	华北、华东、华中、西北	庭园
	腊梅	腊梅科	高3m；花蜡黄，花期初冬至初春，树冠球形、扁球形	阳性，稍耐阴	北京以南各省	庭园
	太平花	虎耳草科	高1～2m；花乳白，花期5～6月	阳性，忌渍	华北、华中	庭园、花篱
	山楂	蔷薇科	高6m；花粉红，花期5～6月；10月结果，果红	阳性，稍耐阴	华北，辽宁	庭园，绿篱

续表

分类	植物名称	科名	形态特征	生态习性	适宜地区	观赏特性和园林用途
落叶阔叶灌木	月季	蔷薇科	花深红、粉红，芳香，花期 5～6 月	阳性，稍耐阴	华北南部至华南各省	庭园、花篱、花坛
	玫瑰	蔷薇科	树冠球形、扁球形，花紫白，芳香，花期 5～6 月	阳性	东北、华北、华东、华中	庭园、花篱、花坛
	毛刺槐	豆科	树冠球形，花粉红、紫红	阳性	东北、华北	庭园
	紫穗槐	豆科	花蓝紫，花期 5～6 月	阳性，耐旱，耐涝，耐烟尘	东北、华北、华中、西北	绿篱、防护
	辽东丁香	木犀科	花淡蓝、紫，花期 5～6 月，芳香	阳性，稍耐阴	东北、华北	庭植
	紫丁香	木犀科	树冠球形，花紫、白，花期 4～5 月	阳性，稍耐阴，忌湿	东北南部、华北	庭植
	天目琼花	忍冬科	树冠球形，花白，花期 5～6 月；9 月结果，果红	耐阴	东北南部、华北、华中	庭植
	接骨木	忍冬科	花黄白，花期 4～5 月；6～7 月结果，果红	阳性，耐药尘	东北、华北、华东	防护、庭园
	金银木	忍冬科	树冠球形，花白黄，花期 5 月；9 月结果，果红	阳性，耐阴，耐寒，耐旱	南北各省	庭园、防护
	锦带花	忍冬科	树冠球形；花玫瑰红，花期 4～6 月	阳性，忌水涝	东北、华北、华中	庭园、花篱
	黄栌	漆树科	树冠球形；花黄绿，花期 4～5 月；枝叶紫红	阳性，耐半阴	我国北部及中部	庭园
	紫荆	豆科	高 3～5m；树冠长圆形；花紫红，花期 4 月	阳性，畏涝	华北及其以南各省	庭园
	木槿	锦葵科	高 2～6m；树冠长圆形；花紫、白、红，花期 6～9 月	阳性，耐半阴	华北至华南、西南	庭园、绿篱
	金缕梅	金缕梅科	高 9m；花金黄，花期 1～3 月	阳性，稍耐阴	长江流域	庭园
	丝绵木	卫矛科	花绿白，花期 5 月，果 10 月	阳性，稍耐阴	华北、华中	庭园、工矿
	结香	瑞香科	花黄，花期 3～4 月，先叶后花	喜半阴	我国中部及西南各省	庭园

常见攀缘植物一览表　　　　　　　　　　　　　　　　　附表 6-3

植物名称	属名	科名	形态特征	生态习性	适宜地区	观赏特性和园林用途
北五味子	北五味子属	木兰科	小枝灰褐色，叶广椭圆形或倒卵形，花乳白色或粉红色，花期 5～6 月，浆果深红色	中性，耐寒性强，耐半阴，不耐旱和水湿，多生于阴湿的山沟、灌木丛中	主产辽宁、黑龙江、吉林东北地区和华北地区各省	常作攀缘棚架，篱栅、山石美化
南五味子	南五味子属	木兰科	叶长圆披针形、倒卵状披针形或卵状长圆形，花淡黄色或白色，花期 6～9 月	阳性，耐半阴，常绿，生于海拔 1000m 以下的山坡和林中	江苏、安徽、浙江、江西、福建、湖北、湖南、广东、广西、四川等	常作攀缘棚架，篱栅、山石美化
南蛇藤	南蛇藤属	卫矛科	枝灰棕色或棕褐色，叶阔倒卵形或近圆形，花黄绿，花期 5～6 月	阳性，耐半阴，落叶，生于海拔 450～2200m 山坡灌丛	东北、华北、西北、华东、西南各省	常作攀缘棚架，篱栅美化
葡萄	葡萄属	葡萄科	小枝有纵棱纹，叶卵圆形，花黄绿，花期 4～5 月	阳性，不耐阴，落叶	我国南北各省	常作攀缘棚架，篱栅美化
爬山虎	爬山虎属	葡萄科	卷须短，多分枝，顶端有吸盘，叶宽卵形，秋叶黄、橙红，花期 6 月	喜阴湿，落叶，适应性强，对土壤要求不严	我国南北各省	常作攀缘、山石、墙壁美化
五叶地锦	爬山虎属	葡萄科	茎长，具长卷须，卷须顶端有吸盘，叶掌状，秋叶血红，花期 7～8 月	喜阴湿，攀缘力弱，落叶，适应性强，耐寒、热、阴，抗性强	东北、华北各省	常作攀缘、山石、棚架美化
猕猴桃	猕猴桃属	猕猴桃科	枝层片状，叶近圆形或宽倒卵形，花乳白色渐变为黄色，花期 5～6 月	阳性，喜凉爽湿润气候，耐阴，落叶，生于山坡林缘或灌丛中	华中及华南各省区	常作庭植、棚架美化
常春藤	常春藤属	五加科	茎灰棕色或黑棕色，叶三角状卵形或长圆形，花淡黄白或淡绿白色	阴性，极耐阴，忌强光，常绿，喜温暖、湿润、疏松、肥沃土壤	甘肃、陕西、河南、山东、广东、江西、福建等省	常作攀缘、山石、墙壁美化
络石	络石属	夹竹桃科	茎赤褐色，也椭圆形或宽倒卵形，花白色，花期 3～7 月	极耐阴，喜湿润，常绿，适应能力强，对土壤要求不高	华东、西南、华南及长江流域各省区	常作攀缘、山石、墙壁、园圃、道路美化
凌霄	凌霄属	紫葳科	茎枯褐色，奇数羽状复叶，花冠内红外橙黄色	阳性，稍耐阴	华北及其以南各省	常作攀缘、山石、棚架、墙壁美化

常见花卉一览表

花卉名称	科属	特性	生态习性	适用地区	观赏特性和城市用途
鸡冠花	苋科	花白、红、橙黄，花期长、花色久而不变	喜炎热干燥气候，不耐寒	全国各地	花坛、花境
千日红	苋科	花深红、紫红、淡红或白，花色花形长久不变	不择土壤，宜有充分阳光	全国各地	花坛、切花
一串红	唇形科	花萼花冠均鲜红，花期 7～10 月	阳性，耐半荫	全国各地	花丛、花坛、自然栽植
翠菊	菊科	花白、粉、红、蓝、紫等，花期 6～10 月	阳性，喜肥沃、排水良好的土壤	全国各地	花坛、盆栽
百日草	菊科	花大，色丰富，花期 6～10 月	阳性，耐干旱贫瘠	华北	花坛、花境、切花、花丛
波斯菊	菊科	花白、粉、深红，花期春至秋	阳性，抗性强	全国各地	花坛、湖岸坡地等
紫罗兰	十字花科	花紫、红色，花期春季	阳性，耐半荫，耐寒	全国各地	花坛、盆栽、切花
芍药	毛茛科	花大，色多富变化，花期 3～5 月	阳性，耐寒	全国各地	花坛、花境、花丛
玉簪	百合科	花洁白，清香，夏至初秋，叶茎成丛	喜阴湿环境和漫射光	全国各地	建筑、庭园背阴处
蜀葵	锦葵科	花红、紫、粉红及黄白，花期 5～10 月	阳性，耐寒	全国各地	房前屋后
菊花	菊科	花色多，品种多	阳性，耐寒性强	全国各地	花坛、花丛、盆栽
水仙类	石蒜科	花色洁白，叶姿清秀芳香	适应性强，背风向阳处生长好	全国各地	切花、花坛、花境、盆栽
郁金香	百合科	花红、黄、白褐色或复色等	耐寒性强	全国各地	花境、花坛
美人蕉类	美人蕉科	叶大，花鲜，花期长	阳性，喜温暖炎热气候，有一定的抗寒性	全国各地	花带、花坛、花境、盆栽
百合类	百合科	品种多，花期长，花色多，花大且香	多数种类喜光，半荫地也能生长	全国各地	花坛、花境、盆栽
晚香玉	石蒜科	花白，微有红晕，晚上香更浓	阳性，稍耐寒	全国各地	花境、切花

常见草种一览表

附表6-5

科名	草种	形态特征	生态习性	适宜地区	观赏特性和城市用途
禾本科	野牛草	植株纤细较矮，具葡萄茎，叶细，叶鞘生柔毛，叶片线形，花草黄色	多年生，喜充足的阳光，生长迅速，耐修剪，有抗旱性能，对过热、过寒的气候有一定的抵御能力	适合大陆性气候较强的地区生长	践踏草坪
禾本科	结缕草	具横走根茎及匍匐枝，叶宽厚，坚韧有弹性，总状花序穗形，花果期5～10月，颖果长圆形	喜温暖气候，喜阳光，耐高温，抗干旱，不耐阴，耐修剪，抗踩，适应性较强，排水良好，砂质土壤中生长最好，绿色期短	两宁、河北、山东、江苏、安徽、浙江、福建、广东、台湾等地区	良好的运动场草地
禾本科	翦股颖	秆茎偃卧地面，叶片扁平线形，柔软细腻，圆锥花序卵状矩圆形，老后紫铜色	喜光，稍耐阴，适宜于肥沃、中等酸度、保水力好的细壤中生长，抗盐性和耐淹性强	东北、华北、西北及江西、浙江等省区	观赏草坪
禾本科	早熟禾	秆直立或倾斜叶鞘稍压扁，叶片扁平或对折，花果期7～9月	喜冷凉的气候，绿色期长达280～290天，多生于路边草地及湿草地	在温带寒温带的城市中	观赏草坪
禾本科	黑麦草	具细弱根状茎，秆丛生，叶片线形，穗状花序，花果期5～7月	喜温暖湿润气候，耐阴，对土壤要求不严，不耐炎热也不耐寒冷，喜肥沃、排水良好土壤，生长迅速	长江中下游地区和淮河流域	观赏草坪
禾本科	羊胡子草	根状茎，叶细长，深绿色	多年生，较耐阴，耐旱，喜湿润，但排水要好，不耐涝	东北、西北、西南，多生长在地边林下	观赏草坪
禾本科	狗牙根	叶绿低矮，匍匐茎蔓延能力强，分枝多	多年生，喜湿热气候，较耐旱，但耐寒力不强	长江流域及其以南地区	适合河滩、路旁、运动场及停机坪栽植

常见水生植物一览表

附表6-6

植物名称	属名	科名	形态特征	生态习性	花期	适宜地区	观赏特性园林用途
荷花	莲属	睡莲科	花色粉红、白、芳香	多年生草本，喜温暖湿润气候	7～8月	南北各省	作水景
睡莲	睡莲属	睡莲科	花白黄、淡紫、浅红、深红	多年生草本，阳性	7～8月	黄河以南地区	点缀静水水面
菖蒲	菖蒲属	天南星科	叶细长，剑形	多年生，喜光，耐寒	花期6～9月，果期8～10月	长江流域以南	作水景
凤眼莲	凤眼莲属	雨久花科	叶鲜绿，花蓝紫色	阳性	8～10月	全国各地	绿化池塘、盆栽
芦苇	芦苇属	禾本科	茎秆直立。叶鞘无毛或有细毛，叶舌有毛。圆锥花序分枝稠密，向斜伸展	多生于低湿地或浅水中	9～10月	全国各地	种在公园的湖边，开花季节特别美观

城市中所需植物用途分类表　　　　　　　　附表6－7

城市植物用途分类			植物举例
防风沙植物	固土固石植物	乔木	柳、槭、胡桃、枫杨、水杉、云杉、冷杉、圆柏、旱柳、山杨、青杨、侧柏、白檀
		灌木	榛、夹竹桃、胡枝子、紫穗槐
		藤本	紫藤、南蛇藤、葛藤、蛇葡萄、杞柳、沙棘、胡枝子、紫穗槐
	防风固沙植物		杨、柳、榆、桑、白蜡、紫穗槐、桂香柳、怪柳、马尾松、黑松、圆柏、榉、乌桕、台湾相思、木麻黄、假槟榔、桃椰
环保植物	抗污染植物	抗二氧化硫及硫化物强的植物	圆柏、侧柏、臭椿、槐、刺槐、厚皮香、柳属、加杨、毛白杨、核桃、白蜡、火炬树、紫薇、银杏等乔木；悬铃木、胡颓子、大叶黄杨、金银木、黄栌、柑橘、山茶、海桐、枸骨、珊瑚树、斜叶榕、栾树、紫茉莉、金盏菊、一串红、金鱼草、鸡冠花、酢浆草、草莓
		抗氯气及氯化物强的植物	圆柏、侧柏、白皮松、刺槐、银杏、毛白杨、加杨、臭椿、合欢、樱花、丝绵木、小叶女贞、接骨木、乌桕、棕榈、构树、无花果、龙柏、大叶黄杨、夹竹桃、山茶、胡颓子、海桐、枸骨、珊瑚树、广玉兰
		抗氟化氢强的植物	白皮松、圆柏、侧柏、银杏、构树、胡颓子、悬铃木、垂柳、泡桐、紫薇、槐、臭椿、丁香、大叶黄杨、小叶女贞、地锦、刺槐、栾树、核桃、五角枫、白蜡、油松、榆叶梅、龙柏、夹竹桃、罗汉松、无花果、木芙蓉、棕榈、广玉兰、大叶桉、柑橘、竹柏、山茶、海桐、葱兰、紫茉莉、金鱼草、蜀葵、野牛草
		抗氟污染的植物	泡桐、梧桐、大叶黄杨、女贞、榉树、垂柳等，及柑橘类植物
		抗汞污染的植物	刺槐、槐、毛白杨、垂柳、文冠果、小叶女贞、连翘、紫藤、榆叶梅、山楂、接骨木、金银花、大叶黄杨、常春藤、地锦、小叶黄杨、含羞草
		阻滞尘埃的植物	榆树、朴树、木槿、广玉兰、重阳木、女贞、大叶黄杨、刺槐、楝树、臭椿、构树、三角枫、桑树、夹竹桃、丝绵木、紫薇、悬铃木、五角枫、乌桕、樱花、腊梅、加杨、黄金树、桂花、栀子、绣球
		隔音植物	雪松、桧柏、龙柏、水杉、悬铃木、梧桐、垂柳、云杉、薄壳山核桃、鹅掌楸、柏木、臭椿、樟树、榕树、柳杉、栎树、珊瑚树、椤木、海桐、桂花、女贞
		抗燃防火植物	苏铁、银杏、青冈栎、栲属、榕属、珊瑚树、棕榈、桃叶珊瑚、女贞、红楠、柃木、山茶、厚皮香、交让木、八角金盘等干有厚木栓层或富含水分的植物
		卫生保健植物	侧柏、柏木、圆柏、欧洲松、铅笔桧、杉松、雪松、柳杉、黄栌、盐肤木、锦熟黄杨、尖叶冬青、大叶黄杨、桂香柳、胡桃、黑胡桃、月桂、欧洲七叶树、合欢、树锦鸡儿、金链花、刺槐、槐、紫薇、广玉兰、木槿、楝、大叶桉、蓝桉、柠檬桉、茉莉、女贞、日本女贞、洋丁香、悬铃木、石榴、枣、枇杷、石楠、狭叶火棘、麻叶绣球、枸橘、银白杨、垂柳、钻天杨、臭椿、四蕊怪柳等及蔷薇属的一些植物
芳香植物			茉莉、含笑、白兰花、珠兰、桂花、素馨、鸡蛋花、山鸡椒、木姜子、芸香、柑桔属、花椒、白千层、柠檬桉、细叶桉、桂香柳、刺槐、紫穗槐、樟、檫木、台湾相思、肉桂、月桂、八角、香水月季、薰衣草、黄荆

续表

城市植物用途分类			植物举例
其他树种	耐旱耐涝植物	耐旱植物	雪松、黑松、响叶杨、加杨、垂柳、旱柳、威氏柳、杞柳、化香树、小叶栎、白栎、石栎、苦槠、榔榆、构树、山胡椒、狭叶山胡椒、枫香、桃、枇杷、石楠、光叶石楠、火棘、山槐、合欢、葛藤、胡枝子类、紫穗槐、紫藤、鸡眼草、臭椿、楝树、乌桕、野桐、算盘子、黄连木、盐肤木、飞蛾槭、野葡萄、木芙蓉、芫花、君迁子、夹竹桃、栀子花、岁杨梅
		耐水植物	乔木有枫杨、重阳木、乌桕、池杉、水松、落羽松、垂柳、旱柳、白蜡、榔榆、桑、怪柳、麻栎、榉树等；耐水灌木有紫穗槐、栀子、山胡椒等。耐水草本植物有旱伞草、千屈菜、慈姑等；水生花卉有荷花、睡莲、雨久花、凤眼莲、王莲、菖蒲
	耐贫瘠植物		黑松、油松、杨、柳、柏、构树、木麻黄、锦鸡儿、栓皮栎、枫香、苦槠、胡枝子、臭椿、石楠、火棘、合欢、葛藤、夹竹桃、栀子花、木芙蓉
	耐荫耐晒植物	耐荫植物 小乔木	竹柏、鸡爪槭、山茶、杨梅、罗汉松、冬青、丝绵木、红豆杉、云杉、冷杉
		灌木	杜鹃、八仙花、白鹃梅、珍珠梅、大叶黄杨、桃叶珊瑚、枸骨、海桐、忍冬、八角金盘
		地被植物	蕨类、玉簪、兰花、秋海棠、沿阶草、万年青、冷水花、虎耳草、紫萼、麦冬、蛇莓、二月蓝、石蒜、葱兰、络石、紫金牛
		耐晒植物	落叶松属、松属（华山松、红松除外）、水杉、桦木属、桉属、杨属、柳属、栎属

我国主要大城市市树市花

附表 6—8

城市		市树			市花			
省名	市名	名称	种属	形态、习性	名称	种属	花色、香	花期
直辖市	北京	槐树	豆科	高近 30m，干端直，冠大，奇数羽状复叶，小叶卵形至卵状披针形，夏季开花，黄白色	菊花	菊科	头状花序顶生，花色有红、黄、白、紫、绿、粉红、复色、间色等色系	秋季
		侧柏	柏科侧柏属	常绿乔木，枝干苍劲，气魄雄伟	月季	蔷薇科蔷薇属	花绚丽多彩，深红、粉红，馥郁芬芳	多在 5～6 月，四季花开不断
	上海	白玉兰	木兰科玉兰属	挺拔隽秀，花姿优美	白玉兰	木兰科玉兰属	花大而洁白，开放时朵朵向上	3～4 月
	天津	绒毛白腊	木犀科白蜡属	绿色期长：3 月下旬萌动，11 月底落叶，共 8 个月	月季	蔷薇科蔷薇属	花绚丽多彩，深红、粉红，馥郁芬芳	多在 5～6 月，四季花开不断
	重庆	银杏	银杏科银杏属	花 5 月，秋叶金黄色，树冠广卵形	山茶花	山茶科	花单生或成对生于叶腋或枝顶，有白、红、淡红等色	2～3 月

城市		市树			市花			
省名	市名	名称	种属	形态、习性	名称	种属	花色、香	花期
特区	香港	洋紫荆树	豆科羊蹄甲属	树冠广卵形；叶互生，肾形。	洋紫荆	豆科羊蹄甲属	总状花序，花冠紫红色，五瓣，花姿浓艳瑰丽，花芳香	花期冬到春季
	澳门	暂无	—	—	荷花	睡莲科莲属	荷花花大叶丽，有红、粉红、白、紫等色，清香	6月下旬至8月之间
江苏	南京	雪松	松科雪松属	树冠圆锥性，挺拔雄伟，品格刚毅	梅花	蔷薇科梅属	花淡粉或白色，有芳香	冬季或早春夜前开放
浙江	杭州	樟树	樟科樟属	常绿大乔木，树冠近球形	桂花	木犀科木犀属	香飘数里	9~10月，正值中秋
江西	南昌	樟树	樟科樟属	常绿大乔木，树冠近球形	月季	蔷薇科蔷薇属	花绚丽多彩，深红、粉红，馥郁芬芳	多在5~6月，四季花开不断
					金边瑞香	瑞香科瑞香属	花淡红、紫，芳香	1~3月上旬
福建	福州	榕树	桑科榕属	树冠伞形，直径8~15m，高15~20m	茉莉花	木犀科茉莉属	花冠白色，浓香	花期5~11月，7~8月最盛
山东	济南	柳树	杨柳科	柳枝细长，柔软下垂，性喜湿地，叶为披针形	荷花	睡莲科莲属	荷花花大叶丽，有红、粉红、白、紫等色，清香	6月下旬至8月之间
河南	郑州	梧桐	梧桐科	高达15m；树干挺直，树皮绿色，平滑，叶心形	月季	蔷薇科蔷薇属	花绚丽多彩，深红、粉红，馥郁芬芳	多在5~6月，四季花开不断
河北	石家庄	国槐	豆科槐属	落叶乔木树干端直，树冠宽广，展叶早、落叶晚，是优良的庭荫树和街道树	月季	蔷薇科蔷薇属	花绚丽多彩，深红、粉红，馥郁芬芳	多在5~6月，四季花开不断
安徽	合肥	广玉兰	兰木兰科	常绿乔木。高达20m，树冠圆或椭圆形；花荷花状，白色，芳香；花期5~6月。	桂花	木犀科木犀属	树干端直，树冠圆整，四季常青，香飘数里	9~10月，正值中秋
台湾	台北	榕树	桑科榕属	树冠伞形，直径8~15m，高15~20m	杜鹃	杜鹃花科杜鹃花属	花淡玫瑰红	4~6月
广东	广州	木棉	木棉科木棉属	花鲜红、金黄，花期晚春，高22~25m	木棉花	木棉科木棉属	花鲜红、金黄，花期晚春，高22~25m	2~3月间开花
	深圳	荔枝	无患子科荔枝属	树高可达20m，树冠广阔，羽状复叶互生或对生	勒杜鹃	紫茉莉科叶子花属	花色多样：有淡红、大红、紫红、淡黄、乳白、一株多色	温暖地区常年开花

续表

城市		市树			市花			
省名	市名	名称	种属	形态、习性	名称	种属	花色、香	花期
广西	南宁	扁桃树	漆树科杧果属	树体高大，树冠整齐，果实甜美	朱槿	锦葵科	花期长，色彩艳丽	6～7月
	桂林	桂树	木犀科木犀属	乔木，树冠大，树形好看	桂花	木犀科木犀属	香飘数里	9～10月，正值中秋
湖南	长沙	香樟树	樟科樟属	高可达30余米，叶卵状、椭圆状卵形，花小，淡黄色	杜鹃花	杜鹃花科杜鹃花属	花淡玫瑰红	4～6月
湖北	武汉	水杉树	杉科水杉属	树冠圆锥形；树干通直，基部常膨大	梅花	蔷薇科梅属	花淡粉或白色，有芳香	冬季或早春叶前开放
内蒙古	呼和浩特	油松	松科松属	高达25m，树冠在壮年期呈塔形或广卵形，在老年期呈盘状伞形	紫丁香	木犀科丁香属	树冠球形，花紫、白	4～5月
					小丽花	菊科大丽花属	头状花序顶生，有单瓣和重瓣两类，花色丰富，常见大红、粉红、墨红、黄、白各色品种	7～10月
陕西	西安	国槐	豆科槐属	树干端直，树冠宽广，展叶早、落叶晚，是优良的庭荫树和街道树	石榴	石榴科石榴属	树冠常不整齐，花朱红色簇生	5～6月
甘肃	兰州	国槐	豆科槐属	树干端直，树冠宽广，展叶早、落叶晚，是优良的庭荫树和街道树	玫瑰	蔷薇科蔷薇属	树冠球形、扁球形，花紫白，芳香，花型俊美、花色艳丽、花香馥郁	5～6月
宁夏	银川	国槐	豆科槐属	树干端直，树冠宽广，展叶早、落叶晚，是优良的庭荫树和街道树	玫瑰	蔷薇科蔷薇属	树冠球形、扁球形，花紫白，芳香，花型俊美、花色艳丽、花香馥郁	5～6月
新疆	乌鲁木齐	大叶榆	榆科	树干通直，高25～30多米，树冠浓绿开阔呈半球形	玫瑰	蔷薇科蔷薇属	树冠球形、扁球形，花紫、白，芳香	5～6月
青海	西宁	柳树	杨柳科	柳枝细长，柔软下垂，性喜湿地，叶为披针形	丁香	木犀科丁香属	树冠球形，花色有淡蓝、紫、白，芳香	4～6月
四川	成都	银杏	银杏科银杏属	花5月，秋叶金黄色，树冠广卵形	木芙蓉	锦葵科木槿属	花朵大，单生于枝端叶腋，有红、粉红、白等色	8～10月
云南	昆明	玉兰树	木兰科	高二三丈，叶倒卵形，早春先叶开花，花大瓣厚，色白	山茶花	山茶科山茶属	植株形姿优美，叶浓绿而光泽，花形艳丽缤纷，花紫、红、白	冬末春初开花，花期长
云南	大理	暂无	—	—	杜鹃	杜鹃花科杜鹃花属	花淡玫瑰红	4～6月

238

续表

城市		市树			市花			
省名	市名	名称	种属	形态、习性	名称	种属	花色、香	花期
贵州	贵阳	香樟	樟科樟属	高可达30余米，叶卵状、椭圆状卵形，花小，淡黄色	紫薇	千屈菜科紫薇属	树冠不整齐，枝干多扭曲，树皮淡褐色，花鲜淡红色	6～9月，夏秋少花季节
					兰花	兰科兰属	花萼和花瓣各三片，花瓣中一枚特化为唇瓣，雌雄蕊合生为蕊柱	花期多种
西藏	拉萨	暂无	—	—	格桑花（杜鹃花）	杜鹃花科杜鹃花属	花淡玫瑰红	8～9月
吉林	长春	油松	松科松属	高达25m，树冠在壮年期呈塔形或广卵形，针叶青翠，四季常青	君子兰	石蒜科君子兰属	花朵向上形似火炬，花色橙红，端庄大方	自元旦至春节，也有6～7月
辽宁	沈阳	油松	松科松属	高达25m，树冠在壮年期呈塔形或广卵形，针叶青翠，四季常青	玫瑰	蔷薇科蔷薇属	树冠球形、扁球形，花紫白，芳香，花型俊美、花色艳丽、花香馥郁	5～6月
	大连	槐树	豆科	高近30m，干端直，冠大，奇数羽状复叶，小叶卵形至卵状披针形，夏季开花，黄白色	月季	蔷薇科蔷薇属	花绚丽多彩，深红、粉红，馥郁芬芳	多在5～6月，四季花开不断
黑龙江	哈尔滨	榆树	榆科榆属	高可达25m，树冠球形，叶互生，椭圆状卵形，边缘有锯齿或重锯齿	紫丁香	木犀科丁香属	树冠球形，花紫、白，	4～5月
海南	海口	椰树	棕榈科椰子属	单干型，株高7～8m；干灰色，粗壮，平滑，但有老叶痕	三叶梅	紫茉莉科叶子花属	藤蔓生，耐脊耐旱，繁殖简单	花期长，一般1月左右，一年能开两次

第三篇

城市景观设计实践

在实践篇中，运用分析设计方法，来解析哈尔滨东北亚经贸科技合作区城市整体设计、哈尔滨市松北区 202 国道与世茂大道沿线城市设计，以及苏州科技城平王湖景区规划设计方案三个案例。

第七章　东北亚科技经贸合作区城市整体设计

　　东北亚是指亚洲的东北部地区，按地理位置的分布，包括俄罗斯的东部地区，中国的东北与华北地区，日本，韩国，朝鲜以及蒙古，也就是整个环太平洋地区。这个地区占有陆地面积2100万平方公里，人口将近2亿。这里有大面积海域,沿海有很多优良港口。区域地势平坦、森林密布、江河流域及资源丰富，是一片有待开发的处女地。一直以来就是大国力量交汇与冲突之地，特别是冷战之后，苏联的解体，中国的崛起，日本走向"正常国家"的努力，再加上在该地区有着广泛利益的美国，使东北亚地区的大国关系变得愈加复杂，难以把握。这里有广泛的地缘利益，激起了大国的觊觎和争夺，今后东北亚局势的演变，将对亚洲乃至整个世界政治经济格局产生结构性的影响。

　　中国东北地区有着良好的工业和技术基础，曾是我国的重工业基地，在"振兴东北"的时代背景下，有着不可估量的发展前景和机遇，但是所缺的是高端技术、新技术和资金。

　　俄罗斯远东地区的自然资源十分丰富，工业主要是水产捕捞和加工、采矿业和木材加工业以及能源、机械和建材等工业，轻工业与农业相对落后。远东地区过去主要参与国内分工，近几年加强了与亚太地区国家的经济贸易联系。朝鲜经济较为落后，是承接发达地区产业扩散的重点地区之一。

　　蒙古是最大的内陆国家，具有发展农牧业的草原和发展工业的煤、铁和有色金属等矿产资源，工业不发达，缺乏资金和技术。

　　日本是东亚的发达国家，但又是一个人口众多、自然资源贫乏的国家。绝大部分工业原料、燃料以及相当多的农牧产品历来依靠从外国进口，同时工业制品又严重依赖外国市场销售，而且依赖度越来越大。

　　韩国是新兴的工业化国家，同时又是天然资源贫乏国家。战后依靠对外贸易的发展实现了经济的高速发展和产业结构的升级。其进出口市场主要是日本和美国。拥有较强的经济实力，生产技术、对外贸易和对外投资的水平不断提高。

　　朝鲜是发展中的社会主义国家，具有比较丰富的自然资源和劳动力资源。有一定的工业基础，经济发展资金不足，技术落后。由此可得，东北亚地区有着得天独厚的区位优势，其发展前景非常乐观。

　　哈尔滨东北亚经贸科技合作区的范围是哈尔滨市松北区行政管辖范围。哈尔滨市松北区是2004年2月经国务院批准设立的黑龙江省唯一的政区型开发区，兼有政府行政和开发区建设管理双重职能，享受国家级开发区管理权限和优惠政策。

　　东北亚经贸科技合作区城市整体设计从宏观、中观到微观对规划区进行研究，提出区域发展的机遇、挑战、优势与劣势。首先在宏观层面上，根据东北亚各国的地理位置、自然条件、交通条件和经济工业基础，分析了区域发展的大环境。合作区所在的哈尔滨正是位于处于东北亚中心，是我国东北部沿边开放格局的轴心和沟通南北的连接点，北对俄罗斯，南联沿海开放城市和日、韩等国家，是欧亚大陆桥的重要枢纽，是新崛起的东北亚经济区域中心，具有优越的地理位置及良好的区位条件。其次，在中观层面上，探讨东北亚科技经贸合作区与哈尔滨中心城区的关系。东北亚经贸科技合作区建设是拓展了哈尔滨的发展空间，有利于增强哈尔滨作为东北中心城市的竞争力和辐射能力，形成、加强并巩固其作为东北次区域经济中心的地位。再次，在微观层面上，对区内域的重要节点——太阳岛风景区的自然条件与旅游条件进行分析，太阳岛风景区优美的环境是松北乃至哈尔滨的生态核心。设计合作区的城市形象，其中包括城市的空间形象、色彩、高度及密度等内容。设计过程如图 7-1 所示。

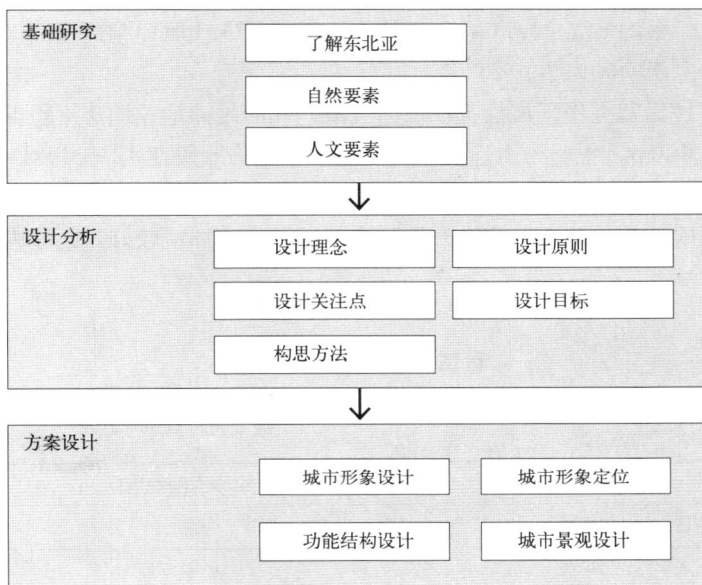

图 7-1 设计过程示意图

第一节 基础研究

一、区位分析

哈尔滨位于黑龙江省南部，北依小兴安岭南麓，东靠张广才岭山脉，西部为广阔、肥沃的松嫩平原；哈尔滨处于东北亚中心区域，中国沿边开放的前沿地带，是欧亚大陆桥和空中走廊的重要枢纽，是我国东北部沿边开放格局的轴心和沟通南北的连接点，北对俄罗斯，南联沿海开放城市和日、韩等国家，是欧亚大陆桥的重要枢纽，是新崛起的东北亚经济区域中心，具有优越的地理位置及良好的区位条件。是中国东北北部地区重要的政治、经济、科技、文化中心；是驰名中外的北方冰城，素有"天鹅项下的明珠"和"东方小巴黎"的美誉。

东北亚科技经贸合作区位于松花江哈尔滨段的北岸，她与道里区和道外区隔江相望，是黑龙江省北部地区进入哈尔滨市的门户。东北亚经贸科技合作区的建设大大拓展了哈尔滨的发展空间，有利于增强哈尔滨作为东北中心城市的竞争力和辐射能力，形成、加强并巩固其作为东北次区域经济中心的地位。区域内的太阳岛公园是著名的风景名胜区，是人们四季旅游休闲观光的极佳场所。

二、规划范围

东北亚科技经贸合作区位于松花江哈尔滨段的北岸，总土地面积为 $736.3km^2$，包括松北镇、松浦镇、万宝镇、对青山镇、乐业镇和太阳岛 5 个建制镇和一个风景名胜区。

三、现状分析

（一）自然条件

哈尔滨属温带大陆性气候，夏季短而炎热，冬季漫长且寒冷。年平均气温为 3.6℃，最热月为 7 月，平均气温 22.7℃；年平均降水量为 523.3mm，雨季集中在 7 月和 8 月；常年主导风向以西南风为主。

东北亚科技经贸合作区属松花江低河漫滩地和河漫滩地，地势平坦低洼，地面海拔高度在 114～120m，土壤为中性的黑土，地基承载力一般在 12～16kPa，局部地区在 10kPa、20～34kPa，工程地质条件一般，地下水埋深浅，水量丰富，水质较好。

区域内以农业用地为主，建设开发程度较低，生态环境较好，区域内自然景观要素见表 7-1。

区域自然景观要素一览表　　　　　表 7-1

分类 \ 自然景观要素			规划区内的景观要素
天	气候		温带大陆性气候
地	地质	土壤	黑土
	地貌	平原	松嫩平原
		岛屿	太阳岛
水	河流		松花江
生物	植物		白杨、榆树、杨树、松树、柳树、千头柏等
	动物		东北虎、松鼠等

（二）人文条件

哈尔滨是于 20 世纪初中东铁路的修筑发展起来的城市，素有"铁道上的城市"之称；哈尔滨是中国金、清两代王朝的发祥地，具有浓厚的金源文化底蕴。哈尔滨素有"东方小巴黎"、"东方莫斯科"的美誉。

哈尔滨的冰雪、森林和金源文化等旅游资源也十分丰富，"哈尔滨之夏"音乐节、哈洽会、冰雪节、雪博会、冰灯游园会、雪雕及冬泳活动在国内外久负盛名。20 世纪 80 年代郑绪兰的一曲《太阳岛上》唱遍祖国大江南北，使太阳岛风景区更加闻名遐迩，成为国人向往的避暑旅游胜地之一。

近代的哈尔滨受俄罗斯和日本的影响，建筑以古拙朴素的俄罗斯式、自由浪漫的"新艺术"风格、丰富和谐的折衷主义以及简洁自然的日本近代四种建筑风格。建筑的色彩以乳白色、淡黄色的墙体为主要基调，配以洋红色的屋顶，形成强烈的视觉对比，完美的体现了哈尔滨浪漫而热情的城市特征。区域内人文景观要素见表 7-2。独特的建筑文化和哈尔滨秀丽的自然风光共同构筑了哈尔滨浪漫迷人的景观（见表 7-3）。

《太阳岛上》

电视风光片《哈尔滨的夏天》插曲

郑绪兰演唱　邢籁 秀田 王立平 词　王立平 曲

明媚的夏日里天空多么晴朗，美丽的太阳岛多么令人神往。带着垂钓的鱼杆，带着露营的蓬帐，我们来到了太阳岛上。

小伙们背上六弦琴，姑娘们换好了游泳装，猎手们忘不了心爱的猎枪，心爱的猎枪。

幸福的热望在青年心头燃烧，甜蜜的喜悦挂在姑娘眉梢。带着真挚的爱情，带着美好的理想，我们来到了太阳岛上。

幸福的生活靠劳动创造，幸福的花儿靠汗水浇，朋友们献出你智慧和力量，明天会更美好。

规划区人文景观要素一览表　　　　　　　　表 7-2

分类	人文景观要素		规划区人文景观要素
社会文化要素	物质生产		重工业基地、农业生产基地、能源生产基地
	城市文化		冰雪文化、工业文化、啤酒文化
	城市历史		金、清两代王朝的发祥、地中东铁路的建成通车、哈尔滨商埠地的开辟等
人工景观要素	建筑	色彩	米黄、白、红
		风格	拜占庭式、哥特式、古典主义、现代主义
	道路		方格路网、202 国道、三环路等
	公园		太阳岛公园

哈尔滨地域景观特征一览表　　　　　　　　表 7-3

	四季分明	平原	松花江	太阳岛
地域自然特征				
	铁道城市	冰雪城市	东方小巴黎	东方莫斯科
地域文化特征				

（三）发展条件分析

1. 发展条件优越

（1）区域协作是合作区发展的契机

在经济全球化影响下，区域协作已经成为经济发展的主流，进行有效的区域整合对当地经济发展有着重要的影响。东北亚各方有着一定的经济发展落差，彼此之间存在很大的互补性，有可能也有必要形成区域性的合作组织。这将有利于合作区经济、贸易及产业的发展。

（2）为哈尔滨城市发展提供拓展空间

区域内土地开发强度低，城市发展空间大。为缓解哈尔滨中心城区交通拥挤及人口密度过大等提供拓展空间。有利于增强哈尔滨作为东北中心城市的竞争力和辐射能力，强化其作为东北次区域经济中心的地位。

2．良好的生态环境

区域内现有大量的农田、林地及水系，生态环境良好。这是构建园林式生态城市的优越条件。区域内具有丰富的自然和人文景观要素。避暑旅游胜地太阳岛风景区等重要要素能体现哈尔滨城市文化，也反映了区域的特点，有利于城市景观体系的构建。

3．发展契机及措施

东北地区是东北亚的地理中枢，是我国参与东北亚区域合作的前沿阵地。东北要抓住"振兴东北"的机遇，在东北亚合作框架下，利用俄罗斯的自然和能源资源，利用韩国与日本的资金和技术，并主动承接其技术和产业扩散，重振昔日雄风，并成为继珠江三角洲、长江三角洲和环渤海后的第四个经济增长极。

建设东北亚科技经贸合作区为哈尔滨新的城市中心，集行政办公、商贸、科教、文娱、休闲及居住于一体的生态新区；打造 "北国浦东"，成为东北亚重要的经贸科技区；借助"振兴"所赋予的优惠政策，发展科技型无污染产业，建设成为高科技的产业园区；完善基础设施建设，建立健全配套服务设施，优化生态环境，为城市居民提供空气清新及环境优美的园林城市；充分利用地域的景观资源，塑造区域独特的景观特征，构筑城市景观框架，依托太阳岛风景区，建设成更具影响力的太阳岛。

第二节　设计分析

一、设计理念

图7-2　生态脉络分析图

关注城市中的人与文化，为人们提供一个宜生活、宜工作、宜休憩的城市空间。构建蓝脉、绿脉及黄脉三条生态脉络。见图7-2。

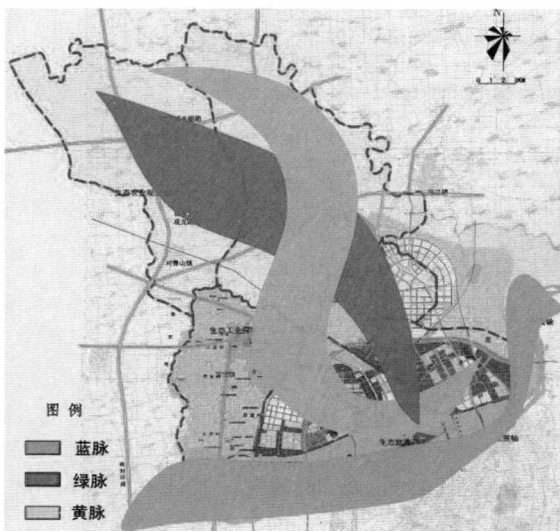

图7-2　生态脉络分析图

图例
蓝脉
绿脉
黄脉

二、设计原则

设计主要遵循生态原则、以人为本原则、弹性原则以及适应自然和社会律动周期的原则。

三、设计目标

建设一个特征鲜活的城市地区和一个概念明晰的滨江地带。通过城市整体设计、环境景观塑造与活动策划等手段去创造强烈的场所诱惑力，完成城市公共空间主体以及太阳岛自然生态景观向松花江北岸延伸与渗透。创造并完善城市公共服务支持体系；利用其特殊的区位，鼓励个性化功能单元的组合，强化差异性与兼容性的新区文化特色。关注并实现陆地与江河的连接、城市与自然的连接，设计城市与自然共同遵循的，且具有城市特殊景观象征的生态新区。

四、设计构思

在方案的构思中，以哈尔滨自然景色四季分明的特征作为方案设计的主要线索，确定"四季四相"这一设计主题，并围绕这一设计主题，从宏观、中观、微观三个层面（三层次法则）进行设计分析。在对东北亚科技经贸合作区周边环境分析的前提下，首先从整体的宏观层面对东北亚科技经贸合作区整体结构进行构思；其次，从中观层面针对东北亚科技经贸合作区内的若干次级分区进行结构构思，建构次分区的结构；最后在微观层面对东北亚科技经贸合作区次级分区内的再分区进行结构构思（见图7-3）。

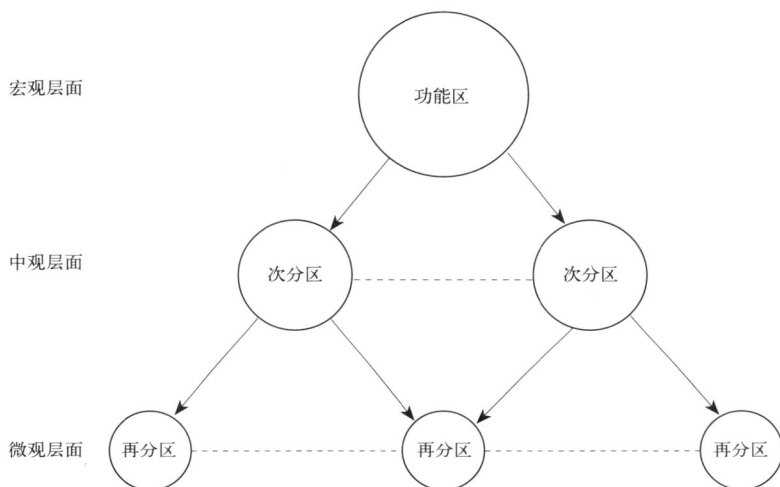

图7-3 东北亚设计"三层次法则"示意图

第三节 方案设计

一、塑造区域城市风貌

（一）强化地域自然特征

哈尔滨自然条件优良，腹地资源丰富。哈尔滨属寒温带大陆性季风气候，四季分明。地域季相景观差异大，是国际国内少有的一年内有明显四次景观变换的城市。依托太阳岛（旅游），振兴东北工业（产业），强化城市中心职能。

（二）强化地域文化特征

哈尔滨优越的交通地理位置，使哈尔滨成为东北地区重要的交通枢纽城市。及其丰富的冰雪、森林和文化等旅游资源。因此，围绕着打造哈尔滨"冰雪之都，欧亚之桥，音乐之城"的城市品牌是城市整体设计的重点。

二、城市形象设计与定位

（一）城市总体形象设计

根据东北亚经贸科技合作区的实际情况，参考《哈尔滨市东北亚经贸科技合作区前进松蒲分区规划》，将东北亚经贸科技合作区设计为：冰雪文化名城、欧亚陆桥枢纽、生态商贸新都、季相游览胜地和科技博览中心。

1. 冰雪文化名城

一个城市应有自己的文化品牌，也是它的文化特色外在表现。哈尔滨的冰雪文化、与欧洲时尚融合的多元文化以及金源文化是哈尔滨的文化品牌。

"冰城哈尔滨"在国内外享有较高的知名度，具备冰雪文化、冰雪艺术、冰雪体育、冰雪旅游、冰雪产业研究开发的内涵。是世界四大冰雪旅游名城之一。所蕴含文化内涵十分丰富，且独具个性，成为最为触目及标志性人文景观，哈尔滨应大力宣传冰雪所代表的东北人文精神，极力打造哈尔滨"冰雪王国"的城市品牌。持续开展"哈尔滨国际冰雪节"及"冰灯艺术博览会"活动，使"冰雪"成为哈尔滨知名度最高的城市景观和城市标志。

哈尔滨具有浓厚的金源文化底蕴，是我国著名的历史文化名城。城市建设要继承历史文化的深层内涵，结合历史文化名城保护和开发，充分发掘、整理城市历史文化遗产。基于哈尔滨作为省会城市和文化多元性，东北亚经贸科技合作区在文化发展应有更大自由度，发展以多元文化为依托的文化产业，包括娱乐、音像、演出、艺术、旅游等集团化经营，建立起这些文化产品的生产、服务及销售网络，使之成为哈尔滨未来一个经济增长点，并借此提高整个城市文化品位。

2. 欧亚陆桥枢纽

哈尔滨市地理位置特殊，它地处欧亚交界，哈尔滨火车站是中国东北北部铁路干线的枢纽，位于东至绥芬河、西至满洲里、南至大连的贯通东北铁路交汇点处，也是国内第一个对外开放的内陆货运口岸，可直接办理进出口集装箱入境、离境手续，是欧亚大陆桥和空中走廊的重要枢纽，对外是沟通日本、韩国及俄罗斯的重要通道，对内是全国各省入俄罗斯和东欧的重要桥梁，在对俄罗斯和独联体及东欧国家经济贸易中具有重要战略位置。哈尔滨机场是中国东北北部最大的国际航空港，松花江是中国内河通航的第三大河流，哈尔滨港是这条江上的最大中心港。

在东北亚经贸科技合作区有哈尔滨至满洲里（滨洲）、哈尔滨至北安（滨北）两条铁路大动脉交汇，贯通龙江腹地，成为欧亚大陆桥重要支点。这为东北亚经贸科技合作区的发展提供最优越的交通条件，为本区的腾飞奠定了基础。同时东北亚地区的区域协作已成为国际经济合作与开发的热点，发挥这一交通优势，大力发展东北亚经贸科技合作区的进出口贸易，充当亚洲与欧洲、国内与国外交流的枢纽，活跃当地经济，成为欧亚陆桥枢纽。

根据松北新区良好的区位条件，可以布置物流园区、产业园区、会展中心、金融中心、商贸中心、旅游服务中心、公共服务设施等，突出新区作为欧亚陆桥枢纽的重要职能。

3. 生态商贸新都

区内生态环境良好，有驰名中外的太阳岛风景区，依自然条件而建的天鹅湖，大片未受破坏的保护性湿地，东北虎栖息地东北虎林园，具有冬之韵的雪博会、冰雪大世界等，展现了北国四季各异的风采。

东北亚经贸科技合作区的生态环境基本格局是"城—江—田"。城市色彩以白雪和绿树为基调，重点加大岸线绿化美化和生态恢复性建设，建成区域性自然生态屏障和城市生态调控地带；以循环经济和清洁生产理念为指引，促进产业的生态化提升，构建符合生态原则的湿地体系；形成布局合理、功能分区和定位明确的城市体系以及各类用地比例合理的混合型土地利用结构；城市开发强度与区域生态系统承载力平衡，人工环境与自然环境相互融洽，环境质量优于国家环境保护模范城市的要求，逐步达到生态城市要求；人与自然和谐相处的生态文化深入人心，人居环境优美，历史文化遗产及生物多样性等人文、环境资源得到有效保护。真正实现城在林中、道在绿中、房在园中、人在景中。

哈尔滨地理位置特殊，是东北亚腹地的中心城市，又是一个总人口近千万的北方都会；四通八达的陆、空、水路可沟通东北亚、欧洲和太平洋，国际经贸活动繁荣。东北亚经贸科技合作区要积极开展国际经贸活动，组织资金、技术、劳动力等生产要素跨国流动和组合，提高承办大型国际经贸会议能力。继续办好哈洽会经贸和冰雪活动，使哈洽会向国际博览会迈进。使东北亚经贸科技合作区成为国际商贸新都。

4. 季相游览胜地

作为一座旅游名城，哈尔滨形象明艳妩媚，被冠上一连串美称："冰城"、"东方小巴黎"、"东方莫斯科"、"音乐之城"……；因为黑龙江省地形似天鹅，哈尔滨又被誉为"天鹅项下的珍珠"。除此以外，哈尔滨地处中温带，季相鲜明，景色丰富，四季有景可赏。春季碧水环抱，水光潋滟，花木葱茏，幽雅静谧，野趣浓郁，原野风光质朴粗犷。夏季，百花竞放，绿茵覆地，万木争荣、浓荫匝地。美丽的松花江宛如一条彩带，给城市增添了无限风光。"哈尔滨之夏"音乐会，引得中外著名艺术家纷纷前来献艺，使哈尔滨赢得了"北方音乐名城"的美誉。成为消夏避暑的理想地方。秋季则秋高气爽、蓝天碧水，层林尽染，分外怡人，令人"停车坐爱枫林晚"，欣赏"霜叶红于二月花"的美景。冬季，雪漫冰封，银装素裹，北国风光，分外妖娆。

5. 科技博览中心

哈尔滨是欧亚大陆桥和空中走廊的重要枢纽，对外是沟通日本、韩国及俄罗斯的重要通道，对内是全国各省入俄罗斯和东欧的重要桥梁。且哈尔滨科技综合实力较强，居全国大中城市前列，形成了以大学、大所及大厂科技力量为主，地方科技力量为辅的研究与开发体系，为全市经济社会协调发展提供了强有力的智力支撑。科技创新步伐加快，多次被评为全国科技进步先进城市。开通的"哈尔滨数码城"，更是带动了全社会信息化建设。在其开发中，可充分利用其位置和科技优势，加强国际间经济技术合作，组织资金、技术及劳动力等生产要素跨国流动和组合，使经济技术成为国际贸易的重要带动因素。把东北亚经贸科技合作区建设成中国向东北亚推销高新技术的窗口和国内借鉴外国高新技术的窗口，争取把哈尔滨建设成国际科技博览中心。

（二）城市空间形象设计

东北亚经贸科技合作区在空间环境维度上，为滨水与寒温带风光浓郁的四季自然景观。而在历史文化维度上，是兼容并蓄的欧陆风情的城市景观。因此，东北亚经贸科技合作区的城市空间形象定位为"一城瑞雪满城银，一城江泽满城园"。"城"即为东北亚科技经贸合作区四季四相的城市景观；"江"即为春天冰排、夏天碧水、秋天蓝带、冬天冰河，这些都是松花江的四季轮回景色；"田"即指农田风光作为景观基质，通过生态廊道将田园景观引入城市，构建生态网络；"园"主要是指太阳岛、湿地生态公园、各式寒温带特色花园及果园等。见表7-4。

城市空间形象定位示意图表　　　　表7-4

三、城市功能结构

东北亚经贸科技合作区的功能结构主要设计为一心、两轴、三片区。一心即城市中心，主要以行政办公与居住景观为主；两轴分别为区域东西向及南北向两条空间拓展轴；三片区即中心片区、西部片区及北部片区。

图7-4　规划结构图

方案设计根据各分区功能性质将区域划分为八个组团。包括中心组团、商贸加工组团、生态旅游组团、生态居住组团、生态工业组团、田园观光组团、农庄度假组团和盆栽种植观光组团。详见图7-4。

1. 中心组团

设计将松北镇定位为以行政办公与居住为主的中心组团，用地面积72.78km²。是一个综合区，包括商业贸易、行政办公、医疗卫生、文化体育、公共交通及生活居住等功能，为区域提供综合服务，形成基础设施配套、交通便捷、环境优美、社会服务功能齐全的现代化中心城区。

2. 商贸加工组团

商贸加工组团位于松浦镇，主要功能分区包括：研发基地、生态住宅区、教育科研区和物流区；教育科研区位于核心区的南部。物流园区临近铁道布置，方便货物中转运输。林荫大道东侧自北向南布置有科教城、汽车城、建材城、农畜产品交易中心及洽谈管理中心。林荫大道西侧布置有轻纺城及电子城。

3. 生态旅游组团

生态旅游园区的主体是松花江太阳岛旅游度假区，总面积为 38.0km²。太阳岛风景名胜区现为省级风景名胜区，我国东北寒湿带平原江湾流域的自然风貌和国内最大城市中的江滩型湿地景观和疏林草地景观。太阳岛上主要分为植被生态观光区、水禽观赏活动区、水上活动区、休闲风景区及少儿活动基地等片区。

4. 生态居住组团

万宝镇中心的大部分地区，结合原万保村、万有村、后成村的部分用地，利用当地良好的自然环境，建立生态型居住区。完善小区的配套设施，建设完善的高级花园式、生态型高级住宅区，以低层为主。营造亲近自然、住区智能化及生态化的人居环境。

5. 生态工业组团

生态工业组团是本区的工业区，面积约为 30km²（包括乐业镇、对青山镇、万宝镇的部分用地）。产业园区与铁路、哈大高速公路以及规划环路交通联系便捷。在发展生产的同时，还要注重环境的改善，避免污染，营造良好的产业生态环境。

图 7-5　生态系统分区图

6. 田园观光组团、农庄度假组团和盆栽种植观光组团

田园观光组团、农庄度假组团及盆栽种植观光组团等三个组团位于东北亚经贸科技合作区北部，占地 419.18km²。北部片区大部分为农田，以自然生态景观为基础，凸现田园风光特色，重点发展农业观光休闲旅游。当地的农作物、农具、农舍及农业劳作是本土历史与文化的重要特征，可作为重要的旅游资源进行开发。

四、城市生态系统分区

东北亚科技经贸合作区的生态系统的分区有：滨水生态系统、岛屿生态系统、农田生态系统、湿地生态系统及都市生态系统。详见图 7-5。

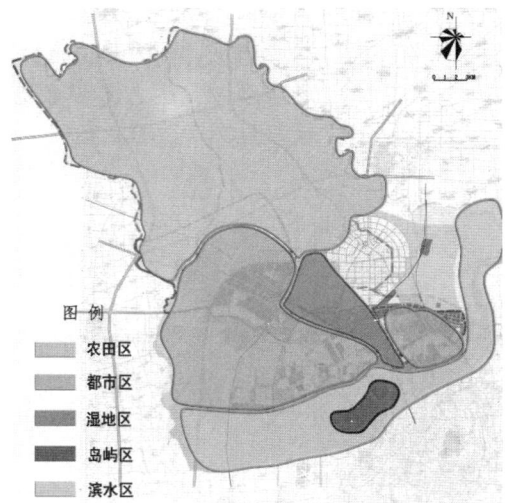

图例
农田区
都市区
湿地区
岛屿区
滨水区

生态系统及其建设要点一览表　　　　　　　　　　　表 7-5

生态系统分区	建设（保护）要点
滨水生态系统	即松花江生态系统，以生态旅游、生态优先的原则指导建设，不破坏和侵占滨水自然生态区，创建良好的滨水景观
岛屿生态系统	太阳岛拥有良好的生态环境，在设计和建设过程中，要保护岛屿生态系统的自身良性发展，保留和推广太阳岛的休闲风情，建设一个平民化的太阳岛，保护好岛上具有历史文化价值的建筑
农田生态系统	青山镇和乐业镇农田分布较广，人为开发较少，各生态要素比较健全。要防止废水对农田污染，保护好农田生态系统，禁止私占农用地
湿地生态系统	在核心区和服务基地之间的地段是湿地生态系统。结合该地段自然地形、地貌的特点，可创建湿地生态公园。引进各种动植物，形成水生植物景园、水岛植物景园、水禽景园、野生动物（如狍子、野兔）等景园，同时为了吸引众多鸟类，可在水岛植物景园栽植大量鲜艳色彩植物和供鸟食的浆果类植物，创造鸟类栖息的树林、树丛
都市生态系统	都市生态系统是以人为中心的陆生生态系统，主要位于核心区和服务基地。要加强都市生态系统的调节能力，就要做到合理布局生产生活用地，创造良好的居住条件，尽量提高绿化率，注意节能

五、城市景观设计

（一）道路交通景观设计

道路系统规划遵循人性化和传承文脉的原则，从交通、空间景观与生活需求三方面规划，本案例主要规划设计了城市的主次干道、道路断面和停车场。

1．道路分级

区域内城市主干道呈方格网状布局，路网主要沿着滨北铁路和规划四环路及用地形态呈自由式布置。

次干道路网的确定主要考虑路网密度及主干道路网分割形成大小不同、形状各异的地块。次干道路网形式较自由。

2．道路断面设计

主干道两旁设置宽阔的人行道，种植双排行道树。人行道上连续设置花坛，使用栏杆和花岗岩围绕，使人们产生一种场所感。图7-6、图7-7、图7-8及图7-9为60m宽主干道和40m宽次干道四种断面形式示意。

（二）城市景观结构设计

东北亚科技经贸合作区的景观结构由六个景观区、两类景观轴及三类景观节点构成。

1．景观区域划分

根据各分区的功能及景观特色确定六个景观区，它们包括商贸出口加工景观区、核心景观区、生态旅游景观区、生态居住景观区、生态工业景观区及生态农业观光景观区（见图7-10）。

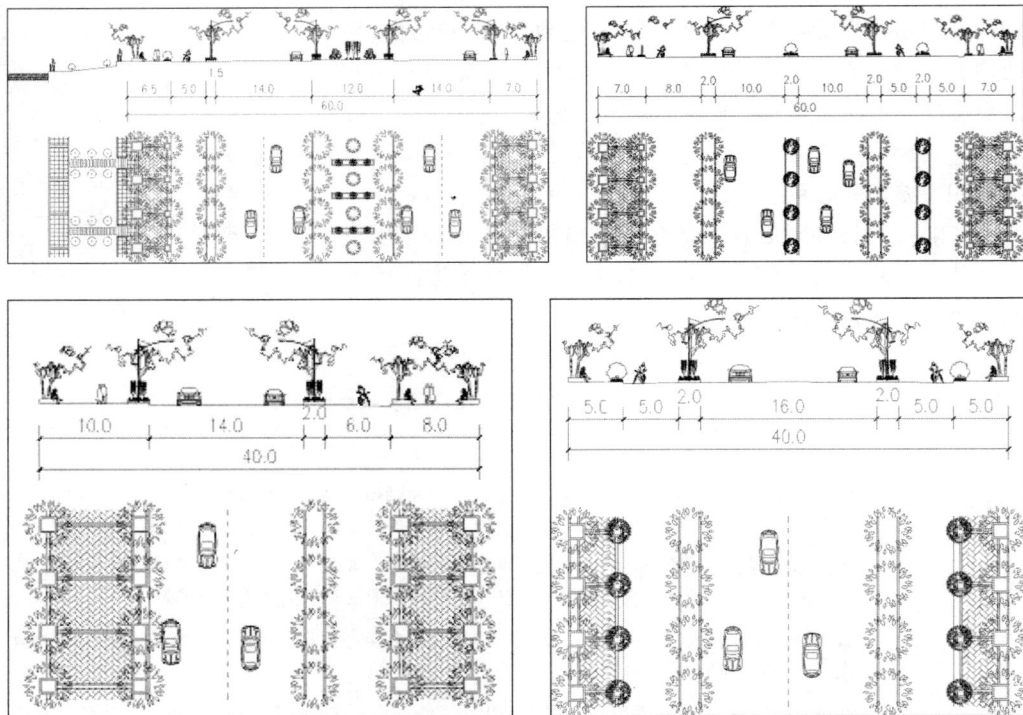

图7-6（左上）　主干道断面形式示意图一

图7-7（右上）　主干道断面形式示意图二

图7-8（左下）　次干道断面形式示意图一

图7-9（右下）　次干道断面形式示意图二

①核心景观区是中心组团。建筑以高层、超高层的现代建筑为主，基调以明快及亮丽为主，体现该区繁荣及高效的现代气息；

②商贸出口加工景观区是商贸加工组团。建筑以欧陆风格的建筑为主，烘托商贸活动的高效与休闲的办公与居住环境；

③生态游憩景观区是生态旅游组团。太阳岛风景区主要分为滨水景观、湿地景观、疏林草地景观及休闲活动景观；

④生态居住景观区是生态居住组团。利用当地良好的自然环境，居住建筑以多层为主，式样灵活。色彩柔和，以黄色调为主色调。建立基础设施完善的、以人为本的生态型居住区；

⑤生态工业景观区是生态工业组团。建筑以体现高新产业的现代风格为主，色彩基调多为蓝色，强化洁净特征的现代工业景观；

图7-10 景观规划分区图

⑥生态农业景观区是北部片区。依托片区田园风光规划设计农庄度假观光景区，建筑以低层农舍为主。以自然生态景观为基础，凸现田园风光特色。区内保留传统的农业劳作活动、农舍及农具，它们与都市景观形成强烈对比。

2．景观轴线控制

区内两类景观轴为交通景观轴和滨水休闲景观轴。东北亚科技经贸合作区内的主要交通干线有202国道、哈大高速公路、规划三环路、规划四环路及世茂大道等，对交通干线沿线进行绿化，构成城市主要的交通景观轴线。

铁路对城区建设存在分割和影响，种植铁路两侧防护林，降低铁路噪声对城市生活的影响。在铁路沿线两侧设置的防护绿地宽度在50～100m之间，在快速道路两侧绿地为30～80m之间。

松花江沿江岸线构成了滨水休闲景观轴。滨水绿带、湿地公园和滨江道路结合的综合体，滨水旅游休闲轴设计为旅游休闲观光的活动带、湿地动植物科考景观带及疏解通道。通过把非机动车道和人行道从车行道分离出来，采用曲线形式穿插于滨水绿带中，增加活动的趣味性和亲水性。

3．城市重要景观节点

区内三类节点主要是指城市门户、城市广场和地标景观设计。

（1）城市门户

城市门户作为进入城市的主要交通入口，如车站及码头，它给人们留下该城市的第一印象，将影响人们对城市的感知过程。城市门户的设计要注重自然与人文景观的有机结合。

（2）城市广场

城市广场主要分为市民广场、商业广场及交通广场等，有疏散、休闲、购物、文化、集会及纪念等功能。城市中的广场及人行道铺装的材料与色彩，是突出广场空间及其景观特征的重要要素。

（3）地标

东北亚科技经贸合作区的重要地标分为三个等级。一级地标布置在中心组团。该地

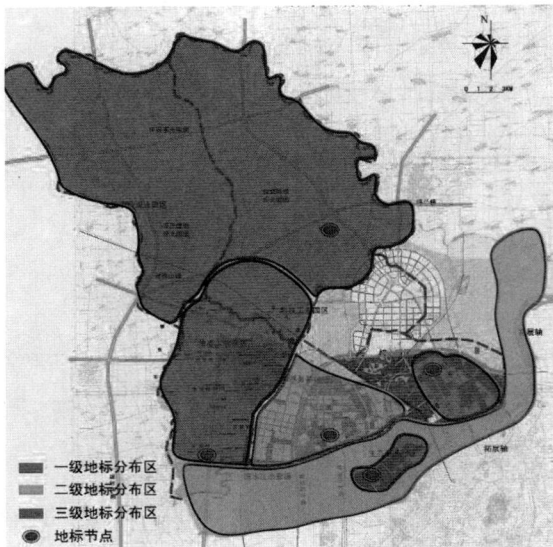

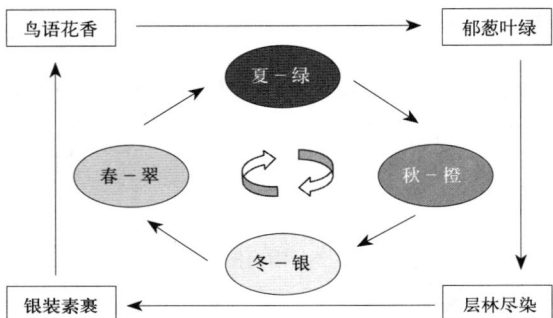

图 7-11（上）　地标节点景观分区图

图 7-12（下）　四季轮回色彩与景观示意图

标设计体量较大，是城市空间的制高点。色彩以米黄、淡黄、红等暖色调为主。在地域上，特色明显，体量突出，形成中心城市标志性区域。在空间上能与商贸加工组团地标遥相呼应，形成高低错落有序的城市轮廓线。

二级地标分别布置在商贸加工组团及太阳岛风景区。在商贸加工组团布置的地标应是能反映科技文明的现代建筑物，设计作为会展中心和商贸城。该地标所展示的是商贸繁荣、科技发达的现代文明气息，形成城市的标志性空间。色彩以红、黄为主色调，在与城市主色调相呼应的同时，还给人以欢快之感。太阳岛是哈尔滨城市的品牌所在，是城市的重要地标。在景区内要突出主题，坚持创新，极力营造"冰雪"牌和"生态"牌。布置专类园林及冰雪主题园等，以进一步提升风景区的知名度。地标以布置群体小本量建筑为主，色彩以红、绿为基调，与自然环境的植被的绿色和水体的蓝色相映衬，凸显太阳岛风景区的美好景致。

三级地标分别布置在北部片区及生态居住组团，它们在强化次区域景观特征的同时，还起到烘托一、二级地标的作用。东北亚科技经贸合作区景观地标节点分布见图 7-11。

（三）城市景观色彩设计

1. 色彩基调

哈尔滨四季分明。春天鸟语花香，夏天郁葱吐绿，秋天层林尽染，冬天银装素裹。这样的气候造就了大自然的春翠、夏绿、秋橙及冬银四季轮回主色调。见图 7-12。哈尔滨大自然的基本色调以冷色为主，四季基本色调为绿、橙和白。而背景色调为黑（土）与蓝（天）。见表 7-6。

规划区自然景观要素色彩基调分析表　　　　　　　　　　　表 7-6

自然景观要素	红	橙	黄	绿	青	蓝	紫	黑	白
天空						✓			
土地								✓	
水系						✓			
植物	✓	✓	✓	✓			✓		✓

通过提取自然中包括天空、地表及地面在内的各种元素色彩，分析规划区自然基调色谱如表7-7所示。

人文景观色彩基调多以建筑立面色彩为主。哈尔滨的建筑色彩，以乳白、淡黄、米黄、红为主，配以绿、洋红等色。由于气候条件的原因，建筑色彩以暖色调为主，基调是米黄色的墙面以及白色的线脚。见表7-8。

规划区自然基调色谱表 表 7-7

规划区人文基调色谱表 表 7-8

2．色彩设计

（1）色彩基调分区

根据色彩原理及哈尔滨城市自身的自然与人文景观的主要色彩特征，结合规划建筑"现代欧式"的实际要求，推荐以淡黄与乳白为基调，点缀以洋红、浅蓝和橙色。色彩基调分区见图7-13。

哈尔滨自然景观色调以冷色调为主，颜色应当搭配黄、红、橙等暖色调，以达到人们视觉与心理上的平衡。

白（冰雪、建筑）＋蓝（天、水）＋黑（土地）＋黄（建筑、秋色）＋绿（树木）＋红（建筑）＝多姿多彩

其中冷色调有四种（白、蓝、黑、绿），暖色调有两种（黄、红），确定东北亚科技经贸合作区的四季颜色基调以冷色为主。

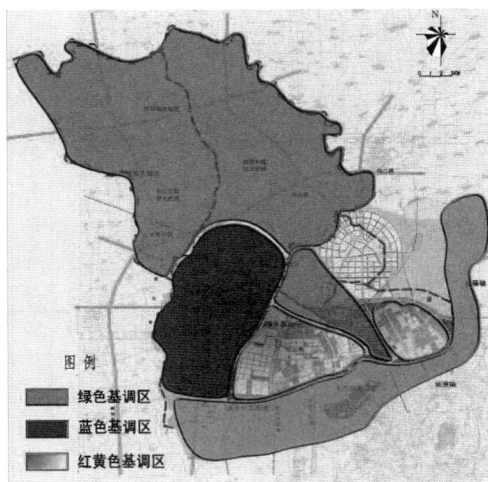

图 7-13 色彩基调分区图

（2）分区色彩设计

东北亚科技经贸合作区各分区与各季相主要色彩分析如表 7-9 所示。各分区色彩设计如表 7-4 所示。分区色谱见图 7-14。

①核心景观区和商贸出口加工景观区（红、黄）以暖色调为主。

黄（建筑墙面）＋红（建筑屋顶）＝ 热情

②生态旅游景观区、湿地生态景观带（绿）以太阳岛上丰富的植被景观为基础 。

绿（植被）＋白（冰雪大世界）＋黄（建筑）＝ 欢愉

③生态居住景观区（黄）主要以黄色调为主色调，与服务基地、核心区中建筑景观的色彩相互映衬，共同体现东北亚科技经贸合作区的同一主色彩效果，体现建筑欧陆的风情。

黄（建筑）＋绿（植被）＝ 祥和

各区季相主要色彩分析表　　　　表 7-9

景观区	四季景观	红 自然	红 人文	橙 自然	橙 人文	黄 自然	黄 人文	绿 自然	绿 人文	青 自然	青 人文	蓝 自然	蓝 人文	紫 自然	紫 人文	黑 自然	黑 人文	白 自然	白 人文
核心景观区	春	✓					✓	✓		✓			✓						✓
	夏	✓					✓	✓					✓						✓
	秋	✓	✓			✓	✓						✓						✓
	冬	✓					✓						✓					✓	✓
商贸出口加工景观区	春	✓				✓	✓	✓	✓	✓			✓		✓	✓			✓
	夏	✓				✓	✓	✓	✓				✓		✓	✓			✓
	秋	✓	✓	✓	✓	✓							✓			✓			✓
	冬	✓					✓		✓				✓			✓		✓	✓
生态旅游景观区	春	✓		✓		✓		✓			✓	✓		✓		✓			
	夏							✓				✓		✓		✓			
	秋			✓	✓							✓				✓			
	冬											✓				✓		✓	
生态居住景观区	春							✓	✓										
	夏							✓	✓										
	秋					✓	✓												
	冬																	✓	✓
生态工业景观区	春							✓			✓		✓						
	夏							✓					✓						
	秋			✓		✓							✓						
	冬												✓					✓	
生态农业观光景观区	春	✓		✓		✓		✓		✓						✓			
	夏	✓						✓								✓			
	秋	✓				✓										✓			
	冬															✓		✓	

④生态工业景观区（蓝）自然景观以绿色，人文景观则以蓝色为主，即以冷色调为主（蓝、绿），表现工业区生产环境的洁静。

蓝（厂房）＋绿（树木）＝洁静

⑤生态农业观光景观区（绿）四季主要以自然色调为主，自然色调又以红、橙、黄、绿、黑为基本色调，代表着树、果实、土地等基本自然要素，冷暖色协调，体现了大自然的风情。

红（花朵）＋橙（秋叶、果实）＋绿（树木）＋黑（土地）＝自然

（四）城市天际线与建筑高度分区

东北科技经贸合作区各区建筑密度与高度分区设计如下：中心组团东部和商贸加工组团中心区布置高层建筑，建筑高度为 80 ～ 150m，容积率 3 ～ 5；中心组团西北部和生态居住组团布置中高及多层建筑，建筑高度为 12 ～ 150m 之间，容积率 1.2 ～ 5；其中生态居住组团的容积率为 1.2 ～ 1.4，建筑高度在 12 ～ 20m 之间；商住组团建筑高度在 30 ～ 150m 之间，容积率为 2.5 ～ 5；生态工业组团建筑高度在 6 ～ 20m 之间，容积率为 1.5；北部片区、中心组团南部及太阳岛风景区等尽量避免大规模建设，保护生态环境。见图 7-16 及图 7-17。

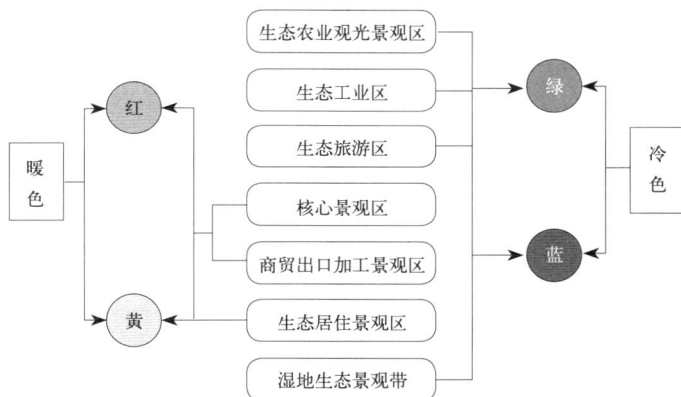

图 7-14（上）
分区色彩设计示意图

图 7-15（下）
分区色彩图谱

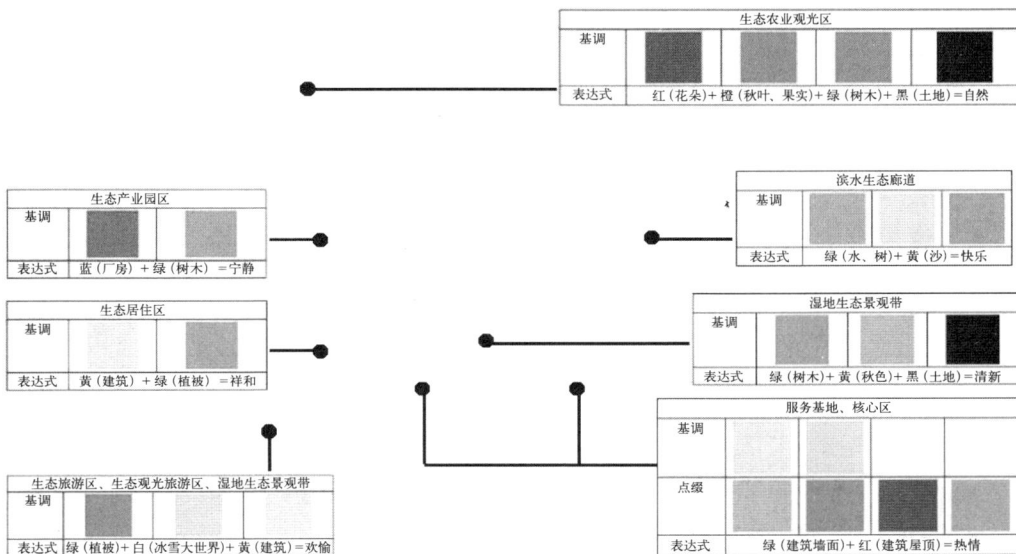

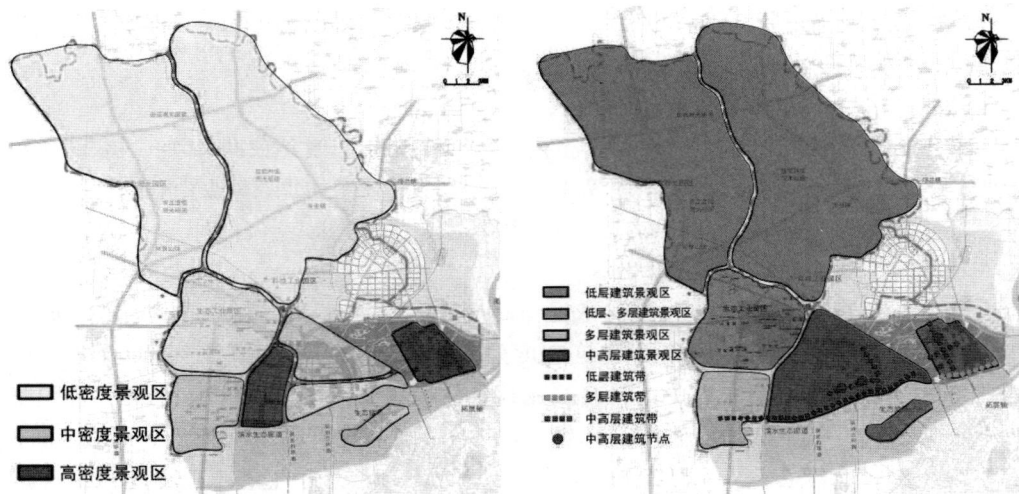

图 7—16（左）
建筑密度分区图
图 7—17（右）
建筑高度分区图

（五）视觉走廊及眺望系统

东北亚科技经贸合作区视线走廊的设计主要通过确定城市制高点，限制制高点之外建筑的位置、高度、宽度和布置方式来实现的。将分别布置在城市中心组团与商贸加工组团的两个一级地标设计为区域的制高点，为避免城市重要观景节点被遮挡，通常与城市公园、道路系统及城市入口等开放空间进行串连布置。

（六）植物配植景观设计

区域内植物配植以表现四季四相为主，强化四个季节各种植物在色彩与形态上的差异。

1. 植被基调

东北亚经贸科技合作区四季分明，植被的季相随季节发生相应变化。植被季相基调及植物群落基调分析详见表 7—10 及表 7—11。

植被季相基调一览表　　　　　　　　　　　　　　　　　　表 7—10

季相	主要植物	植被基调（色彩）
春	柳树、小叶杨、丁香及芍药等	淡雅、秀美（翠）
夏	万寿菊、千日红、紫罗兰及郁金香	蓬勃、绚丽（绿）
秋	白桦	成熟、纯朴（橙）
冬	松与柏	壮观、庄严（深绿）

整体植物群落基调一览表　　　　　　　　　　　　　　　　　表 7—11

种类	主要植物	群落景观
基调树	寒温带、温带高大落叶乡土树种和特色树种，如白桦、柳树、松树及杨树等。	树干直挺拔和以灰白色环纹树干为基调的群体景观
辅调树	君迁子、刺楸、糖槭、复叶槭、稠李及梨等。	—
基调灌木	丁香、槐树及金银木等。	篱墙
基调花卉	千日红、月季及芍药等乡土花卉。	专类花园和综合公园
基调藤类	北五味子	篱墙
基调草坪	结缕草与野牛草等。	—

2．园林设计

在城市公共绿地中利用植被枝叶花果色彩丰富，姿态各异，巧妙配置，形成艺术组合，给人以诗情画意与强烈感染力的园林景观。其园林植物种植有林植、植物专类园、花坛、花境及花丛等。

3．分区植物配置

东北亚经贸科技合作区位于寒温带，气候寒湿，在地质上属松花江低河漫滩地和河漫滩地，地势平坦低洼。基于东北亚经贸科技合作区的自然条件基础，设计其主要植被有桦树、榆树、柳树、红毛柳、杨树、松树等乔木；千头柏、鹿角松、腊梅、月季、辽东丁香、紫丁香、锦带花、金银木、及紫穗槐等灌木；北五味子、爬山虎及五叶地锦等藤类；鸡冠花、千日红、凤仙花、翠菊、万寿菊、紫罗兰及芍药等花卉；结缕草、野牛草等草坪，以适应区域寒湿气候。分区植物配植及绿化重点见表7-12。

各分区植物配植及绿化重点一览表　　表7-12

分区	植物配植	绿化重点
核心景观区	以乡土植物为主，乔木选择榆树、杨树、白桦树、松树及柳树等；灌木选择紫丁香、月季及金银木等；藤类植物选择北五味子、爬山虎及五叶地锦等藤类；花卉选择鸡冠花、千日红、凤仙花、翠菊、万寿菊、紫罗兰及芍药等，草坪选择结缕草与野牛草等	道路两侧、居住区、公共设施外围的花木草坪、花坛水面、小区游园等
商贸加工景观区	乔木以榆树、柳树、杨树及松树等为主；灌木选择紫丁香、腊梅、月季、金银木及紫穗槐等；藤类为北五味子、爬山虎及五叶地锦等；花卉选择鸡冠花、千日红、一串红、翠菊、万寿菊、紫罗兰及芍药等；草坪则主要是结缕草与野牛草等	道路两侧的绿化带，居住区、公共设施外围的花木草坪、花坛水面和区域公园等
生态旅游景观区	选择具有外形美观、色彩多样、香味浓郁、造型奇特等特点的植物，或具有象征意义的植物。乔木可选择桦树、榆树、柳树、杨树及松树等；灌木选择千头柏、鹿角松、腊梅、月季、辽东丁香、紫丁香、锦带花及金银木等；花卉选择鸡冠花、千日红、凤仙花、翠菊、万寿菊、紫罗兰及芍药等，草坪选择结缕草与野牛草等	植物专类园、花坛、花园、滨水绿地
生态居住景观区	植物选择偏重于形态、色彩方面的考虑，以乡土植物为主，乔木选择榆树、杨树、松树及柳树等；藤类植物选择北五味子、爬山虎及五叶地锦等进行垂直绿化；花卉选择鸡冠花、千日红、一串红、凤仙花、翠菊、万寿菊、紫罗兰及芍药等，草坪选择结缕草与野牛草等	居住区道路两侧、小区游园
生态工业景观区	植物选择首要原则就是防治污染与净化环境。同时，宜选择形态整齐或奇特、色彩鲜明绚丽和香味浓郁的植物。生产区为体现这种整齐的美感，多选择树形规整的松树等常绿树种；而办公区注重气派、壮观的景象，则宜采用一些色彩鲜明的植物	工业区道路两侧、防护绿化带
生态农业观光景观区	植物选择以适宜、经济为原则。选择蔬菜瓜果、本土农作物以及花卉和盆栽植物。农田中主要选择大麦、小麦、稻谷、玉米及高粱等农作物，发展农业示范园；选择西瓜、桃、梨、西红柿及白菜等瓜果蔬菜，形成瓜果蔬菜基地；选择月季、玫瑰及芍药等花卉	乡村道路

第八章 哈尔滨松北区202国道及世茂大道沿线城市设计

哈尔滨市松北区202国道及世茂大道沿线的城市设计充分运用本书第四章城市景观设计原则与方法，力求将202国道及世茂大道两条城市主干道建成具有松北区特色，集行政办公、商贸金融、文体娱乐和休闲居住于一体的综合性功能主干道。本项目主要包括两条道路沿线设计范围内的城市功能形态分析、道路断面设计、沿街立面与天际线设计、城市设计导则、小品设计等内容。

第一节 基础研究

一、区位分析

202国道是哈尔滨通往黑龙江北部腹地的主要通道，是通过新城区进入老城区的主干道。202国道从松北区中部通过，穿越了松北区的太阳岛风景区和中心区，将松北区的旅游休闲服务中心、行政办公中心和金融商贸中心贯穿起来。202国道成为进出哈尔滨的北部通道，为地区发展带来契机。对整个城市的发展提供了经济和景观上的带动作用。

202国道原属过境公路，规划为城市主干道，道路红线宽度为124米。202国道是自然景观与人文景观的连接通道。自松花江公路大桥至前进堤段，穿越太阳岛风景区，道路两侧自然风光优美，属自然景观；自前进堤至耿家转盘道段穿越松北区，属于城市主干道，道路两侧以人文景观为主。由于原过境交通对城市的分割，使得道路两边难以发展。

世茂大道为规划城市主干道，道路两侧基本处于未开发状态，沿线有建设中的世纪花园居住区。202国道和世茂大道都是松北区重要的城市主干道，其区位示意及介绍见图8-1。

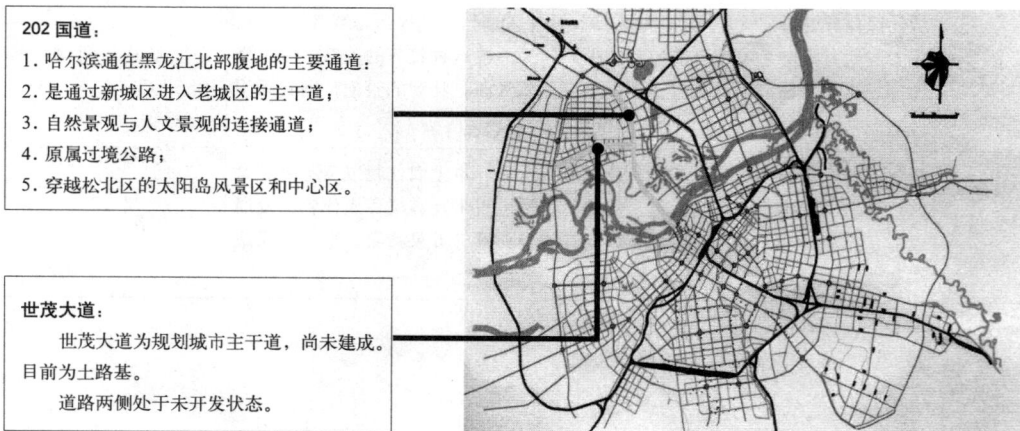

202国道：
1. 哈尔滨通往黑龙江北部腹地的主要通道；
2. 是通过新城区进入老城区的主干道；
3. 自然景观与人文景观的连接通道；
4. 原属过境公路；
5. 穿越松北区的太阳岛风景区和中心区。

世茂大道：
世茂大道为规划城市主干道，尚未建成。目前为土路基。
道路两侧处于未开发状态。

图8-1 规划区位示意图

二、规划设计范围

规划设计范围包括松北区段的 202 国道和世茂大道沿线区段的城市设计。松北区段的 202 国道沿线区段城市设计的范围是从南部的松花江公路大桥出口向北延伸至大耿家转盘道，总长约 8.67km，该路段规划范围东西各延伸约 650m，西至西宁路，东至学院路，面积约 11.03km²。世茂大道沿线区段城市设计范围是东起 202 国道，西至规划西四环路，总长 5.95km，该路段南北向各延伸约 500m，北至郑州街，南至规划 21 号路、规划 22 号路及规划 23 号路，面积约 4.77km²。城市设计范围见图 8-2。

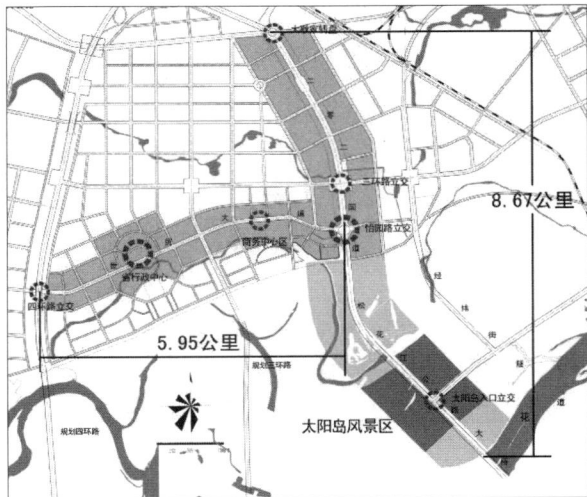

图 8-2 规划设计范围示意图

三、现状分析

（一）自然条件

哈尔滨市属温带大陆性气候，年平均气温为 3.6℃，年平均降水量为 523.3mm。风大，风速猛，常年主导风向以西南风为主。最热月（七月）平均气温 22.7℃，雨季集中在 7 月和 8 月。无霜期 136 天左右。

哈尔滨松北区属松花江河漫滩地和台地，地势平坦低洼，地面海拔高度在 114 ~ 120 米，地基承载力一般在 12 ~ 16t/m²，局部地区在 10t/m²、20 ~ 34t/m²，工程地质条件一般。地下水埋深浅，水量丰富，水质较好。设计区内土质一般，土壤偏中性，属沙壤土。

（二）用地现状

设计区范围内大部分用地为农业等用地，部分居住、教育、服务、行政办公等建筑已建成并投入使用。哈尔滨商业大学已移至本区科研基地内，市政府已建成，省政府也已在此选址。

202 国道两侧已建或在建的有创业中心、一号泵站、轮滑馆、哈尔滨商业大学、龙华渔村、银河小区、北方花园、前进村的陈家岗屯、省农机大市场、团结村的李家屯、龙江第一饭庄、静怡花园、收费站、汽车销售部、跑马场、武警边防总队训练场、市铝制品厂等，该区还设有鼎新开发区；世茂大道两侧有金星村的新立屯和新开口屯等、黑天鹅度假村及市政府。图 8-3 所示为现状建筑照片。

（三）道路交通条件

202 国道规划道路断面宽度为 124m。202 国道从松北区中部通过，穿越了松北区的太阳岛风景区和中心区，将松北区的旅游休闲服务中心、行政办公中心和金融商贸中心贯穿起来。但由于过境交通对城市的分割，使得道路两边难以发展。

图 8-3 现状建筑示意图

图 8-4（上）
现状道路照片

图 8-5a（左下）
阻挡景观视线的
广告牌

图 8-5b（右下）
正在建设的建筑
景观

世茂大道为规划城市主干道，尚在建设之中。规划道路红线宽度 80m。道路两侧基本处于未开发状态，沿线有世纪花园居住区在建。现状道路照片见图 8-4。

（四）存在问题

松花江公路大桥以北 202 国道西侧广告牌林立，遮挡沿街建筑景观，造成视觉干扰；202 国道分割了城市用地，对城市内部交通干扰较大，亦不利用城市开发建设用地布局。影响城市景观构筑。见图 8-5a、图 8-5b。

第二节　理念剖析

一、城市设计原则

本案例设计原则分别是以人为本原则，尊重自然与地域文化的原则，以及交通安全、舒适、快捷的原则。这三条原则相互影响产生关系，共同指导城市设计。规划原则示意见图 8-6。

按照马斯洛的"需要等级"学说，人类的需要包括图 8-7 中由低到高的五个等级。以人为本原则体现在设计中应满足人的不同层面的需求，实现人的全面发展。依靠道路本身及两侧地区的设计，为司机提供既有趣又舒适的行车环境，为行人提供安全又快捷的行走空间，满足交通安全、舒适和便捷的原则。在设计中利用四季不同的温度、风向、植物景象等气象特征，满足人们的日常工作和娱乐活动、节假日活动及季节性的活动。同时该设计应体现寒地城市的自然风情，展示哈尔滨独有的文化景观特征。

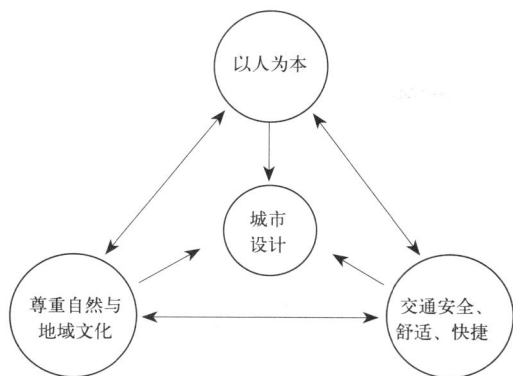

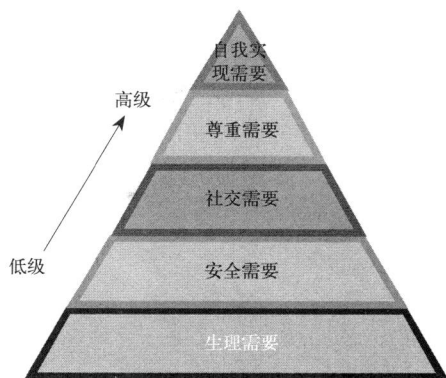

图 8-6（左）
规划原则示意图
图 8-7（右）
马斯洛"需要五
层次"

二、城市设计目标

202 国道设计目标为：道路交通安全、快捷、舒适，廊道空间景观丰富多彩，展现生态新都的城市空间景观。

根据设计目标，从 202 国道由过境交通道路，向过境交通和城市干道双重职能，再向城市干道职能演化三个动态阶段着手，通过动态的设计以适应 202 国道在各阶段的不同职能间有机衔接，实现城市空间上的可持续发展。202 国道三个发展阶段的衔接问题关系着城市的健康发展。见图 8-8。

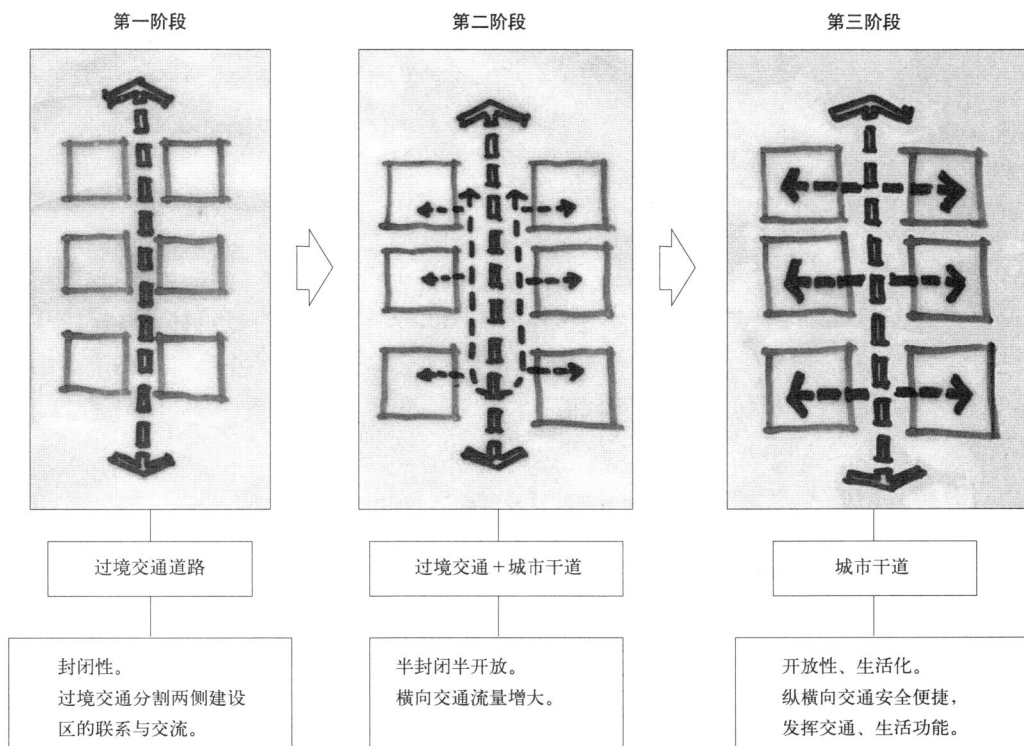

图 8-8 202 国道职能演变过程示意图

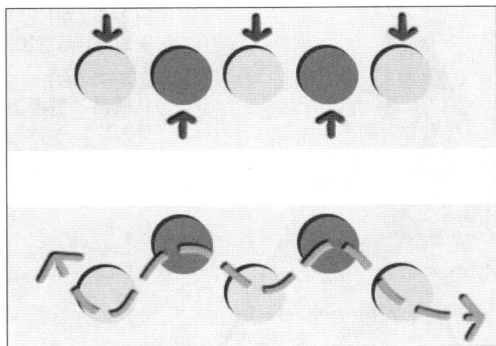

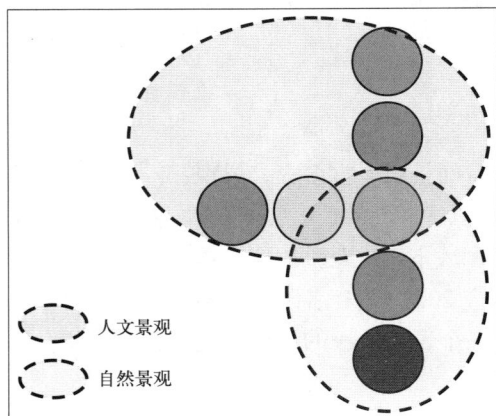

人文景观

自然景观

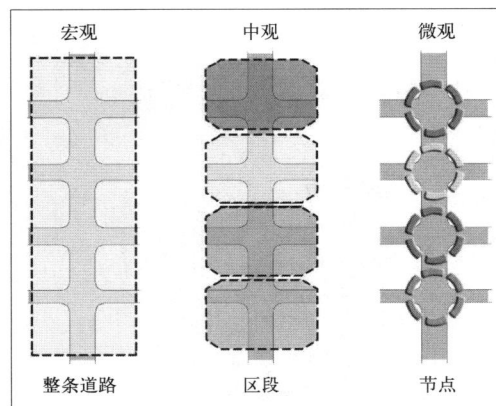

宏观　　中观　　微观

整条道路　　区段　　节点

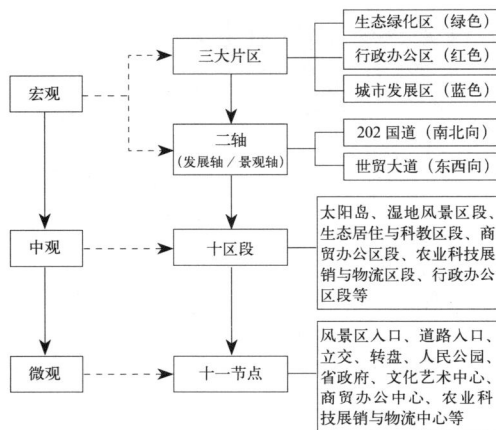

宏观 ┄ 三大片区 → 生态绿化区（绿色）
行政办公区（红色）
城市发展区（蓝色）

二轴（发展轴/景观轴）→ 202国道（南北向）
世贸大道（东西向）

中观 ┄ 十区段 → 太阳岛、湿地风景区段、生态居住与科教区段、商贸办公区段、农业科技展销与物流区段、行政办公区段等

微观 ┄ 十一节点 → 风景区入口、道路入口、立交、转盘、人民公园、省政府、文化艺术中心、商贸办公中心、农业科技展销与物流中心等

三、城市设计定位

（一）城市的门户

根据202国道的区位与功能，作为中心城市的门户。202国道松北区段承载着松北交通流、物流及人流的交通与集散作用，同时又是展示城市形象的窗口。在松北区南部太阳岛风景区的北侧设计东部太阳岛风景区和西部冰雪大世界的入口标志性构筑物；在松北区的北部设计一组城市入口标志性建构筑物。通过标志性建筑和构筑物的设计，塑造城市形象。控制沿街重要地段的建筑物，形成高低错落有序的沿街城市天际线。

（二）城市的发展轴

202国道和世茂大道共同构成城市的"T"字形发展主轴。是松北区城市的发展主轴线，又是松北区城市的重要景观轴线。

四、主题概念

结合城市的门户和城市发展轴两个定位，城市设计主题为"跳跃的串珠"、"自然与人文共生体"。

通常道路设计在轴线上的各节点成直线串联，缺少生气。设计打破单调的结构，采用分区段适当改变道路断面形式，用自由曲线将各节点串联起来，空间上形成跳跃串珠状。更丰富行人的视觉景观。见图8-9a。

城市设计将自然景观与人文景观相互融合，形成自然与人文的共生体。见图8-9b。

五、城市设计结构

从宏观、中观、微观三个层面对202国道和世贸大道沿线进行设计，其中宏观层面考虑设计区域内的功能结构以及整条道路的安全、便捷和通畅性；中观层面则将每条道路划分为几个区段进行分段设计，各区段相对独立，同时相互联系；微观层面涉及具体道路节点或景观节点的设计与空间序列安排。见图8-10、图8-11。

由上至下

图8-9a 设计主题示意图

图8-9b 设计主题示意图

图8-10 城市设计构思示意图

图8-11 规划结构分析示意图

（一）宏观层面：功能结构为二轴与三大片区

二轴为南北向的 202 国道与东西向的世茂大道空间上构成 T 字形的两条发展轴与景观轴。

202 国道与世茂大道构成的 T 形用地划分为三大片区。分别为生态绿化区（绿色）的太阳岛风景区和湿地风景区原始生态地形地貌。政府、商业及金融区（红色）的办公、商贸及居住区。以及产业发展区（蓝色）的城市发展区体现松北生态新都的城市景观。见图 8-12。

（二）中观层面：道路空间划分十区段

根据区段空间划分为十个区段。包括 202 国道的太阳岛风景区段、湿地风景区段、生态居住与科教区段、商贸办公服务区段以及农业科技展销与物流区段，以及世茂大道上的三个生态居住区段、商贸区段和行政办公区段。见图 8-13。

（三）微观层面：沿道路布置景观节点十一处

在 202 国道布置太阳岛风景区入口、怡园路立交、三环路立交、大耿家转盘、湿地风景区段、文化艺术中心、商贸办公服务区段及农业科技展销区段八处景观节点，以及在世茂大道布置人民公园、省政府用地及规划四环路入口三处景观节点。见图 8-14。

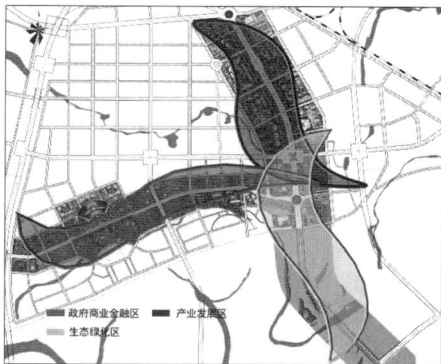

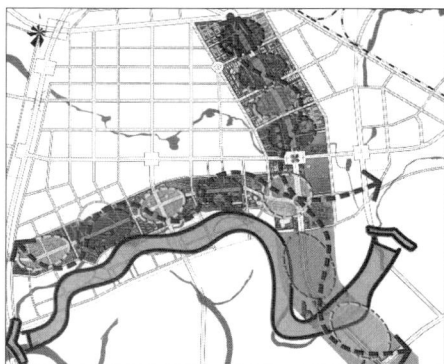

第三节　方案设计

一、设计分析

考虑哈尔滨城市肌理与文脉，沿 202 国道和世茂大道建筑色彩以暖色为主色调，主要有米黄（墙面）、洋红（屋顶）、淡绿（植被）及乳白（冰雪），并点缀以金属及玻璃等建筑材料的本色。

（一）道路交通系统分析

202 国道及世茂大道是城市主干道，它们与其他城市主、次干道及支路共同形成区域的方格网状道路系统。规划沿两条主干道布置 9 个停车场与 26 个公共汽车停靠站。见图 8-15。

（二）绿化景观系统分析

注重自然景观与人文景观相互融合，通过景观轴、景观界面及景观节点组合营造街道景观特征，建立完善的绿化与景观系统。见图 8-16、图 8-17。

（三）建筑高度与容积率规定

根据各区段用地性质及景观特征，并考虑到车速、距离及视野等因素，规定沿 202 国道及世茂大道两侧建筑高度在 12～150m 之间，建筑后退道路红线 10～30m，容积率 1～5。见图 8-18、图 8-19。

图 8-12　城市功能形态分析图

图 8-13　功能组团（区段）分析图

图 8-14　节点与轴线分析图

图 8-15　道路交通分析图

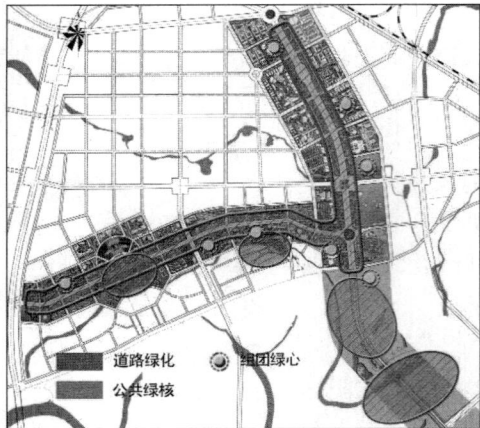

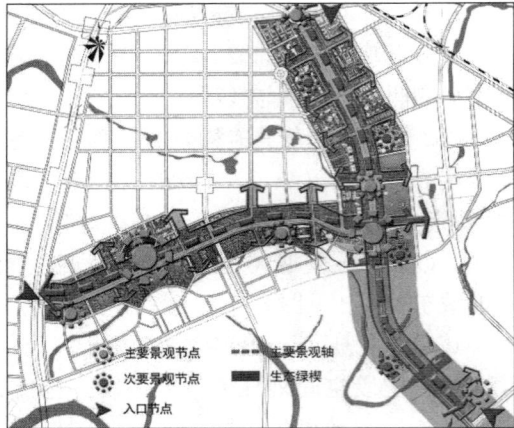

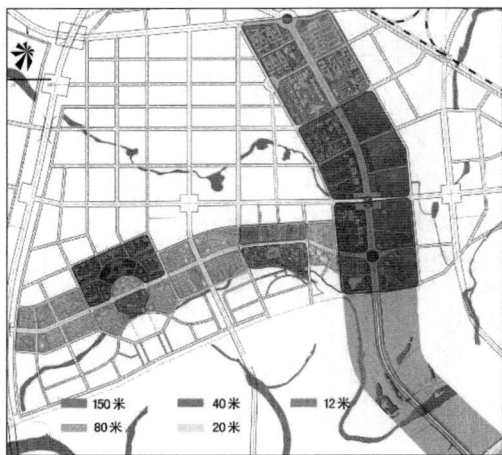

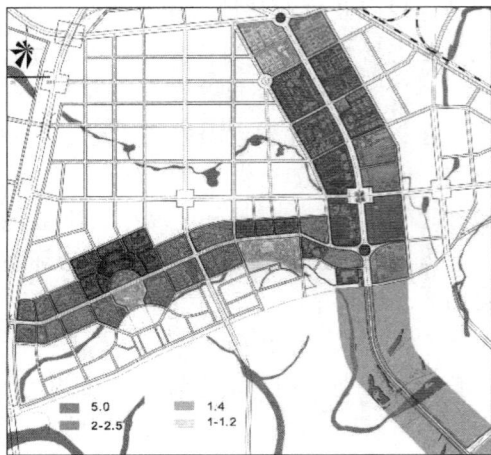

图 8-16（左上）　绿化分析图

图 8-17（右上）　景观分析图

图 8-18（左下）　建筑高度规定示意图

图 8-19（右下）　建筑容积率规定示意图

二、202 国道沿线城市设计

202 国道设计区段东到学院路、西抵西宁路，南至松花江公路大桥出口，北到大耿家转盘道，总长度为 8670m，沿道路向东西两侧各延伸 650m 左右，设计区域面积约为 11.03km^2。

（一）设计导则

根据各区段用地性质及景观特征、视野距离及车速的关系，建筑高度在 12 ～ 100m 之间，容积率 0.8 ～ 3。建筑色彩随区段职能的不同而变化，多以暖色为主，主要有米黄（墙面）、洋红（屋顶）、淡绿（植被）及乳白（冰雪）等颜色。

（二）景观分析

202 国道是自然景观与人文景观的连接通道。从松花江公路大桥南端至前进堤区段穿越太阳岛风景区及冰雪大世界公园，道路两侧以自然景观为主；从前进堤至耿家转盘道区段道路两侧以人文景观为主。202 国道景观结构由带状的景观轴线串联各类景观节点构成区域景观廊道系统。见图 8-20。

景观分析图

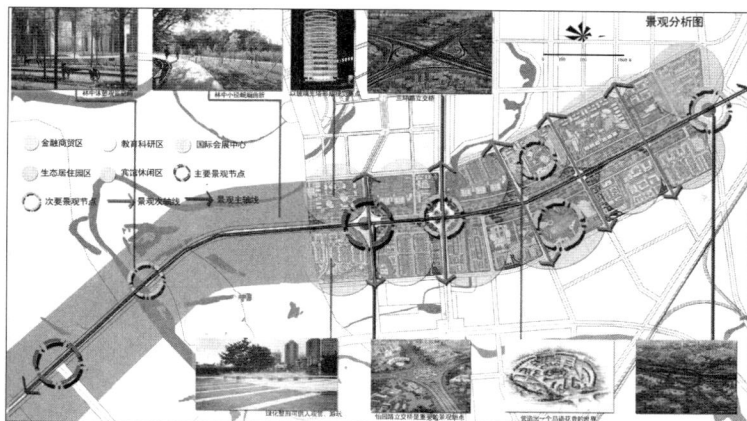

图 8-20（左）
202 国道景观分析图

图 8-21（右）
202 国道分区段示意图

（三）分区段设计

根据 202 国道道路断面形式和道路两侧用地功能的差异划分为五个区段，各区段使用功能自南向北从风景旅游区、湿地区到商务、办公到居住区，从自然景观向人文景观过渡。各区段划分见图 8-21。

1. 第一区段——太阳岛景区区段

太阳岛景区范围是从哈尔滨松花江大桥北端至太阳岛风景区北侧的金水桥，长度为 1807m，区段面积约为 2.21km²。区段内有太阳岛风景区与冰雪大世界公园等以旅游观光休闲为主题的片区，设计充分利用该区段的自然景观特征，作为松花江北岸的重要景观节点之一，是重要的自然景观区段。

该设计区段内可建一些小型临时性服务设施，凸显区段的自然景观特征。

2. 第二区段——湿地景观区段

湿地景观区段范围是从太阳岛风景区北侧的金水桥至前进堤，长度为 2107m，区段面积约为 2.56km²。区段内为河漫滩区。设计结合该区段自然地形、地貌的特点，布置湿地公园。湿地公园包括游憩区、特殊景观区及生态保护区等三个片区。游憩区布置湿地高尔夫俱乐部及野餐区，为居民提供划船、垂钓、野餐及湿地高尔夫等活动场所；特殊景观区可引进多种植物与动物，形成湿地水生动植物景观园；生态保护区以维持自然湿地景观为主，尽量避免人工开发。

该设计区段是松花江的泄洪区，考虑到城市防洪安全与保持自然湿地景观的需要，区段内不得兴建人工建筑，202 国道道路路面抬高到 121.50m，疏浚扩孔以利于泄洪的需要。

3. 第三区段——生态居住与科教区段

生态居住与科教区段范围是从前进堤至三环路，长度为 1518m，区段面积约为 1.91km²。区段内布置居住区、科教办公（如小型公司 SOHO）、商业及服务业设施等。图 8-22 所示为生态居住区段局部设计平面图。

该设计区段内建筑高度控制在 80m 以下，容积率控制在 1.0～3.0 之间。生态居住区建筑以多层为主，建筑色彩选用乳白与米黄，科教区建筑以高层为主，建筑色彩选用红或黄等鲜亮的色彩。区段内沿 202 国道建筑需后退道路红线 10m；由于三环路是封闭的城市快速路，考虑车流速度与噪声干扰等因素，沿三环路建筑需后退三环路道路红线 15m。沿西宁路与学院路建筑需后退道路红线 10m。怡园路立交周围建筑需后退怡园路道路红线 15m。

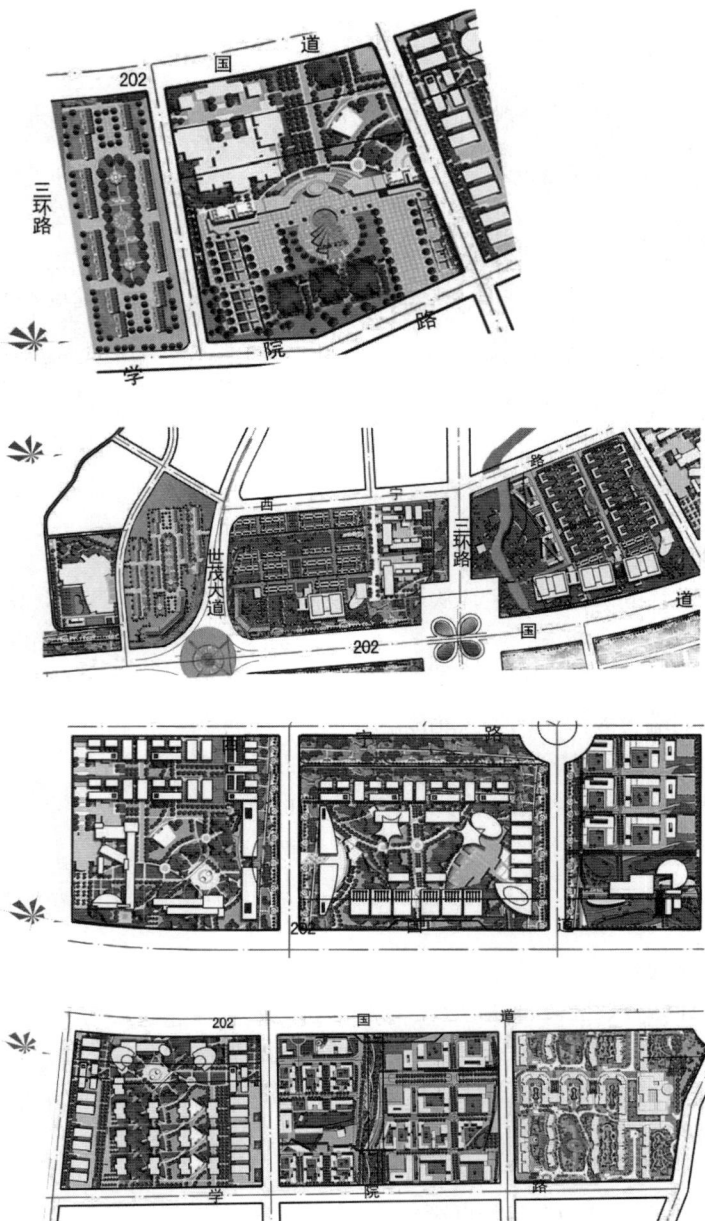

4. 第四区段——商贸办公服务区段

商贸办公服务区段范围是从三环路至规划17号路，长度为1518m，区段面积约为2.18km²。区段内布置金融商贸建筑及部分居住建筑，中心商务区段是反映城市形象的重要地区，建筑以高层为主，以充分体现城市中心景观特征。图8-23所示为商贸办公区节点设计平面图。

考虑到商务办公区段特点以及道路景观特征，该区段内建筑高度控制在150m以下，容积率控制在2.0～5.0之间。建筑色彩以乳白与米黄为主，局部点缀红或黄等色。高层与超高层建筑主要集中在该区段，布置城市地标，以凸显城市主要景观特征。

5. 第五区段——农业科技展销与物流区段

农业科技展销与物流区段范围是从规划17号路至大耿家转盘，长度为1610m，面积约为2.17km²。作为城市北部的主要入口，可布置体现城市精神地标。区段内布置以科技展销与物流为主要职能的建筑，规划西侧布置一处学校，大型活动可布置在道路的东侧，体现新兴城市的活力。建筑以中高及多层为主。图8-24、图8-25所示分别为区段内农业科技展销与物流区节点以及宾馆科研区节点设计平面图。

该设计区段内建筑高度控制在40m以下，容积率控制在1.2～3.0之间。建筑色彩以红和黄等色彩为主。

6. 控制汇总

在202国道的五个区段中，第一、第二区段为风景区及生态绿地，原则上保持原有的自然生态景观特征，允许少量建设人工建（构）筑物。第三、第四及第五区段的城市设计控制指标见表8-1。

202 国道部分区段城市设计控制汇总一览表　　　　　　表 8-1

分区段	区段名称	建筑后退红线距离（米）				建筑限高	建筑色彩
第三区段	生态居住与科教区段	202 国道	学院路	西宁路	三环路	80m	乳白、米黄
		15	10	10	15		
第四区段	商贸办公服务区段	202 国道	三环路	学院路	西宁路	150m	乳白、米黄为主，红、黄为辅
		20	15	10	10		
第五区段	农业科技展销与物流区段	202 国道	学院路	西宁路	耿家转盘立交桥	40m	红、黄
		30	20	20	20		

注：怡园路立交周边建筑统一后退道路红线 15m 以上。

（四）沿街天际线与立面设计

1. 天际线

202 国道天际线的空间节奏自南向北为序幕部分的太阳岛景区区段和湿地景观区段、乐章主旋律部分的生态居住与科教区段、乐章高潮部分的商贸办公区段及乐章尾声部分的农业科技展销与物流区段。天际线由低到中高和高，再由高到低，起伏有序，形成错落有致富韵律的城市天际线（见图 8-26）。202 国道沿线建筑高度控制见图 8-27。

2. 沿街立面

考虑到城市文化内涵与传统风貌，设计 202 国道沿街建筑物的体量、风格、材料及色彩，力求沿街立面连续、动态的协调感。202 国道沿街立面设计空间意向见图 8-28。

根据各区段建筑使用功能，202 国道沿街各区段建筑立面采用不同体量、材料、风格及色调。如布置在生态居住与科教区段的建筑设计，应以体量较小、材质柔和且安宁的色彩色调为主；布置在商贸办公服务区段的建筑则选择体量大、材质刚硬、色彩色调明快且现代风格的高层建筑；布置在农业科技展销与物流区的建筑则表现的是恢弘的气势、风格现代且色彩和谐的建筑。202 国道沿街各区段立面保持基调连贯、动态和谐且有节奏感的街道空间。见图 8-29。

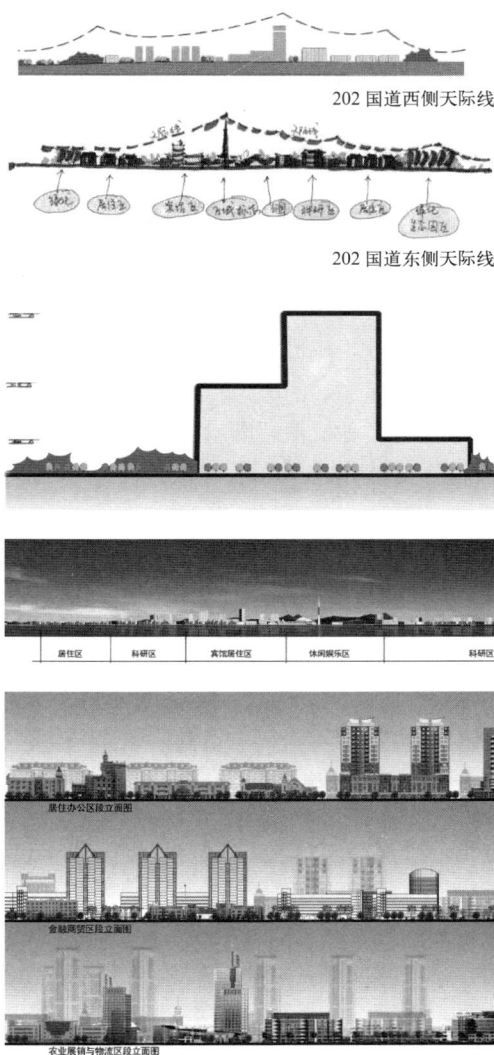

202 国道西侧天际线

202 国道东侧天际线

由上至下

图 8-26　202 国道天际线示意图
图 8-27　202 国道沿街建筑高度控制示意图
图 8-28　202 国道立面空间意向图
图 8-29　202 国道立面设计

269

（五）道路断面设计

202 国道的道路红线宽度为 124m，道路以前进堤划分为南、北两个区段，两个区段道路断面形式有所差异。北段的道路断面形式是中间的机动车道与两侧的非机动车道分离式布置，它们之间分别设置 27m 宽的绿化隔离带。南段的道路断面形式是中间的机动车道与两侧的非机动车道集中布置，它们之间仅设置 4.5m 宽的绿化隔离带。两种道路断面形式中植被布置层次有序，形成视觉变化及景观丰富的空间效果。运用微地形处理，避免形成单一的空间景观，以形成动感的道路空间。绿化隔离带同时起到降低交通噪声及污染的作用。南、北两段沿道路种植植物类型交替使用，形成富于变化，且统一协调的道路绿化景观。

1．202 国道北段道路断面形式

从道路中心线向两侧分别设计排序为：2m 宽的中央分隔带，其间种植云杉篱、小叶丁香及黄冠紫；11.25m 宽的机动车道；27m 宽的绿化隔离带，其间种植 3m 宽的扫帚梅、6m 宽的灌木丛、6m 宽的低矮乔木与 12m 宽的旱柳、垂柳及黄榆等高大乔木；15m 宽的非机动车道与人行道，其中 10m 宽的辅道及 5m 宽的人行道，其间种植糖槭、黄榆及大青杨等高大乔木；6.75m 宽的绿化带，种植紫丁香等低矮灌木丛。北段道路沿街植物采用两种种植形式。见图 8-30。

2．202 国道南段道路断面形式

从道路中心线向两侧分别设计排序为： 2m 宽的中央分隔带，其间种植云杉篱、小叶丁香及黄冠紫；11.25m 的机动车道；4.5m 宽的绿化隔离带； 12m 宽的非机动车道与人行道，其中 8m 宽的辅道及 4m 宽的人行道；33.25m 宽的绿化隔离带，其间种植 3.25m 宽的低矮植被，9m 宽的灌木丛，9m 宽的低矮乔木及 12m 宽的高大乔木；6.75m 宽的绿化带，种植低矮灌木丛。南段道路沿街植物采用两种种植形式，种植植物类型与北段植物交替种植。见图 8-31。

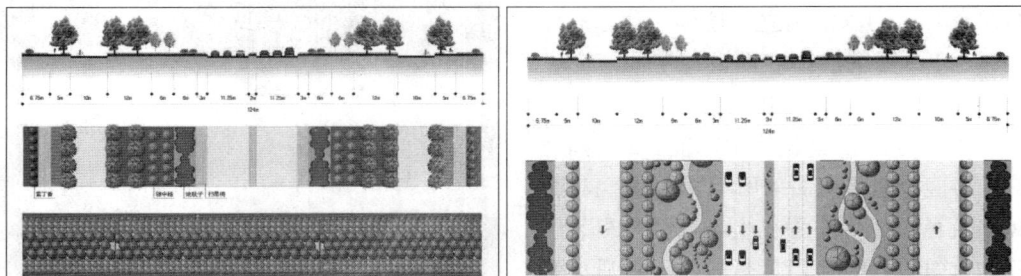

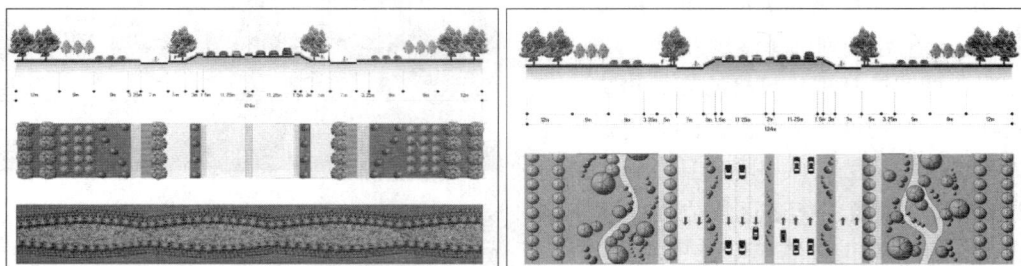

图 8-30（上） 202 国道北段道路断面图
图 8-31（下） 202 国道北段道路断面设计图

三、世茂大道沿线城市设计

规划世茂大道东起 202 国道，西到规划西四环路，总长度为 5950m。南抵规划 21、22 和 23 号路，北至规划的郑州街，南北两侧各延伸约 500m 左右，总面积约为 4.77km²。

（一）设计导则

办公建筑高度限制在 80m 以下，容积率在 0.9～2.5 之间；生态居住以多层建筑为主，建筑高度限制在 20m 以下，容积率 0.8～1.2 之间。建筑色彩以米黄、乳白及洋红等暖色调为主。

（二）景观分析

规划从 202 国道至西四环路的世茂大道是城市主干道，道路沿线以人文景观为主。景观结构由带状的景观轴线串联各类景观节点构成区域景观廊道系统。见图 8-32。

（三）分区段设计

根据世茂大道道路断面形式和道路两侧用地功能的差异划分为五个区段，各区段使用功能自东向西从生态居住区段、商贸办公区段、生态居住与科教区段、行政办公区段及生态居住区段。各区段划分见图 8-33。

1. 第一区段：生态居住区段

生态居住区段是从 202 国道至规划的昆明路，长度 1090m，区段面积约为 1.15km²。该设计区段内生态居住建筑以多层为主，建筑高度控制在 20m 以下，容积率控制在 1.0 左右，建筑色彩选用乳白与米黄。强化温馨住区的景观特征。区段内沿规划的世茂大道建筑需后退道路红线 15m。沿规划的郑州街、规划的西宁路与 202 国道的建筑需后退道路红线 10m。

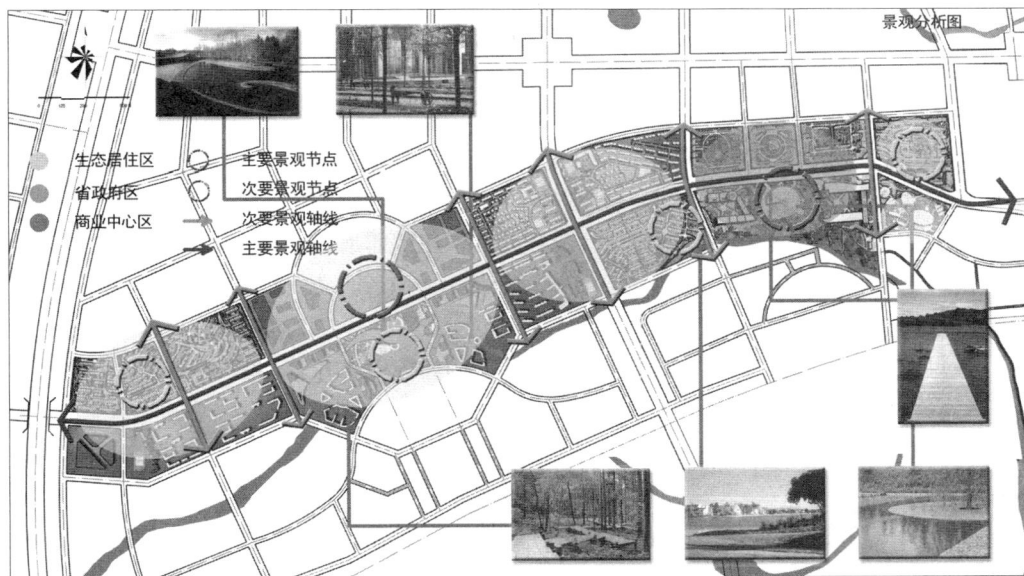

景观分析图

生态居住区
省政府区
商业中心区
主要景观节点
次要景观节点
次要景观轴线
主要景观轴线

第二区段
第一区段
第三区段
第四区段
第五区段

图 8-32（上） 世茂大道景观分析图
图 8-33（下） 世茂大道分区段示意图

271

2．第二区段：商贸办公区段

商贸办公区段是从规划的昆明路至规划的拉萨路，长度为1061m，区段面积约为0.72km²，区段内道路南侧哈尔滨市人民政府办公建筑已投入使用，市政府北侧为公共绿地。要注重交通与公用设施以及绿地的建设。

区段内沿规划的世茂大道的建筑需后退道路红线20m，沿规划的郑州街、规划的昆明路及规划的拉萨路的建筑需后退道路红线10m。建筑高度控制在60m左右，容积率为1.8。建筑色彩以白、黄及红为主。

3．第三区段：生态居住与科教区段

生态居住与科教区段是从规划的拉萨路到规划10号路，长度为1221m，区段面积约为1.0km²。区段内以生态居住建筑为主。生态居住建筑以多层住宅为主，布置相应的配套服务设施。结合科教建筑布置适当数量与高度的标志性建筑，以丰富城市空间景观。

区段内沿规划的世茂大道建筑需后退道路红线15m，沿规划的郑州街、规划的拉萨路及规划10号路需后退道路红线10m。建筑高度控制在20m以下，容积率为1.0。建筑色彩以乳白与米黄为主。

4．第四区段：行政办公区段

行政办公区段是从规划10号路至规划4号路，长度为1342m，区段面积约为0.99km²。道路南侧规划布置黑龙江省政府行政中心，建筑以高层建筑为主。道路北侧布置生态公园，建设生态化的行政办公环境，体现人类与自然的和谐。

区段内沿规划世茂大道的行政办公建筑需后退道路红线20m，沿规划的郑州街、规划10号路及规划4号路需后退道路红线10m。建筑高度控制在20m以下，容积率为1.0。建筑色彩以乳白和米黄为主色调，并点缀以红与黄等色彩。

5．第五区段：生态居住区段

生态居住区段是从从规划4号路至规划西四环，长度为1237m，区段面积约为0.92km²。区段内道路两侧布置以居住建筑为主，充分利用现有的地形地貌，贯穿以人为本的理念，突出温馨住区的景观特征。

区段内沿规划世茂大道的建筑需后退道路红线15m，沿规划的郑州街及规划4号路的建筑需后退道路红线10m，沿规划西四环辅路的建筑需后退道路红线20m。主要是低层建筑，建筑高度控制在12m以下，容积率为0.8～1.0。建筑色彩以乳白、米黄为主色调。

世茂大道沿线的城市设计要点及城市设计控制指标见表8-2与表8-3。

世茂大道分区段城市设计要点一览表　　　　　　　　　　　　表8-2

分区段	区段名称	建设重点	城市设计要点
第一区段	生态居住区段	多层建筑为主	突出表现生态主题，强化温馨住区的景观特征
第二区段	商贸办公区段	市政府人民公园	注重交通与公用设施以及绿地的建设
第三区段	生态居住与科教区段	多层建筑为主	布置适当体量与高度的标志性建筑，丰富城市空间景观
第四区段	行政办公区段	行政办公与生态公园	建设生态化的行政办公环境，体现人类与自然的和谐
第五区段	生态居住区段	低层建筑为主	突出表现生态主题，强化温馨住区的景观特征

世茂大道分区段城市设计控制一览表 表 8-3

分区段	区段名称	建筑后退红线距离（米）				建筑限高	建筑色彩
第一区段	生态居住区段	世茂大道	郑州街	西宁路	西侧	20 米	乳白、米黄
		15	10	10	10		
第二区段	商贸办公区段	世茂大道	郑州街	东侧	西侧	60 米	白、黄、红
		20	10	10	10		
第三区段	生态居住与科教区段	世茂大道	郑州街	东侧	西侧	20 米	乳白、米黄
		15	10	10	10		
第四区段	行政办公区段	世茂大道	郑州街	东侧	西侧	150 米	乳白、米黄为主，红、黄为辅
		20	10	10	10		
第五区段	生态居住区段	世茂大道	郑州街	东侧	西侧	12 米	乳白、米黄为主，红、黄为辅
		15	10	10	10		

图 8-34 展示世茂大道沿线重要节点省政府行政中心设计平面图。

（四）沿街立面与天际线城市设计

1. 天际线

世茂大道天际线的空间节奏自东向西为序曲部分的生态居住区段、主旋律前端的商贸办公区段，主旋律过渡部分的生态居住与科教区段、乐章高潮部分的行政办公区段及乐章尾声部分的生态居住区段。天际线高低起伏，错落有致，形成富有韵律的城市天际线（见图 8-35）。世茂大道沿街建筑高度控制见图 8-36。

2. 沿街立面

根据世茂大道各区段用地的使用功能设计道路沿街立面。区段内的市政府和省政府行政中心的建筑高度较高、建筑体量较大，形成城市天际线的两个高潮，以生态居住为主的区段多布置多层建筑，建筑体量中等，形成城市天际线的序曲、过渡与尾声。区段内建筑主色调为乳白或乳黄，点缀以色彩鲜艳的红或黄色。营造动态和谐且富有节奏感的城市街道空间。见图 8-37 及图 8-38。

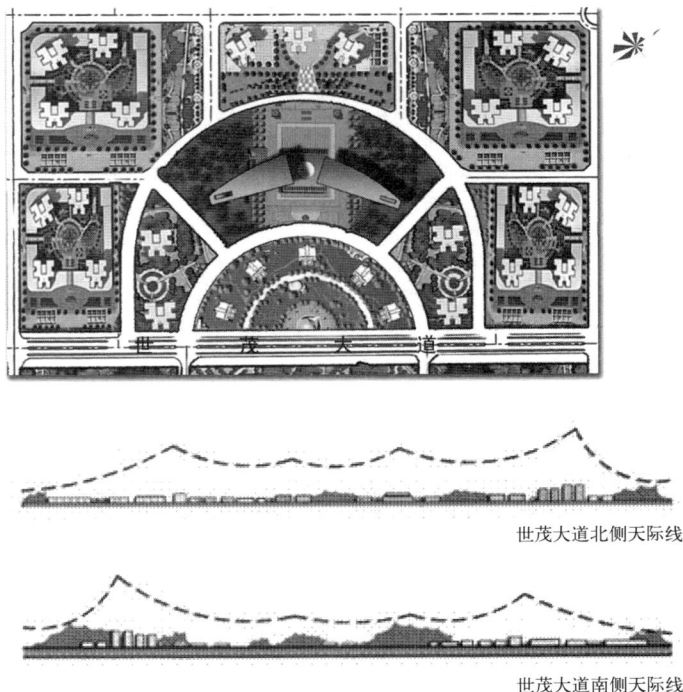

世茂大道北侧天际线

世茂大道南侧天际线

图 8-34（上） 省政府行政中心设计平面图
图 8-35（下） 世茂大道沿街天际线示意图

273

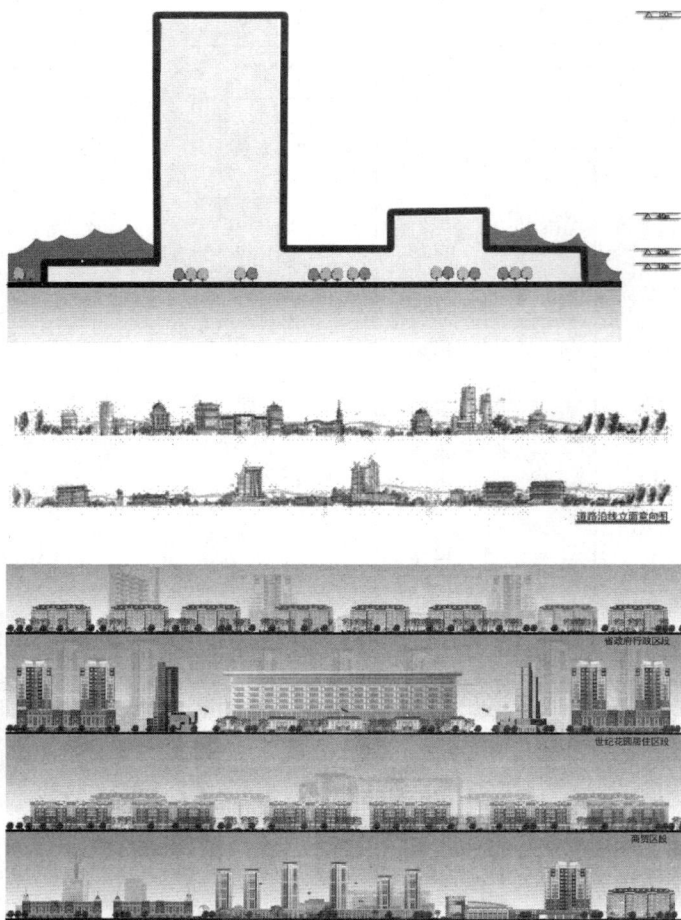

（五）道路断面设计

世茂大道道路红线宽度为80m。从道路中心线向两侧分别设计排序为：3m宽的中央分隔带，其间种植云杉篱、小叶丁香及黄冠紫；11.25m宽的机动车道；3m宽低矮灌木丛绿化隔离带（紫丁香）；4.25m宽的非机动车道；6m人行道；12.5m宽的绿化带，其间种植低矮灌木的地肤子及乔木的银中杨等。沿道路种植植物类型交替使用，形成富于变化，且统一协调的道路绿化景观。见图8-39。

（六）城市家具设置

城市家具是指如电话亭、路灯、座椅、指示牌、果皮箱、广告牌及公交站亭等的建筑小品，它们既具有一定的使用功能，又起到点缀景观的双重作用。从景观方面应考虑哈尔滨自然地理条件及城市景观特征，选用与哈尔滨城市协调的造型与色彩，丰富城市景观。

沿城市主干道不应该设置锅炉房、厨房、垃圾站、污水池及化粪池等有碍市容的附属设施。

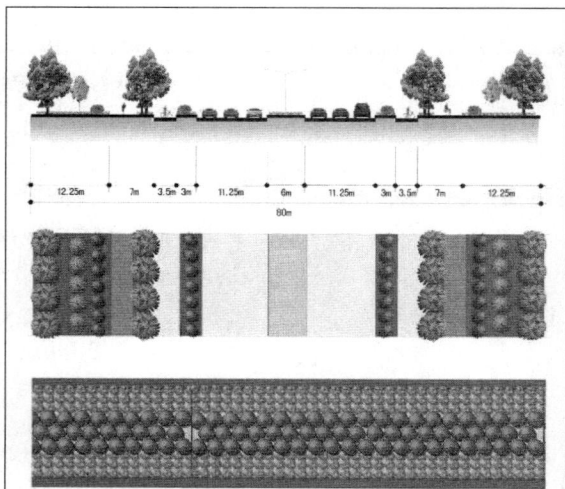

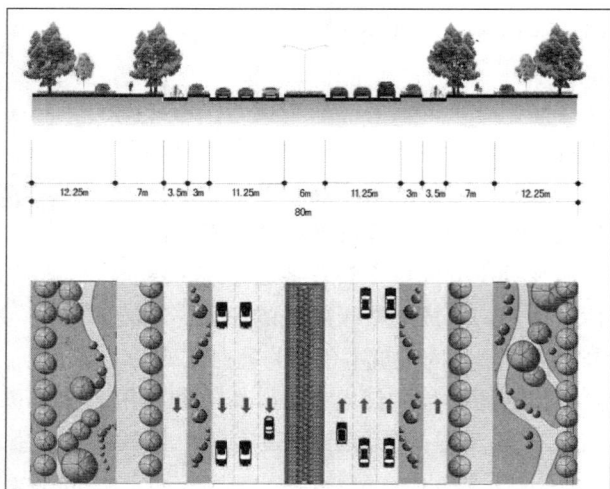

由上至下

图8-36　世茂大道沿街建筑高度控制示意图

图8-37　世茂大道立面意向图

图8-38　世茂大道立面设计图

图8-39　世茂大道道路断面图

第九章 苏州科技城平王湖景区规划设计

苏州科技城位于苏州高新区西北部，毗邻太湖，东临南阳山，环境优美，拥有得天独厚的发展前景。设计综合分析科技城的区域环境条件，结合平王湖景区的现状建筑、植被、地形、道路及水系等特点，尊重场地，强化场地特征。提出景区中水系、道路及植被呈电路板格局形式的设计理念与构思。宕口周围以直线条为主，体现科技城的现代感。宕口的中央区域以自然式为主，不仅保持宕口附近敏感的生态特征，同时为人们提供自然的山林。体现现代科技与传统技术的差异与碰撞，引人思考。设计结合景区的特点，进行功能区划分，从道路系统、景观结构及植物配置等方面进行了规划分析，并选取两个重要节点进行阐述。

第一节 背景分析

一、区位关系
规划从四个不同空间尺度对苏州科技城平王湖景区进行分析。

（一）长江三角洲范围

随着长江三角洲经济的不断发展，城市化水平的不断提高，该区域已经成为中国最具实力与竞争力的经济区域之一。上海作为长江三角洲的中心城市，与各核心城市有着密切的联系。苏州由于距离上海最近，能够更充分地享受来自上海的辐射，加上自身较好的经济基础，因此较其他地区更容易获得较快的发展。

（二）苏州市范围

苏州市的高科技园区众多，环绕于古城区周围。苏州科技城隶属于苏州高新区。创建于1992年的苏州高新区位于苏州西部，是长江三角洲地区较早发展起来的国家级高新技术产业开发区，它在招商引资和园区管理上有着丰富的经验。工业园区位于苏州东部，工业园区内入驻企业质量高，其中多为外企。工业园区体系完善，投资环境好，管理机制健全，注重生态环境保护，人居环境适宜。吴中与相城经济开发区分别位于苏州的南部和北部，是省级经济开发区，均为2000年后创建，起步较晚，在招商引资方面较弱。

高新区有太湖湿地公园、天平山灵岩山景区，工业园区有以现代城市公园为主的金鸡湖景区和独墅湖景区，吴中经济开发区有自然的石湖景区、东山景区及西山景区，相城经济开发区有阳澄湖景区及三角咀生态公园等，生态环境良好。

（三）苏州科技城范围

苏州科技城位于苏州高新区西北部，毗邻太湖，东临南阳山，环境优美。西有230国道，东有环城高速，交通便利。

（四）景观带范围

严湖景区、平王湖景区、思古山湖景区及彭湖景区等串联起来的景观带位于科技城的中央，平王湖景区西临嘉陵江路，东至松花江路，北靠吕梁山路，南到昆仑山路。昆仑山路的等级较高，平王湖景区的主要入口设在此路上。平王湖景区内的严山河水与浒光运河相联系，其水质直接影响到浒光运河。

二、发展模式分析

苏州高科技园是全国重要的电子制造业基地，然而苏州经济的增长主要靠扩大投资、资源消耗及劳动密集等方式来实现的，企业总体上缺乏核心的关键技术，真正具有自主知识产权的企业和产品为数不多。

根据苏州高科技园的现状，将苏州科技城打造成为聚集中国企业，以苏州尖端特色电子产业为主，营造交流空间，提高企业的研发水平，增强自主创新能力，形成园区内部的产业链，提高科技园的国际竞争力。

三、现状分析

（一）建筑分析

场地上沿河道成群散布一些民宅，房屋较破旧，多为1～2层。西南角有一处新建的社区服务中心，建筑质量较高。

（二）植被分析

平王湖周围山体植被较好，有人工栽植的和自然生长的。河边有大量野草。由于平王湖水位的变化，局部宕口边缘湖底随季节性出现植被。在平王湖东侧生长着一些湿生植物。其余部分为耕地，生态脆弱。

（三）地形分析

场地原为一座小山，由于采石挖土的需要，将小山中间挖成大坑，地下水渗出，形成平王湖。湖周围有崖岸陡峭，西北和东南两处山地较高，至高点标高达到13m。其余耕地部分地势平坦，平均标高为3m左右，城市道路标高为3.7m。

（四）道路分析

场地外围有城市道路围绕。场地内部道路分布不均，主要集中在北部，道路体系不完善，道路质量较差。

（五）水系分析

场地内水系丰富，有平王湖水系及水渠。地下水形成的平王湖水质良好，场地东侧河流与浒光运河连通，水质较好。北侧河流富营养化严重。

（六）现状优势劣势分析（SWOT）

1. 优势 S（Strengths）：

交通便利，西临嘉陵江路，东至松花江路，北靠吕梁山路，南到昆仑山路，可达性强。

土地平坦，除场地中央宕口地形较复杂，主要以耕地为主，利于开发。

水系丰富，有湖泊、河流、沟渠等分布于场地。

2. 劣势 W（Weaknesses）：

场地除宕口周围外，其余为耕地的垄沟。

耕地较多植被稀少，生态系统脆弱。

部分河流污染严重，需要进行整治。

3. 机会 O（Opportunities）：

借助高新区的发展，充分利用苏州国际市场环境，提供企业之间交流的平台，促进苏州科技城的进一步发展。

4．挑战 T（Threats）：

场地中心的宕口处理和利用成为一大关注点。

基于场地特征的景观对策：

（1）开发农田，以点、线、面等元素创造多样性景观。

（2）将水域连为一体，形成水网，增加水系的活性，并通过自然作用、人工作用净化水质。

（3）保护并完善场地的生态系统，特别是宕口。

第二节　规划理念分析

一、规划背景

该景区的周围主要是苏州科技城的电子信息产业，为企业及科技城内的技术人才营造舒适的交流空间。

二、场地精神

以人为本，注重人与自然的谐调关系。自然环境会增强人们对场所认同感，并有利于他们的交流，促进新思想的萌发，缓解心理压力。

三、场地目标

1．科技城的各企业通过展示与交流，相互合作，形成产业链，增加国际竞争力。

2．技术人员在此能够通过自我扩充知识，技术交流，提高创新能力，进行技术革新。

3．技术人员在此能够缓解压力，释放心情，接近自然，寻求到刺激感，完善职业性格。

4．营造科技城内的文化交流地，使人们能够依赖于此地，形成归属感。

5．保护并完善现有环境资源，实现能源的可循环利用，维护生态可持续发展。

四、规划理念

根据电子产业的特点，以电路板的形式作为设计模板，表现电子产品中作为主体的电路板。集成电路是现代信息产业和信息社会的基础，是改造和提升传统产业的核心技术。采用电路板的形式作为场地的肌理，赋予场地鲜明的地块特征，体现科技城的特色。通过植被、水流与道路表达电路板的格局，从电路板的形式演化为网络格局，象征企业之间的合作网络、人才交流的人际网络、创新网络、企业产业链网络及生态网络。

1．交流

人与人之间的交流非常重要。通过这些关于技术上和思想上的交流和碰撞，才能激发技术人员的创造力，不断创新。使企业和区域充满活力，也才能精诚团结合作持续发展。场地通过道路与空间的组织设计，营造人与人的交流空间。

2．电流

电流是电路板中不可或缺的物质，象征着电路板的联通。通过道路的肌理，强化电路的形式，体现电路板中最重要的特色。

3．水流

水网贯穿于整个场地，除宕口的水外，场地中水系成网。通过湿地的水净化过程展示，显示环境保护的重要，给人们以警示。

4．生物流

水、空气、土壤、阳光、植物及动物构成场地的能量循环，实现生态环境的可持续发展。

电路的连通缺一不可，集成电路板是多元件的组合，象征着企业与个人的和谐。他们构成了苏州科技城的整体，这种整体网络运作良好，形成产业链，科技城才能迅速发展。

第三节　空间结构特点

一、空间构成

考虑到技术人员不同于其他人群的需求，创造休闲空间满足人们休闲放松、亲近自然的同时营造交流空间，采用休闲空间与交流空间相结合的方式，使它们交融在一起，达到处处交流，处处沐浴在自然景色下休闲放松的效果。

空间形式根据空间的功能特点采用开放空间与私密空间相结合，形成复合空间。在中心广场等公共交流区域，开放性能够促进各类人群在一起交流。而人们在私人环境下的交流，要求创造一种私密性。在公共区间内营造私密性的方式主要是采用分隔，形成一些较封闭的亚空间。利用地形标高的变化，或者是种植的遮掩及座椅的设置来实现。

二、空间布局

以宕口为中心，周边环绕生态隔离带，既有效保护了宕口，又形成了山林景观。外围为人工性景观，符合科技城现代景观的特点。

宕口位于场地的中央，强化场地的地块特征，宕口的利用主要以自然形式为主，与周围人工性景观形成鲜明对比，新旧景观的碰撞与融合，使场地在新旧和谐中再生，引人思考。宕口遗留是人类历史的足迹，饱含着技术之美，将现代高新技术与传统技术相对比，体现了传统技术与高新技术的差异。

三、空间功能

区域性交流空间分为正式交流空间和非正式交流空间两种：正式交流空间包括大型会展及科贸中心、产品展示、信息发布等场所。非正式交流空间包括娱乐餐饮类、康体休闲类的室内和室外场所。室内的交流空间包括环境较好的咖啡屋、书吧、网吧等；室外的交流空间包括林阴广场、球类场地、运动草地、滨水步道及绿地等（见图9-1）。

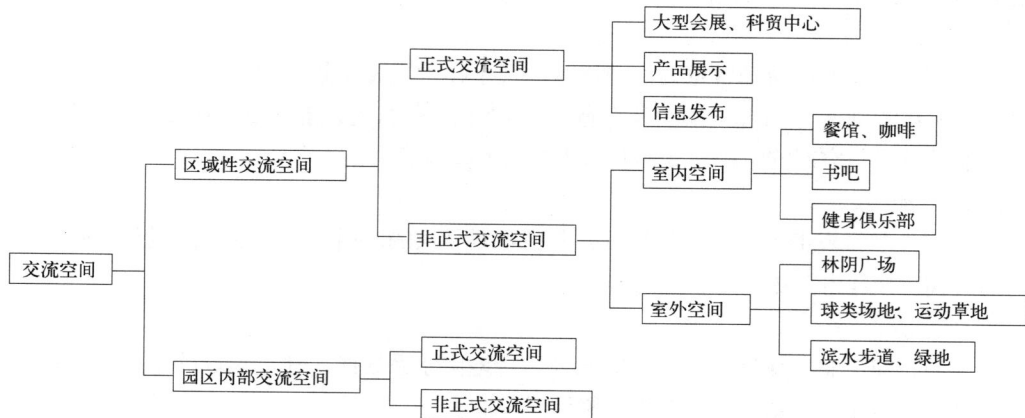

图9-1　交流空间类型示意

第四节　规划设计

一、规划布局

该景区主要以电路板肌理的直线条为主，体现科技城的现代感。考虑原有宕口的特征，尊重原有地貌，进行适当的保护和改造。宕口区域以自然式为主，不仅保护了宕口附近敏感的生态，为人们提供自然的山林，还体现了现代科技与传统技术的区别和碰撞。

在坡度的设计上，宕口附近基本保留原有地势，局部坡度较陡，丰富场地的景观层次。在一些改造的区域，设计缓坡，使场地上的景观能够移步换景，形成多个空间区域。

在水系的考虑上，除宕口的水域，将其他水域连成网络，贯穿于整个场地，形成水体的循环。场地内的水系先经过湿地的净化，先后流入静思区，中心展示区、技术交流区，再流入河流。在景区内通过水对空间进行分割、创造水景、进行水净化的展示，充分利用水系的功能和景观特征。

二、功能分区

交流空间中有正式交流空间，可将社区服务中心适当地赋予会议中心、会展中心的功能，供企业之间的技术讨论。非正式交流空间，包括企业展示、阅读、静思、餐饮、康体及休闲等。休闲空间主要突出自然的景观特征，包括宕口景观和湿地景观。

景区内主要分为服务区、中心展示区、静思区、技术交流区、水街休闲区、生态湿地区和宕口遗址区。

（一）服务区

利用现有的社区服务中心，并适当的扩展其使用功能，使与景区呼应的会议中心、会展中心的功能融入其中。设计东侧的树阵广场为人们提供集散及休闲的空间。

（二）中心展示区

位于景区的主入口，后面宕口周围的山地为其提供背景，丰富了天际线。该区又毗邻服务区，在使用功能上与服务区有很好的衔接，人流较大。该区主要提供企业产品展销展示的空间，寻求技术上及产品上的合作，促进形成产业链。

场地开阔，为景区内人流的主要聚集地。其形式采用电路板肌理，与主题呼应。

（三）静思区

位于中心展示区东侧，有河流与景区外相隔，形成一个安静的环境，适于思考。通过在中心展示区的参观，在这里可进行思考，迸发灵感，进行进一步的创新。

（四）技术交流区

位于中心展示区的西北侧，为参观完各企业最新的展品展示技术展示后，提供一个技术人员之间、创业人员之间、老板与员工之间的交流空间，产生思维的碰撞。

该区结合了水的净化展示，营造了丰富的水景，为交流提供了更具趣味的空间。树篱围合分隔而成的大大小小的空间，为不同群体之间的交流提供指定空间。人们可根据自己的需要去各指定空间进行交流。

（五）水街休闲区

结合场地北部河流，营造了具有苏州特色又不失现代感的水岸休闲街，体现苏州的地域特征。休闲街布置了科技展示、科技参与、咖啡及书吧等功能的空间，既满足技术人员的基本需求，在休闲娱乐的同时又可进行交流，游人也可以进行科普教育，亲自动手体验科技活动。

水街外围为花卉、灌木与乔木种植地，形成安静的复合空间，方便人们交流。

（六）生态湿地区

结合宕口东侧原有的湿地，并与东部河流相结合，整合成岛的形式，起到净化河流水质的作用。其中穿插小路，形成以湿地为主的静谧空间。

该区主要以湿地植物观赏及人的亲水性活动为主，岛上另辟水塘，种植各种湿生植物。由北向南依次分为半湿地植物区、湿地花卉区、浮水植物区及湿地高草植物区，它们既净化了水体，又起到了科普的作用。岛上植物非常丰富，形成乔灌草相结合的绿岛。

（七）宕口遗址区

宕口及周围山体保留了其空间形态，加固山体，保证其安全性，局部进行改造，使其更具完整性。对于局部因水位变化而周期性裸露湖底的区域，为了方便管理，保持湖水景观特征，将湖底较浅的地方深挖处理，并将土方堆砌在湖中形成小岛，丰富湖面景观的层次。

湖岸较低的地方布置亲水平台，形成对景。对于地形高差较大、较陡的地方，在加固山体的同时，在保障安全的前提下，在宕口东南侧依崖临水悬挂木栈桥，并加凿山洞供游人穿梭。这种探索空间，其冒险精神正是向科学尖端探索的人才所必备的精神，完善他们的职业性格。一些山坡地可进行登山、攀岩及散步等活动，提高员工的身体素质。

第五节 专项设计

一、道路系统

景区内设有消防通道，原则上消防通道平时不通车，以步行为主。形成以步行为主的内部交通空间，为交流创造了轻松、安全的环境，并形成尽可能紧凑的空间体系。在这种环境里，人们得以轻松的交流，形成步行空间交通网络。

（一）道路网布局

规划结合现状道路，景区内形成主干道"一横一纵一环"的道路网格局。区内主干道将景区划分为四个片区，主、次干道有机联系，形成完善的道路系统。

（二）道路分级

景区内根据道路的使用功能划分为主干道、次干道及支路三个等级，结合山体设 0.6 米宽的爬山路。道路等级、红线宽度与道路两侧设施布置退缩距离见表 9-1。

道路等级一览表　　　　　　　　　　　　　　　表 9-1

道路等级	红线宽度（M）	道路两侧退缩（M）
主干道	8	1
次干道	4	0.5
支路	2	0

（三）出入口及停车场设置

景区内主要入口设在城市道路等级较高的昆仑山路上，另在北、东与西等方向各设有一个次要入口。考虑到在高技术园区中，高收入阶层拥有私人轿车的人较多，故在景区入口附近均设停车场，方便停车，避免车辆进入景区，减少干扰。

二、景观结构

景区内形成一轴、二心、二环的格局。"一轴"是经过中心景区的景观轴，它穿过平王湖，通向休闲街，与严湖遥遥相望，与科技城景观带的轴线相一致。"二心"是景区内南与北片区各形成一处人流较集中的片区核心，分别为南部的中心展示区和北部的休闲街户外餐饮广场。同时它们均处在景观轴线上，突出表现这一轴线的景观特征。"二环"是宕口景观环和宕口周边景观环。宕口处或设平台或设蜿蜒小路，使游人能从各角度欣赏宕口，体验山林野趣。周边景观区沿宕口环绕布置，功能各异，形成次要景观轴线。

三、植被规划

（一）植被规划原则

1. 宕口周边维护次生种群，保护现有大树，培育地带性树种和特有种群群落，人工树种应似天然植被。

2. 景区因地制宜的恢复、提高植被覆盖率，改善景区的生态环境。

3. 在空间结构上，景点及眺望点有开阔的场地，需留出适当的风景透视线。以平王湖中心为视角植被层次丰富。

4. 利用和创造多种类型的植物景观和景点，各景点及景区绿化有不同的植物景观特色，一年四季均有景可观。

（二）植被规划布局

宕口遗址区和生态湿地区的植物以自然式为主，乔灌木相结合，临水处及湿地种以湿生植物。物种上以乡土植物及苏州本土植物为主，体现地域植被景观特色。

其他区域以规则式种植为主，通过树列、树阵、树篱体现其现代的特点及电路板的肌理，种植带及种植块采用乔木和灌木相结合的手法，形成错落的变化，颜色及质地丰富的植被景观。

（三）植被规划分区及特色

1. 生态密林

以乡土植物为主，环绕于宕口周围，既形成了宕口附近的生态恢复带，又烘托出山林的层次感。乔木选用枫香、银杏、胡颓子、栓皮栎等，灌木选用木瓜、桂花、鸡爪槭等。

2. 分隔密林

减少周边对场地的不利影响，降低噪声，遮挡不利景观，划定公园的空间界限。密林为混交林，采用香樟、女贞等常绿树种，鹅掌楸、无患子等落叶树种及枫香、银杏等色叶树种，林下种植耐荫的灌木及地被植物。

3. 疏林草地

为空间处理的一种形式。以大片草地为主，点缀少量庭荫乔木。乔木采用栾树等遮荫效果好，观赏性强的树种，灌木选用桂花、垂丝海棠等，地被选用结缕草等耐践踏品种。

4. 湿生植物景观区

此区为人工式湿生植物景观区，采用片状种植，乔木选用水松、水杉，水生植物选用荷花、水葱等，它们观赏性强，又有高大湿生乔木起到遮阴的效果。湿生植物的集合形成一个小型湿地植物园，具有科普展示的作用。

5. 滨河植物景观区

乔木采用金丝垂柳、垂柳等垂枝树种，灌木采用黄馨、迎春、棣棠等拱枝植物，丰富岸线景观。草本可选用大花萱草、玉簪以及大片的油菜花等，体现苏州乡土植被景观。

6. 花卉灌木造景区

采用花卉、香花植物及观赏性强的灌木结合的方式，可运用毛鹃、金钟花紫叶小檗、木芙蓉、六月雪、桂花等，再结合四季花卉，在视觉上形成色彩的冲击力。

7. 面状植被造景区

通过各种植被颜色、质地和高度的不同，结合各自的花期，营造层次丰富的景观，形成时而开敞时而围合的空间。灌木主要有桂花、六月雪，乔木主要有白玉兰、银杏、日本晚樱等。

8. 带状植被造景区

通过各种植带颜色、质地和高度的不同，营造层次丰富的景观，形成空间各异的景观效果。乔木主要有白玉兰、合欢、银杏、广玉兰等，灌木主要有金叶女贞、六月雪、大叶黄杨等。

9. 建筑绿化

选用江南园林中常见的典型植物品种，如梧桐、白玉兰等乔木，枇杷、桂花、垂丝海棠、枫树、迎春、紫薇等灌木及紫竹、早园竹、孝顺竹等竹类植物。实行乔、灌、草相结合的方式，丰富建筑景观，又不遮挡建筑采光。

10. 广场绿化

以硬质铺装为主，点缀高大的分枝点高的庭荫乔木，如香樟、实生银杏等，灌木选用大叶黄杨、金叶女贞、茶梅、金丝桃、毛鹃等。停车场铺草坪砖，配合小叶黄杨、海桐等灌木绿篱植物。

第六节　重要节点规划设计

一、主要入口规划设计

该区域包括入口广场、中心广场、静思空间和阅读空间，为景区功能性主体，充分考虑了技术人员的职业需求，以电子电路为主题，体现电路板肌理。

主要入口以不同材质的铺装及草地作为基面，其上布置有现代形式的水池、树列，营造出丰富开敞的集散空间。中心广场面积较大，体现其在景区中的重要地位。中心广场上布置了圆形高科技变色地灯群，通过颜色的变化形成一个巨大的展示屏幕，形成大地景观。其圆形场地布置旱喷泉，体现科技城的高科技特点。展墙和展台以电路形式相联系，树列植于其上。中心广场东南侧的下沉观演广场为户外交流提供活动场所。

中心广场以西的静思空间象征电阻，以树篱隔成多个空间，安静私密的环境，适于思考。局部布置沙地，在灵感来临时人们可将它们随手写在沙地上。风吹过，沙地恢复原状，人们又可以继续记录灵感。

阅读空间以水相隔，形成多个静谧的小空间，阅读的人们互不干扰。灵感的来源需要知识的扩充，阅读空间的东侧用树篱围合形成自然的坐卧阅读交流空间。

该区域的北面地势较高，可俯瞰全局。夜晚利用灯光突出道路、构筑及地面铺装所构成的电路板肌理，形成大地景观。

二、水岸休闲街规划设计

水岸休闲街位于次入口附近，开展科普展览及科普体验等活动，在为游人提供科技知识普及的同时还开设技术人员的休闲区，提供非正式交流空间。

紧邻次入口广场的是科普展览区，主要展示电子信息技术的起源、原理及新近的科研成就，让游人对电子产业技术有一定的了解。水岸以南，河心岛上的科普展览区主要介绍宕口的概念与形成等，对人们有一定的教育意义。科普展览区西面是科技体验区，游人可亲手做一些试验，体验科学的神奇现象。体验区结合水上观荷和沁心亭等，使景观多样性，人们在体验科技的同时又达到了休闲与观景的目的。娱乐休闲区主要服务于技术人员，包括茶室、咖啡、书吧、网吧等。为他们提供娱乐、放松的空间，在和朋友聊天的过程中，探讨创业和交流信息。有利于创造性的活动，可以帮助人与人之间形成良好的协作关系。

休闲街的建筑以一二层为主，采用玻璃、木栅格等材质来演绎苏州传统民居，结合水院形成了建筑相对围合的水院空间，并形成了苏州传统"前街后河"的空间。

休闲街以北为较静谧的休闲场地，小径穿梭于乔灌种植块之间，时而放大形成节点。在小径边设置的坐凳使人与植物能充分接触，赏花闻香有益身体健康。

第七节　规划设计图集

规划设计图纸详尽且直观地展示出设计者对场地设计的分析、构思与设计等环节的思考。以下现状分析、总平面、规划分析、植被规划、鸟瞰图与局部照明、详细规划1、详细规划2、节点设计及大样八幅图是作者对苏州科技城平王湖景区的毕业设计成果。

流·联

SECTION 1

苏州科技城平王湖景区景观规划设计
Suzhou High-tech Park Pingwang Lake Feild Landscape Planning & Design

现状分析

现状建筑

现状植被

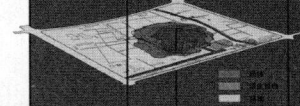

现状地形

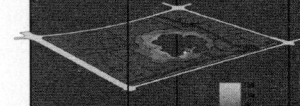

现状道路

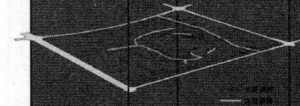

现状水系

现状叠加

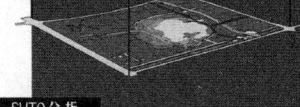

SWTO分析

交通便利，西临嘉陵江路，东至松花江路，北靠吕梁山路，南到昆仑山路，可达性强。
土地平整，除场地中央宕口地形较复杂，主要以耕地为主，可开发性强。
水系丰富，有湖泊、河流、沟渠，分布于整个场地

场地肌理过于统一，除宕口周围外，其余为耕地的垄沟，线条单一。
耕地较多造成土地裸露较多，植被稀少，生态系统脆弱，
部分河流污染严重，需要进行整治。

借助与新区的发展，充分利用苏州这一国际市场环境，提供企业之间交流的平台，促进苏州科技城的进一步发展。
利用社区服务中心吸引的人群，开展功能与景观。

场地中心的宕口处理、保护和利用成为一大关注点

开发农田，以点、线、面等元素创造多样性景观。
将水城连为一体，形成水网，增加水系的活性，并通过自然作用、人工作用净化水质。
保护并完善场地的生态系统，特别是宕口。

区位分析

随着长三角经济的不断发展，该区域已经成为中华最具实力与竞争力的经济集聚区之一。上海作为长三角的中心城市，与各核心城市有密切的联系，苏州由于与邻上海相近，一跃成为充分承享本区域上海的辐射。两块土自身已有的经济基础，因此较其它地区更易获得较快的发展。

苏州市的高科技园区众多，环绕古城区周围，苏州科技城是苏州高新区，是长江三角洲地区孕育发展起来的国家级高新技术产业开发区，在招商引资和园区管理工作有着积极的探索。工业园区中企业人才荟萃，两区体系完善、人脉环境过关，一直被啧进区为省级经济开发区，一步发展，在组织引领方面取得。

周边环境

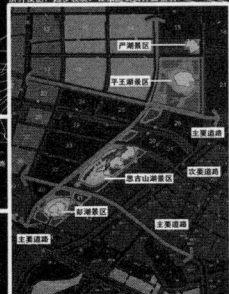

苏州科技城位于苏州相高新区西北部，毗邻太湖，东临南阳山，环城优美，西有230国道，东有环城道路，交通便利。在水系方面，平王湖景区内的产山河水乐园游光运河相联系，其水质直接影响到湖滨运河。

由产湖景区、平王湖景区、思古山湖景区、彭湖景区组成起来的最带位于科技城的中央，平王湖景区西临嘉陵江路，东至松花江路，北靠吕梁山路，南到昆仑山路。

全国重要的电子信息制造业基地。

外企居多。

缺乏核心技术，缺少自主产权。

以电子产业为主，打造苏州科技尖端特色。

发展中国自己的企业。

营造交流空间，提高员工创新能力，形成产业链。

宕口地形

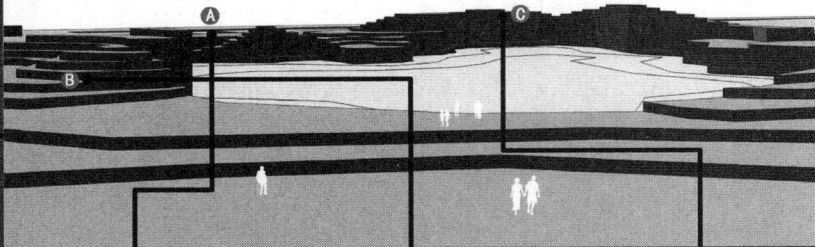

现状建筑

道路

植被

水系

| 姓名：吴虑 | 班级：园林一班 | 学号：040141135 | 指导老师：丁金华 |

现状分析图

流·联
SECTION 2

苏州科技城平王湖景区景观规划设计
Suzhou High-tech Park Pingwang Lake Feild Landscape Planning & Design

严湖

总平面图
1:1500

N

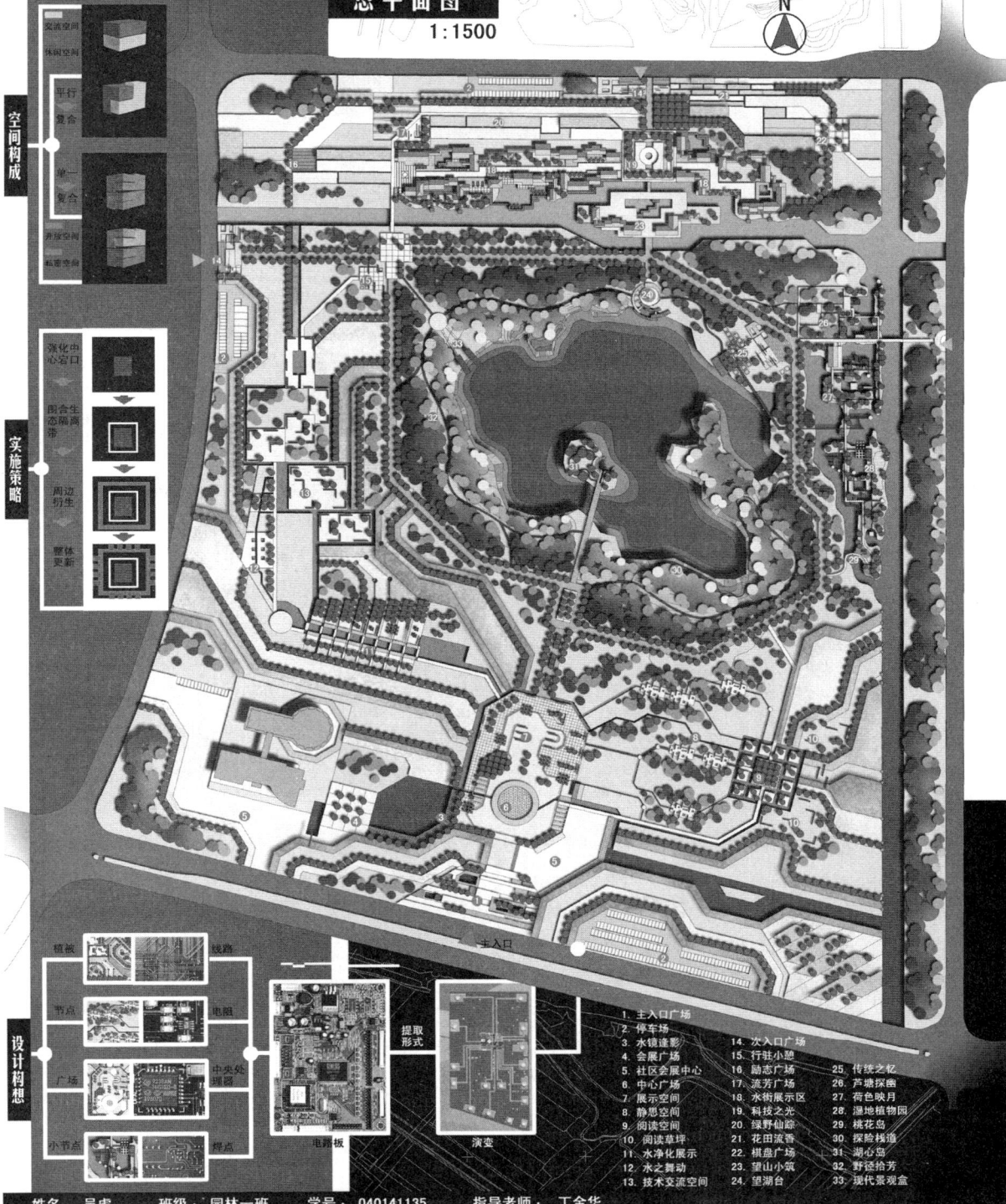

空间构成

变流空间
休闲空间
平行 复合
单一 复合
开放空间
私密空间

实施策略

强化中心窗口
围合生态隔离带
两边衍生
整体更新

设计构想

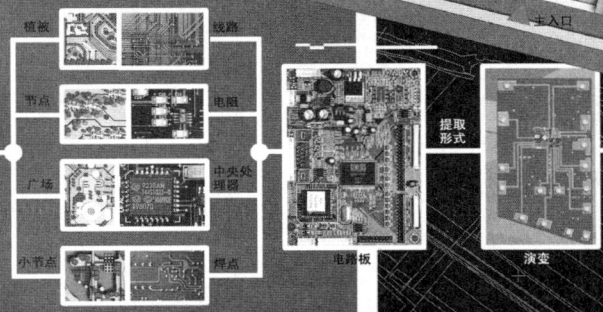

植被 线路
节点 电阻
广场 中央处理器
小节点 焊点

提取形式

电路板 演变

1. 主入口广场
2. 停车场
3. 水镜逢影
4. 会展广场
5. 社区会展中心
6. 中心广场
7. 展示空间
8. 静思空间
9. 阅读空间
10. 阅读草坪
11. 水净化展示
12. 水之舞动
13. 技术交流空间
14. 次入口广场
15. 行驻小憩
16. 励志广场
17. 流芳广场
18. 水街展示区
19. 科技之光
20. 绿野仙踪
21. 花田流香
22. 棋盘广场
23. 望山小筑
24. 望湖台
25. 传统之忆
26. 芦塘探幽
27. 荷色映月
28. 湿地植物园
29. 桃花岛
30. 探险栈道
31. 湖心岛
32. 野径拾芳
33. 现代景观盒

主入口

姓名：吴忠 班级：园林一班 学号：040141135 指导老师：丁金华

总平面图

流·联

苏州科技城平王湖景区景观规划设计
Suzhou High-tech Park Pingwang Lake Feild Landscape Planning & Design

SECTION 3

规划分析

功能分区

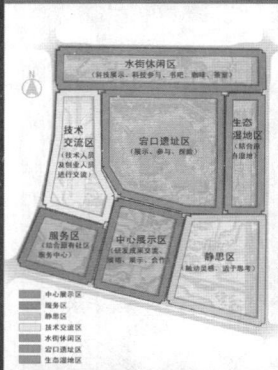

水街体闲区
（科技展示、科技参与、书吧、咖啡、茶室）

技术交流区
（技术人员及创业企人员进行交流）

宕口遗址区
（展示、参与、拼搏）

生态湿地区
（禽鸟栖息，净化湿地）

服务区
（综合游客社区服务中心）

中心展示区
（综合游客社区服务、展示、合作）

静思区
（触动灵魂、冷子思考）

- 中心展示区
- 服务区
- 静思区
- 技术交流区
- 水街体闲区
- 宕口遗址区
- 生态湿地区

道路交通规划

- 城市道路
- 园内主要道路
- 次要道路
- 小路
- 登山探险路
- 主入口
- 次入口
- P 停车场

景观结构规划

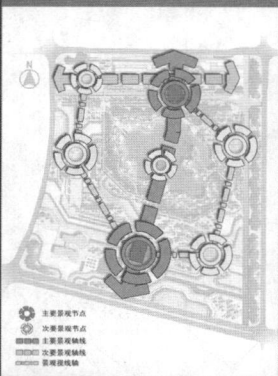

- 主要景观节点
- 次要景观节点
- 主要景观轴线
- 次要景观轴线
- 景观规划轴

规划目标

服务对象

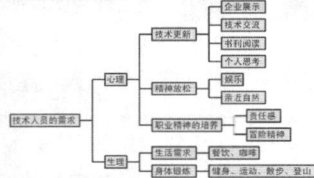

技术人员的需求

心理
技术更新 — 企业展示／技术交流／书刊阅读／个人思考
精神放松 — 娱乐／亲近自然
职业精神的培养 — 责任感／团队精神

生理
生活需求 — 餐饮、咖啡
身体锻炼 — 健身、运动、散步、登山

空间特点

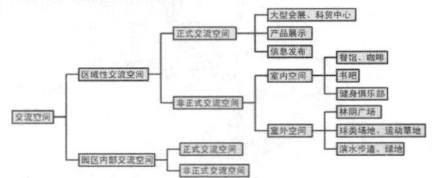

交流空间
区域性交流空间
- 正式交流空间 — 大型会展、科贸中心／产品展示／信息发布
- 非正式交流空间
  - 室内空间 — 餐饮、咖啡／书吧／健身俱乐部
  - 室外空间 — 林荫广场／球类场地、运动草地／滨水步道、绿地

园区内部交流空间
- 正式交流空间
- 非正式交流空间

场地目标

1 科技城内的各企业通过展示与交流，互相合作，形成产业链，增加国际竞争力。

2 技术人员在此能够通过自我扩充知识，技术交流，提高创新能力，进行技术革新。

3 技术人员能在此缓解压力，释放心情，接近自然，寻求到刺激感，完善职业性格。

4 形成科技城内的文化交流地，使人们依赖与此地，形成归属感。

5 保护并完善现有环境资源，实现能源的可循环利用的示范，维护生态可持续发展。

规划理念

流

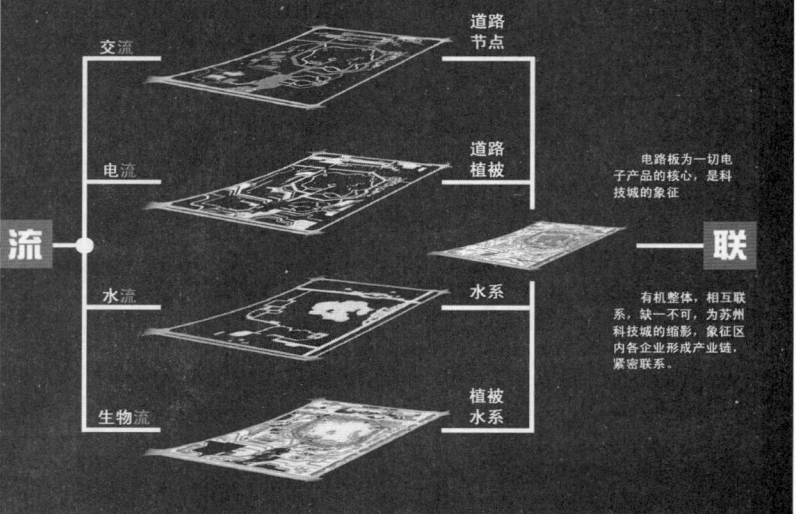

- 交流 — 道路节点
- 电流 — 道路植被
- 水流 — 水系
- 生物流 — 植被水系

联

电路板为一切电子产品的核心，是科技城的象征

有机整体，相互联系，缺一不可，为苏州科技城的缩影，象征区内各企业形成产业链，紧密联系。

景观结构规划

宕口设计

宕口驳岸

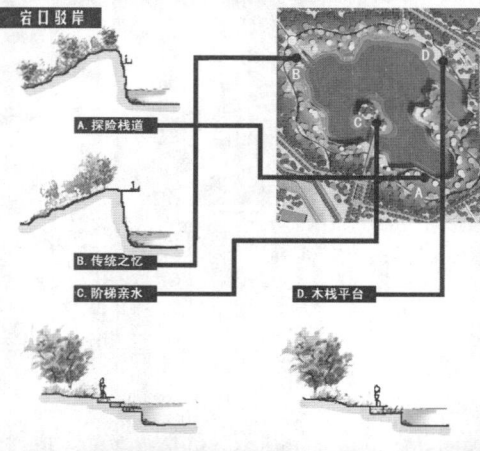

- A. 探险栈道
- B. 传统之忆
- C. 阶梯亲水
- D. 木栈平台

宕口与场地的关系

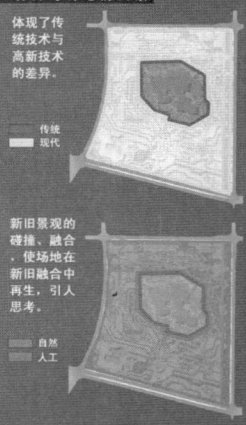

体现了传统技术与高新技术的差异。

- 传统
- 现代

新旧景观的碰撞、融合，使场地在新旧融合中再生，引人思考。

- 自然
- 人工

姓名：吴虑　　班级：园林一班　　学号：040141135　　指导老师：丁金华

规划分析图

流·联

SECTION 4

苏州科技城平王湖景区景观规划设计
Suzhou High-tech Park Pingwang Lake Feild Landscape Planning & Design

植被规划

生态密林
以色叶及乡土植物为主，环绕于宕口周围，既形成了宕口附近的生态恢复库，又烘托出山林的感觉，有层次感。乔木选用枫香、银杏、胡颓子、棕皮栎等，灌木选用木瓜、桂花、鸡爪槭等。

分隔密林
减少周边对场地的不利影响，降低噪音，遮挡不利景观，划定公园的空间界限。密林为混交林，采用香樟、女贞等常绿树种、荷苇楸、无患子等落叶树种及枫香、银杏等色叶树种，林下种植耐荫的灌木及地被植物。

疏林草地
为空间处理的一种形式。以大片草地为主，点缀少量庭荫乔木。乔木采用菜树造荫效果好，观赏性强的树种，灌木选用桂花、垂丝海棠等，地被选用结缕草等耐践踏品种。

湿生植物景观区
此处为人工式湿生植物景观区，采用片状种植，乔木选用水松、水杉，水生植物选用荷花、水葱等，观赏性强，又有高大湿生乔木起到造荫的效果，湿生植物的集合形成一个小型湿地植物园，具有科普展示的作用。

滨河植物景观区
乔木采用金丝垂柳、垂柳等垂枝树种，灌木采用黄馨、迎春、棣棠等拱形植物，丰富岸线景观。草本可选用大花萱草、玉簪以及大片的油菜花等，体现乡土植被。

花卉灌木造景区
采用花卉、香花植物及观赏性强的灌木结合的方式，可运用毛鹃、金钟花紫叶小檗、木芙蓉、月季、桂花等，再结合四季花卉，在色彩上形成冲击力。

面状植被造景区
通过各种植被颜色、质地、高度的不同，再结合各自的花期，营造层次丰富的景观，形成时而开敞时而围合的空间。灌木主要有桂花、六月雪，乔木主要有白玉兰、银杏、日本晚樱等。

带状植被造景区
通过各种植带颜色、质地、高度的不同，营造层次丰富的景观，形成时而开敞时而围合的空间。乔木主要有白玉兰、合欢、银杏、广玉兰等，灌木主要有金叶女贞、六月雪、大叶黄杨等。

建筑周边绿化
选用江南园林中常见的典型植物品种，如梧桐、白玉兰等乔木，枇杷、桂花、垂丝海棠、槭树、迎春、紫薇等灌木及紫竹、早园竹、孝顺竹等竹类植物，实行乔灌草相结合的方式，又不遮挡建筑采光。

广场绿化
以硬质铺装为主，点缀高大的分枝点高的庭荫乔木，如香樟、实生银杏等，灌木选用大叶黄杨、金叶女贞、茶梅、金丝桃、毛鹃等，停车场铺草坪砖，配合小叶黄杨、海桐等地被绿篱植物。

竖向规划

A. 湿地景观

B. 断崖景观

C. 悬崖栈道

D. 宕口余脉

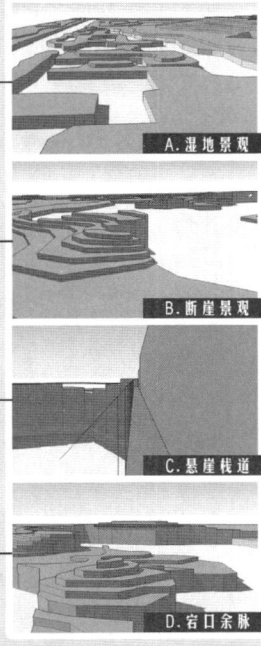

| 姓名：吴虑 | 班级：园林一班 | 学号：040141135 | 指导老师：丁金华 |

植被规划图

流·联

SECTION 5

苏州科技城平王湖景区景观规划设计
Suzhou High-tech Park Pingwang Feild Landscape Planning & Design

总体鸟瞰图

局部照明规划

道路肌理

构筑肌理

铺装肌理

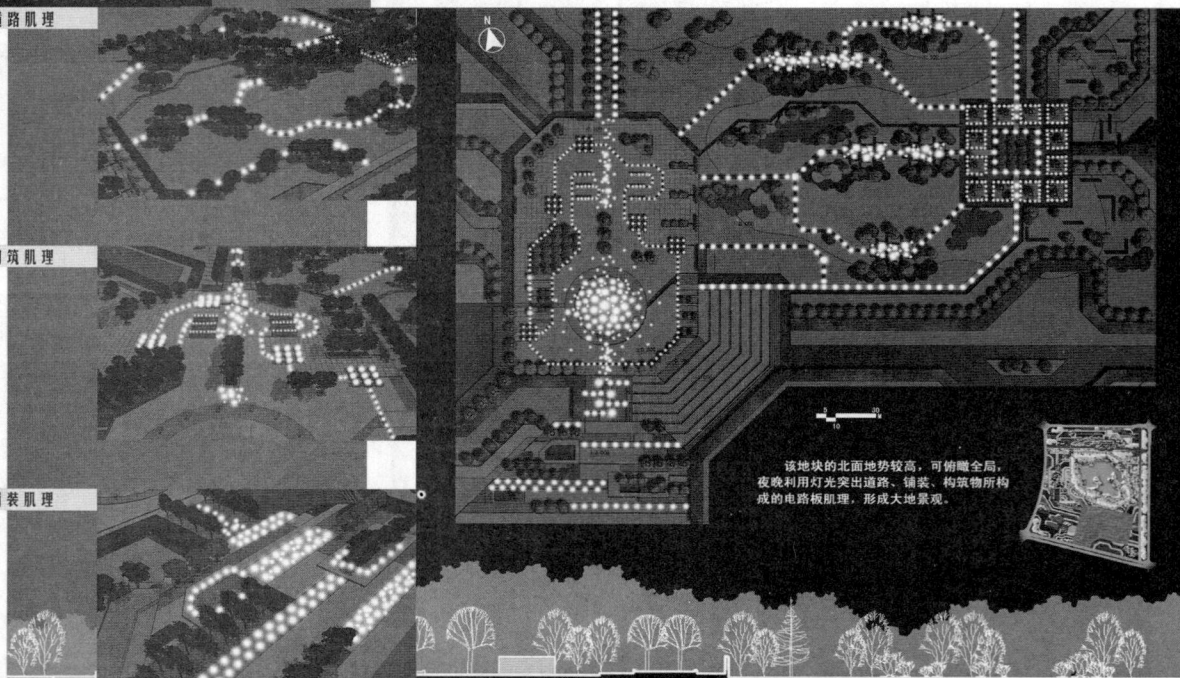

该地块的北面地势较高，可俯瞰全局，夜晚利用灯光突出道路、铺装、构筑物所构成的电路板肌理，形成大地景观。

| 姓名：吴虑 | 班级：园林一班 | 学号：040141135 | 指导老师：丁金华 |

总体鸟瞰与局部照明图

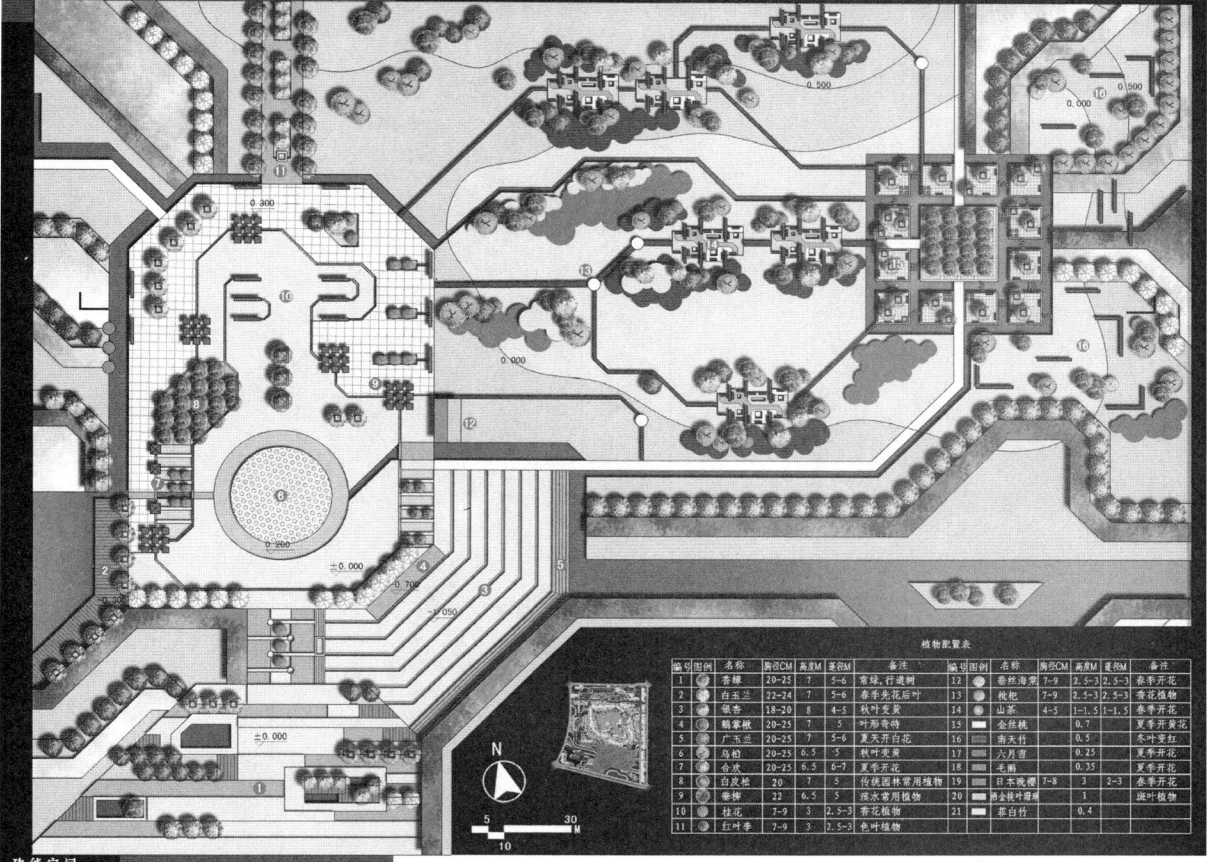

流·联

苏州科技城平王湖景区景观规划设计
Suzhou High-tech Park Pingwang Lake Feild Landscape Planning & Design

SECTION 6

详细规划1

功能空间

展示空间　　静思空间　　阅读空间　　交流空间

1. 主入口广场
2. 水镜造影
3. 观演中心
4. 舞台
5. 阶梯座凳
6. 高科技电子灯旱喷泉
7. 电阻景亭
8. 晶体管广场
9. 粒子展台
10. 场效应展墙
11. 中央大道
12. 服务用房
13. 焊点小空间
14. 静思空间
15. 阅读空间
16. 阅读交流草坪

该区域包括入口广场、中心广场、静思空间、阅读空间，为景区功能性的主体，充分考虑了技术人员的职业需求，以电子电路为主题，体现电路板肌理。

剖面图

姓名：吴虑　　班级：园林一班　　学号：040141135　　指导老师：丁金华

详细规划图1

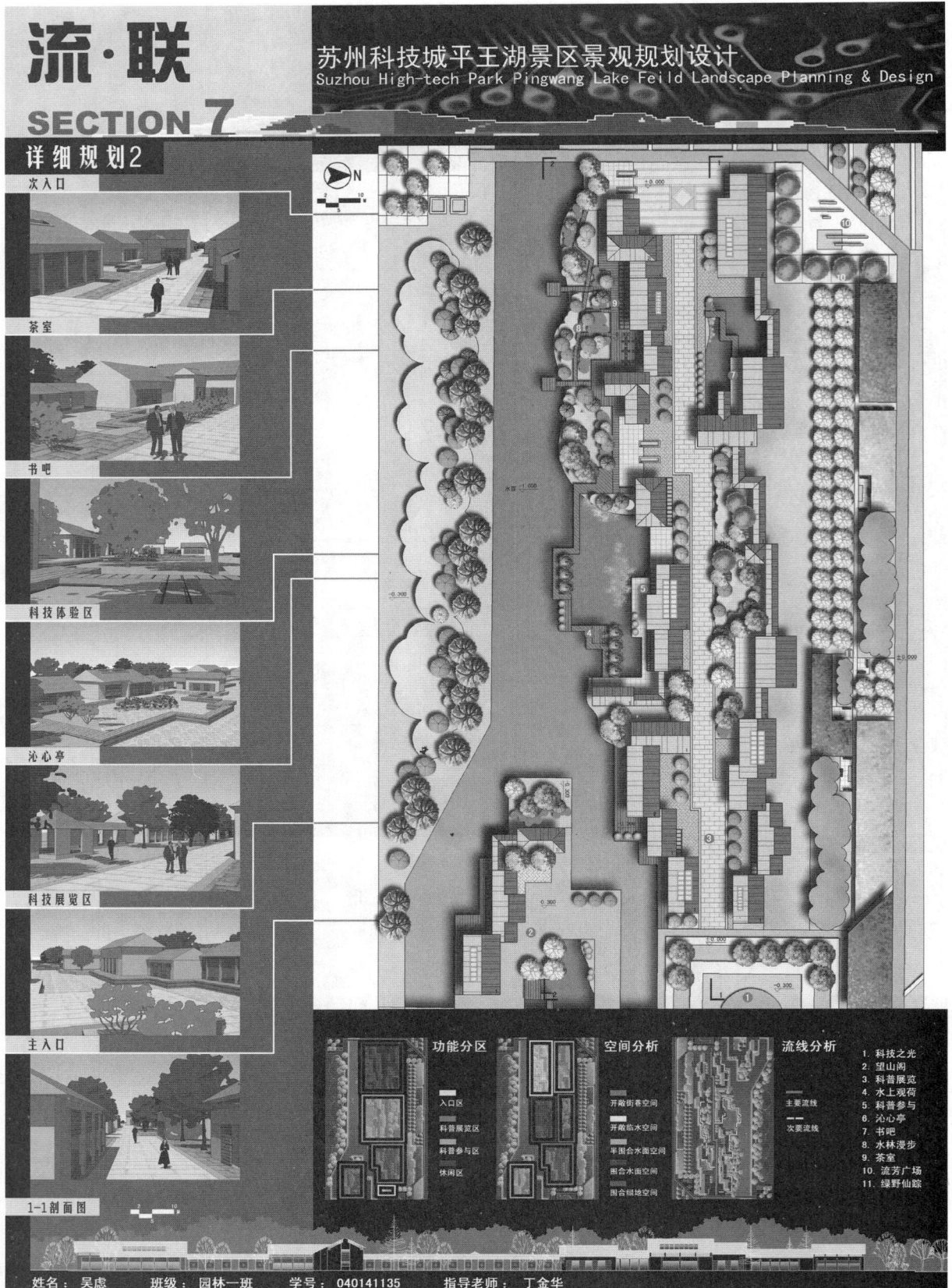

详细规划图2

流·联

SECTION 8

苏州科技城平王湖景区景观规划设计
Suzhou High-tech Park Pingwang Lake Feild Landscape Planning & Design

节点设计及大样

详规2单体建筑

顶视图

建筑采用传统形式，运用S型瓦、玻璃、木栅格等现代元素，体现科技城的现代感。

正立面图

侧立面图

透视图

详规2鸟瞰图

详规1静思空间

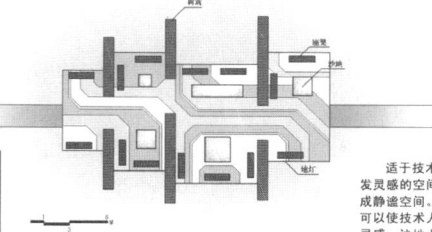

平面图

剖立面图

适于技术人员思考，进发灵感的空间。运用树篱分隔成静谧空间。座凳前的沙地可以使技术人员随时记录下灵感，沙地上的痕迹又会随风飘逝，继续记录。

铺地施工图

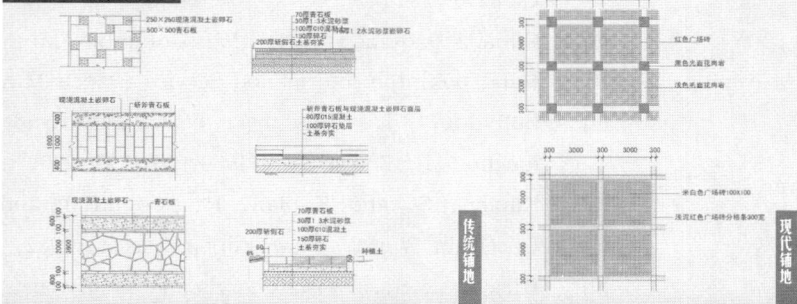

传统铺地

现代铺地

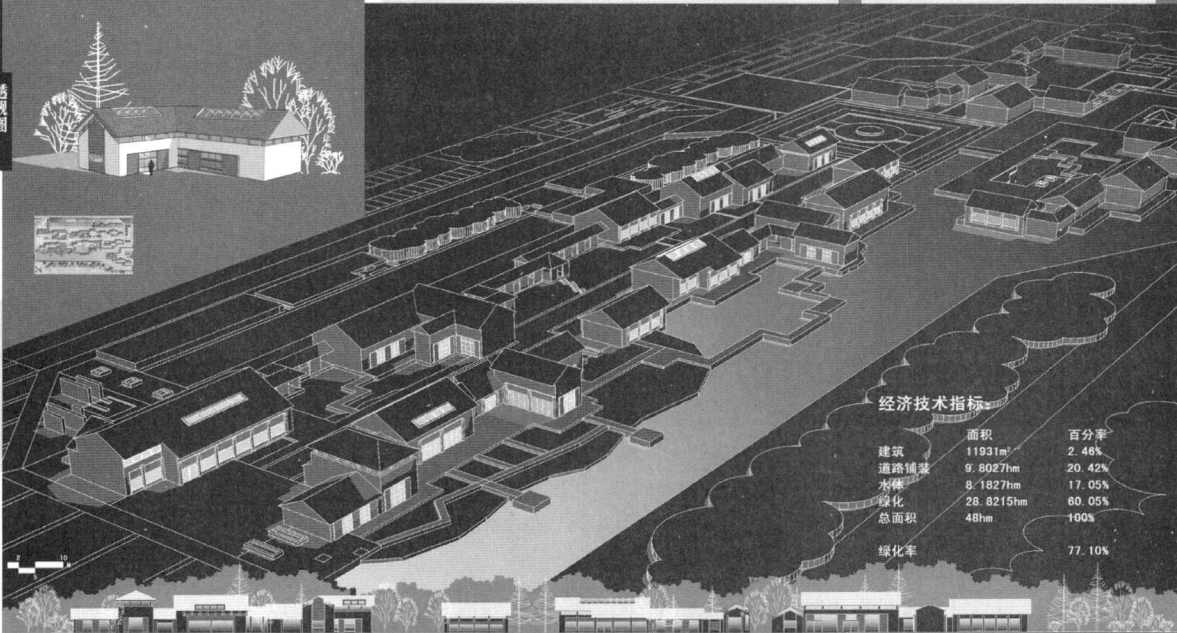

经济技术指标

	面积	百分率
建筑	11931m²	2.46%
道路铺装	9.8027hm	20.42%
水体	8.1827hm	17.05%
绿化	28.8215hm	60.05%
总面积	48hm	100%
绿化率		77.10%

姓名：吴虑	班级：园林一班	学号：040141135	指导老师：丁金华

节点设计及大样图

参考文献

[1] Zube, E.H. Themes in landscape assessment theory [J]. Landscape Journal, 1984, 3 (2): 104—110.

[2] Zube, E.H. A Lifespan developmental Study of Landscape Assessment [J]. Environmental Psychology, 1983, 3: 115—128.

[3] Williams. How the Familiarity of a Landscape Affects Appreciation of It [J]. Environmental Management, 1985, 121: 63—67.

[4] USDA FS. National Forest Landscape Management. USA.For. Agricultural Handbook, 1976, 2 (3): 484.

[5] USDA SCS. Procedure to Establish Priorities in landscape. TR— 65. Washington,D. C.20250, 1978.

[6] Canada,Province of British Columbia Ministry of Forests. Forest Landscape Handbook. the Information Service Branch,Ministry of Forests, 1981.

[7] Buhyoff, G.J., Leuschner, W.A. and Arndt. Replication of a scenic preference function [J]. Forest Sic., 1980, 26: 227—230.

[8] Kaplan, S. and Kaplan, R.. Cognition and Environment: Functioning in An Uncertain World. New York: Praeger, 1982: 252.

[9] Ulrich, R.S.. Visual landscape preference, a model and application[J]. Man—Environment Systems, 1977, 7 (5): 293—297.

[10] Lowental, D.. Past time, present place, landscape and memory. Geogr,Rev, 1975.

[11] Richard P. Dober, Aip. Environmental Design [M]. van nostrand reinhold company, 1969.

[12] Simon Bell. Elements of Visual Design in the Landscape [M]. E & FN SPON, an imprint of chapman & Hall, 1993.

[13] Oliver W.R.Lucas. The Design of Forest Landscapes [M]. Oxford University Press, 1991.

[14] Lassus,Bernard. The Landscape Approach [M]. University of Pennsylvania Press, 1998.

[15] John L. Motloch. Introduction to Landscape Design [M]. New York: JOHN WILEY & Sons, INC. 2001.

[16] Forman R T T, Godron M. Landscape Ecology[M]. New York: John Wiley & Sons. 1986.

[17] 夏征农主编. 辞海. 上海：上海辞书出版社，1999 年版：3777.

[18] 中国大百科全书（地理学）. 北京：中国大百科全书出版社，2004 年 8 月第 1 版：252.

[19] 现代汉语大词典. 上海：汉语大词典出版社，2000 年 12 月第一版：2228.

[20] (前苏联) Д·Л·阿尔曼德. 景观科学 [M]. 北京：商务印书馆，1992 年 3 月第 1 版.

[21] (荷兰) I·S·宗纳维尔著 (李秀珍译). 地生态学 [M]. 北京：科学出版社，2003 年 10 月第 1 版.

[22] 邬建国. 景观生态学——格局、过程、尺度与等级 [M]. 北京：高等教育出版社，2000 年 12 月第 1 版.

[23] 余新晓，牛健植，关文彬，冯仲科. 景观生态学 (研究生教学用书) [M]. 北京：高等教育出版社，2005 年 12 月第 1 版.

[24] 贾宝全，杨洁泉. 景观生态学的起源与发展 [J]. 干旱区研究. 1999, 16 (3)：12-18.

[25] 张惠远. 景观规划：概念、起源与发展 [J]. 应用生态学报. 1999, 10 (3)：373-378.

[26] 肖笃宁. 论现代景观科学的形成与发展 [J]. 地理科学. 1999, 19 (4)：379-384.

[27] (美) 西蒙德. 景园建筑学 [M]. 王济昌译. 台北：台隆书店，1982 年 9 月第 1 版.

[28] (明) 计成原著，陈植等编注. 园冶注释 [M]. 北京：中国建筑工业出版社，1988 年 5 月第 2 版.

[29] 陈从周. 说园 [M]. 同济大学，1984 年 11 月第 1 版.

[30] 陈从周. 园林清议 [M]. 江苏：江苏文艺出版社，2005 年 4 月第 1 版.

[31] 金学智. 中国园林美学 [M]. 北京：中国建筑工业出版社，2005 年 8 月第 2 版.

[32] 大不列颠百科全书·第九分册. 北京：中国大百科全书出版社，1999 年.

[33] 王长俊. 景观美学. 北京：中国建筑工业出版社，2002 年 11 月第 1 版.

[34] (德) 黑格尔. 美学 (第三卷，上册) [M]. 朱光潜译. 北京：商务印书馆，1997 年第一版：103-105.

[35] 朱光潜. 谈美书简. 北京：人民文学出版社，2003 年 9 月第 4 版.

[36] 陈华文. 文化学概论 [M]. 上海：上海文艺出版社，2001 年 11 月第 1 版.

[37] 刘滨谊. 景观学学科发展战略研究 [J]. 风景园林. 2005 (2)：87-91.

[38] 吴必虎，刘筱娟. 中国景观史. 上海：上海人民出版社，2004 年 9 月第 1 版.

[39] 胡志晋，童乐天. 云与降水 [M]. 北京：气象出版社，1987.

[40] 张志明. 气象学与气候学 [M]. 北京：中国水利水电出版社，1996 年 6 月第 1 版.

[41] 吴永莲，涂美珍. 气象学基础 [M]. 北京：北京师范大学出版社，1987 年 7 月第 1 版.

[42] 成翼模等编著. 气象奇观 [M]. 北京：气象出版社，2001 年 5 月.

[43] 王恩涌等编. 人文地理学 [M]. 北京：高等教育出版社，2000 年 7 月第 1 版.

[44] 陈慧琳主编. 人文地理学 [M]. 北京：科学出版社，2001 年 6 月第 1 版.

[45] H·J·德伯里著；王民等译. 人文地理：文化、社会与空间 [M]. 北京：北京师范大学出版社，1988 年 11 月第 1 版.

[46] 王继平著. 服饰文化学 [M]. 湖北：华中理工大学出版社，1998 年 1 月第 1 版.

[47] 孙晔. 服饰与宗教文化 [J]. 天津纺织工学院学报. 2000, 19 (5)：21-23.

[48] 伍光和，田连恕，胡双熙，王乃昂编著. 自然地理学 [M]. 北京：高等教育出版社，2000 年 07 月第 3 版.

[49] 刘南威. 自然地理学 [M]. 北京：科学出版社，2000 年 8 月第 1 版.

[50] 国际现代建筑学会. 雅典宪章. 雅典. 1933 年 8 月.

[51] 艾定增，金笠铭，王安民. 景观园林新论 [M]. 北京：中国建筑工业出版社，1995 年 3 月第 1 版.

[52] 国务院. 中华人民共和国道路交通安全法实施条例 [S]. 国务院令第 405 号，2004.

[53] 中华人民共和国建设部. CJJ/T85-2002 城市绿地分类标准 [S]. 北京：中国建筑工业出版社，2002.

[54] （美）凯文·林奇著；方益平，何晓军译. 城市意象 [M]. 北京：华夏出版社，2001 年 4 月第 1 版.

[55] （英）埃利斯. 男与女 [M]. 北京：中国文联出版社，1989 年 10 月第 1 版.

[56] （美）珍尼特·希伯雷·海登，B·G·罗森伯. 妇女心理学 [M]. 广州：广东高等教育出版社，1987 年 11 月.

[57] 李道增. 环境行为学概论 [M]. 北京：清华大学出版社，1999 年 3 月第 1 版.

[58] 夏祖华，黄伟康. 城市空间设计 [M]. 南京：东南大学出版社，1992 年 8 月第 1 版.

[59] 康健，杨威. 城市公共开放空间中的声景 [J]. 世界建筑. 2002（06）：76-79.

[60] 钟辰，李国棋，陆宏瑶. Soundscape 声音景观理论及声音分类法的研究 [J]. 广播与电视技术. 2003（12）：61-64.

[61] 贾衡. 人与建筑环境 [M]. 北京：北京工业大学出版社，2001 年 8 月第 4 版.

[62] 高履泰. 建筑设计中的灯光艺术 [M]. 南昌：江西科学技术出版社，1996 年 3 月第 1 版.

[63] 吴蒙友，肖紫强，程宗玉主编. 21 世纪城市灯光环境规划设计 [M]. 北京：中国建筑工业出版社，2002 年 2 月第 1 版.

[64] 王洪顺主编. 建筑设计常用数据手册. 北京：中国建筑工业出版社，1994 年 1 月第 1 版.

[65] 高履泰. 光环境的剖析 [J]. 照明工程学报. 2000，11（4）：41-43.

[66] 张继渝. 设计色彩 [M]. 重庆：重庆大学出版社，2002.

[67] （日）藤沢英昭，本孝雄；成同社译. 色彩心理学 [M]. 科学技术文献出版社，1989 年 5 月第 1 版.

[68] （日）璢田敢等著. 色彩美的创造 [M]. 易利森编译. 长沙：湖南美术出版社，1986：87-88.

[69] 张绮曼，郑曙旸. 室内设计资料集 [M]. 北京：中国建筑工业出版社，1991 年 6 月第 1 版.

[70] 邓清华. 城市色彩探析 [J]. 现代城市研究，2002，4：51-55.

[71] 高履泰. 城市色彩的改善 [J]. 华中建筑，2002，1：31-32.

[72] 焦燕. 城市建筑色彩的表现与规划 [J]. 城市规划，2001.3：61-64.

[73] 金哲，陈燮君，乔桂云. 生活中的色彩学 [M]. 济南：山东科学技术出版社，1989.

[74] 卢春霞，汤浩. 城市设计中的色彩规划——以苏州古城街景城市设计为例 [J]. 规划师，2003，12：90-92.

[75] 陆震纶，郑化中. 破译色彩之谜——色彩运用方法与技巧 [M]，长沙：湖南美术出版社，2003.

[76] 彭才年. 色彩艺术：建筑美术导读 [M]. 北京：中国建筑工业出版社，2002.

[77] 宋建明. 色彩设计在法国 [M]. 上海：上海人民美术出版社，1999.

[78] 谢浩，倪红. 建筑色彩与地域气候 [J]. 城市问题，2004.3：25.

[79] 辛艺峰. 现代城市环境色彩设计方法的研究 [J]. 建筑学报，2004，5：18-20.

[80] 阎树鑫，郑正. 城市中的色彩引导——以温州中心城为例 [J]. 城市规划汇刊，2003，4：61-65.

[81] 杨春风. 中国传统建筑装饰环境色彩研究 [J]. 建筑学报，1994，7：48-51.

[82] 尹思谨. 城市色彩景观的规划与设计 [J]. 世界建筑，2003，9：68-72.

[83] 张为诚，沐小虎. 建筑色彩设计 [M]. 上海：同济大学出版社，2000.

[84] 王钰. 园林花卉植物色彩及配置艺术探讨 [J]. 林业调查规划. 2004 年 5 月：170–172.

[85] 胡江,陈云文,杨玉梅. 植物景观设计观念与方法的反思——以植物材料的质感研究为例 [J]. 山东林业科技. 2004（4）：52–54.

[86] 陈有民. 园林树木学 [M]. 北京：中国林业出版社，2003.

[87] 何平，彭重华主编. 城市绿地植物配植及其造景 [M]. 北京：中国林业出版社，2000.

[88] 李尚志编著. 水生植物造景艺术 [M]. 北京：中国林业出版社，2000 年 10 月第 1 版.

[89] 白德懋. 城市空间环境设计 [M]. 北京：中国建筑工业出版社，2002.

[90] 张斌，杨北帆. 城市设计与环境艺术 [M]. 天津：天津大学出版社，2000 年 4 月第 1 版.

[91] 郑宏. 环境景观设计 [M]. 北京：中国建筑工业出版社，1999 年 6 月第 1 版.

[92] 李博. 生态学 [M]. 北京：高等教育出版社，2000 年 2 月：308–309.

[93] 戈峰. 现代生态学 [M]. 北京：科学出版社，2002 年 3 月：370.

[94] 郭晋平，张芸香. 城市景观及城市景观生态的研究重点 [J]. 中国园林，2004（2）：44–46.

后记一

　　城市景观是一个很庞杂的系统，它涉及大到宇宙，小到粒子；从有形的物质实体到无形的风俗习惯；从自然到人文，景观无所不及。关于城市景观设计，它有规律，无常理。有方法，无定式。易定性，难定量。可谓"大象无形"。

　　在从事城市规划与设计工作的四分之一个世纪，拙著题为《城市景观设计——理论、方法与实践》应势出版。自从业初期的设计实践中，关于城市设计过程中方法与步骤，有无更深层次的系统分析与综合？是否有"法"可依？这类问题令我不解。基于此，在1996年，我在梅州市城建系统专业证书班讲授《城市景观设计》，开始疏理城市设计的理论与方法，并结合我在中山大学的教学与设计实践，注重对相关研究的积累。其间于1999年、2002年与2005年分别利用在英国伦敦、剑桥和牛津研修、会议的机会，进行了实地考察与调研。在2002年春季，我指导1998级经济地理专业学生任文健题为《城市景观设计理论与评价》学士论文。在2003年春季，我分别指导1999级经济地理专业学生霍晓聪题为《城市景观设计与人景互动规律》学士论文，以及余惠题为《城市景观设计原则与方法》学士论文。于2004年暑假，带领王莹、赵琳琳、杨英姿、唐果、王晓伟、钟文辉、黄荣庆、马靓8名研究生与本科生赴哈尔滨松北区现场调研设计，完成《东北亚城市整体设计》和《202国道与世茂大道沿线城市设计》，并分别指导2003级人文地理学生王莹题为《城市设计中色彩设计与应用研究》和赵琳琳题为《城市景观设计中植物景观设计的应用研究》的硕士学位论文。其后，完成本书初稿。于2006年与2007年暑假分别带领张莹、缪春胜、张媛媛、倪彦、石莹怡5名研究生与本科生赴哈尔滨太阳岛实地调研，并协助补充本书相关资料及校对二稿。特别是2003级城市规划石莹怡同学对本书三稿的校对与资料补充做了很多的工作。在此，我要感谢这些同学们对本书所做的资料整理工作。

　　特别感谢哈尔滨市松北区倪大鑫副区长及松北区规划局刘柏哲局长为我们的研究提供了设计实践。

　　感谢时咏梅与戚琳琳二位编辑所给予的支持与帮助。

　　本书的写作过程，也是我女儿吴虑的专业学习成长的过程。从开始她对书稿资料的兴趣，评议到后来参与书稿的资料与各章节的内容补充。从她参与本书的写作的过程中，我看到女儿的成长。这令我欣慰。

吴晓松

公元二〇〇八年六月二十日于广州中山大学康乐园

后记二

在我咿呀学语时，看见家里摊在地上的规划图，对城市规划的印象就是色彩斑斓的图块和一些算不完的数据。由于从小受到父母的熏陶，我对城市规划与景观设计等领域的工作非常感兴趣。小时候便在一旁看着他们工作，并多次尝试去帮助他们画图。小学时，一次父母共同参加了一个投标的项目，分别设计了两套方案，我就在一旁学着他们的样子也画了一套方案。虽然现在看起来当时画的图有些幼稚，但那是我第一次的设计图，从此便对设计有了更深的认识。在日常生活中也非常留意大自然与城市中的景观，对它们做出评价并与父母进行讨论。他们给了我很多重要的意见，我决定像他们一样通过自己的双手去改变城市，改善我们周围的环境。所以，学习景观与规划方面的专业一直是我的梦想。

上大学时，我如愿学习到景观专业，为我今后的职业打下扎实的基础。在学习期间，我凭借良好的基础和背景，最重要是靠我一丝不苟的学习精神和认真对待每件事的态度，在专业课方面成绩名列前茅，并深得老师的表扬。我曾多次获得学校奖学金与校"三好学生"的光荣称号。在课余时间，我利用在苏州的地理优势，经常去参观古典园林，去体会中国建造业的博大精深和文化底蕴，并结合老师课上所讲的内容进行比较。通过大学4年的景观园林专业学习，我对中国园林理论、历史及设计方面有了更深的认识。苏州古典园林是在小的用地范围内，以人工方法营造出自然的意境，采用挖湖、堆山、屏障等手法，以小博大。它崇尚自然这一理念深深地影响着我，我在设计中充分协调自然，强调景观结合周围环境，人与自然共存的主题思想。

在假期，我经常帮助父母做一些力所能及的事情，参与他们的工程设计与论著的写作工作，虚心向他们请教。在工程设计中，将学校所学的专业理论知识与实践相结合，大大开拓了自己的视野。我设计的方案得到了他们的肯定，父母对我的鼓励更增强了我信心。

父亲要出版《城市景观设计理论、方法与实践》一书已是几年前的事情，父亲要求我协助完成其中的几个章节。起初我有些犹豫，在父亲的鼓励下，我抱着试试看的想法写了一个提纲，接着在他的指导下深入。他在给予我思想启迪的同时，其渊博的学识与严谨求实的治学态度，以及对学科前沿敏锐的洞察力激励和鞭策着我。经过几番的修改与补充，终于结稿，现在呈现在读者眼前。这其中与我父亲付出的心血和精力是分不开的，我也在参与本书编辑整理的过程中学到了许多知识，他的言传身教令我受益匪浅。

感谢苏州科技学院建筑与城市规划学院的王雨村、陆志刚、王丽萍、屠苏丽、刘志强、钱达、金双、刘芊、孙晓鹏、黎继超及陈蓓等老师给予我的指导。特别要感谢我的毕业设计指导教师丁金华。

感谢父亲对我的指导，使我在专业理论和学科素质方面上升到一个新的层次。感谢父亲一直以来对我无私的爱，在他写书期间还要兼顾家人并兼顾我的学业，这更增添了他的负担。最重要的是感谢父母对我人生职业目标的影响，从小的熏陶使我深深地爱上了这个职业，我为成长在这样一个家庭而庆幸，为有这样一个父亲而骄傲自豪！

吴虑

公元二〇〇八年六月二十二日于江苏苏州江枫园

尊敬的读者：

感谢您选购我社图书！建工版图书按图书销售分类在卖场上架，共设22个一级分类及43个二级分类，根据图书销售分类选购建筑类图书会节省您的大量时间。现将建工版图书销售分类及与我社联系方式介绍给您，欢迎随时与我们联系。

★建工版图书销售分类表（详见下表）。

★欢迎登陆中国建筑工业出版社网站www.cabp.com.cn，本网站为您提供建工版图书信息查询，网上留言、购书服务，并邀请您加入网上读者俱乐部。

★中国建筑工业出版社总编室　电　话：010—58934845

　　　　　　　　　　　　　　　传　真：010—68321361

★中国建筑工业出版社发行部　电　话：010—58933865

　　　　　　　　　　　　　　　传　真：010—68325420

　　　　　　　　　　　　　　　E-mail：hbw@cabp.com.cn

建工版图书销售分类表

一级分类名称（代码）	二级分类名称（代码）	一级分类名称（代码）	二级分类名称（代码）
建筑学（A）	建筑历史与理论（A10）	园林景观（G）	园林史与园林景观理论（G10）
	建筑设计（A20）		园林景观规划与设计（G20）
	建筑技术（A30）		环境艺术设计（G30）
	建筑表现·建筑制图（A40）		园林景观施工（G40）
	建筑艺术（A50）		园林植物与应用（G50）
建筑设备·建筑材料（F）	暖通空调（F10）	城乡建设·市政工程·环境工程（B）	城镇与乡（村）建设（B10）
	建筑给水排水（F20）		道路桥梁工程（B20）
	建筑电气与建筑智能化技术（F30）		市政给水排水工程（B30）
	建筑节能·建筑防火（F40）		市政供热、供燃气工程（B40）
	建筑材料（F50）		环境工程（B50）
城市规划·城市设计（P）	城市史与城市规划理论（P10）	建筑结构与岩土工程（S）	建筑结构（S10）
	城市规划与城市设计（P20）		岩土工程（S20）
室内设计·装饰装修（D）	室内设计与表现（D10）	建筑施工·设备安装技术（C）	施工技术（C10）
	家具与装饰（D20）		设备安装技术（C20）
	装修材料与施工（D30）		工程质量与安全（C30）
建筑工程经济与管理（M）	施工管理（M10）	房地产开发管理（E）	房地产开发与经营（E10）
	工程管理（M20）		物业管理（E20）
	工程监理（M30）	辞典·连续出版物（Z）	辞典（Z10）
	工程经济与造价（M40）		连续出版物（Z20）
艺术·设计（K）	艺术（K10）	旅游·其他（Q）	旅游（Q10）
	工业设计（K20）		其他（Q20）
	平面设计（K30）	土木建筑计算机应用系列（J）	
执业资格考试用书（R）		法律法规与标准规范单行本（T）	
高校教材（V）		法律法规与标准规范汇编/大全（U）	
高职高专教材（X）		培训教材（Y）	
中职中专教材（W）		电子出版物（H）	

注：建工版图书销售分类已标注于图书封底。